江苏高校品牌专业建设工程资助项目（编号PPZY2015B180）

精细有机合成

王富花　杨锦耀　主编

化学工业出版社

·北京·

《精细有机合成》是根据高等职业技术院校精细化学品生产技术专业的行业需求和教学实际编写而成的，由三部分组成：有机合成单元反应、有机合成综合反应、有机合成基本技能。第一部分分为 12 个单元，每个单元在完成各单元反应基础知识介绍后，以典型产品合成为任务，介绍目标产物结构、合成方法、合成操作、产品检测等，并对典型产品工业生产进行了介绍。第二部分介绍了通过多步反应获得的几种典型精细化工产品。第三部分进行了有机合成基本技能介绍。

《精细有机合成》可作为高等职业技术院校精细化学品生产技术专业及化工相关专业教材用书，也可作为成人高校、本科院校举办的二级职业技术学院和民办高校的精细化学品生产技术专业选用教材，还可供从事精细化工行业的工作人员参考。

图书在版编目（CIP）数据

精细有机合成／王富花，杨锦耀主编. —北京：化学工业出版社，2018.6

ISBN 978-7-122-31955-5

Ⅰ.①精… Ⅱ.①王… ②杨… Ⅲ.①精细化工-有机合成-高等职业教育-教材 Ⅳ.①TQ202

中国版本图书馆 CIP 数据核字（2018）第 074143 号

责任编辑：刘心怡　窦　臻

责任校对：王素芹　　　装帧设计：关　飞

出版发行：化学工业出版社（北京市东城区青年湖南街 13 号　邮政编码 100011）

印　　装：北京市白帆印务有限公司

787mm×1092mm　1/16　印张 14½　字数 355 千字　2018 年 3 月北京第 1 版第 1 次印刷

购书咨询：010-64518888（传真：010-64519686）　售后服务：010-64518899

网　　址：http://www.cip.com.cn

凡购买本书，如有缺损质量问题，本社销售中心负责调换。

定　　价：39.80元

前言

《精细有机合成》是根据高等职业技术院校精细化学品生产技术专业的行业需求和教学实际编写而成的。《精细有机合成》打破了传统的有机合成知识体系，将理论知识与小试合成、工业生产相结合，采用“由浅入深、由实验到生产、由简单到复杂”的编写思路，将必要的精细有机合成知识融入各典型产品合成实验及工业操作流程之中，便于学生掌握精细化学品合成工作中所需要的必备知识和专业技能，并将精细有机合成知识学习和能力的培养与实际生产任务紧密结合起来，增强学习的目的性、针对性；激发学生的学习兴趣与求知欲望。更加符合高职高专院校对技能型人才的培养目标和要求。

全书共由三部分组成：有机合成单元反应、有机合成综合反应、有机合成基本技能。第一部分各单元先进行单元反应基础知识介绍，再进行典型产品小试合成、典型产品工业生产介绍，并对典型产品小试合成、典型产品工业生产的知识目标、能力目标提出明确要求。第一部分每个单元在完成各单元反应基础知识介绍后，以某单元反应典型产品合成为任务，内容包括目标产物结构、合成方法、合成操作、产品检测、分析与讨论等内容；在完成各单元的典型产品小试合成学习任务之后，为使学生更好地了解实际生产、将理论与实际相结合，再对典型产品工业生产进行介绍。由于在实际生产中只经过一步就能完成的情况很少，一般都要经过几步、甚至几十步的反应才能得到一个较为复杂的产物分子，所以第二部分介绍了通过多步反应获得的几种典型精细化工产品，以提高学生的实验技巧和实践经验。为使学生能更好地了解掌握精细有机合成反应实验操作，第三部分进行了有机合成基本技能介绍。另外，第一部分在每个学习单元后面，还增附了一则人物小知识，以拓展学生的知识面，提高学生的学习兴趣。

全书第一部分单元 1、单元 3、单元 7 由扬州职业大学杨锦耀老师编写，单元 2、单元 4~单元 6、单元 9、单元 10 由扬州工业职业技术学院王富花老师编写，单元 8、单元 11 由甘肃联合大学庄善学老师编写，单元 12 由中州大学董彩霞老师编写；第二部分由扬州工业职业技术学院王富花老师编写；第三部分由甘肃联合大学王斌老师编写。全书由王富花、杨锦耀老师统稿。

《精细有机合成》可作为高等职业技术院校精细化学品生产技术专业及化工相关专业教材用书，也可作为成人高校、本科院校举办的二级职业技术学院和民办高校的精细化学品生产技术专业选用教材，还可供从事精细化工行业的工作人员参考。

教材编写将理论知识与小试合成、工业生产相结合，由于目前还没有成熟固定的模式可循，尚在不断的探索和创新之中，因此在编写过程中难免存在不足之处，恳请读者提出宝贵意见，我们将进一步改正和完善，为高职高专精细化学品生产技术专业人才的培养作出应有的贡献。

编者

2018 年 2 月

目录

第一部分 有机合成单元反应

第二部分　有机合成综合反应

第三部分　有机合成基本技能

参考文献

第一部分

有机合成单元反应

单元 1　卤化反应

【知识目标】掌握卤化反应的定义、基本反应和卤化剂的选用，熟悉不同有机物分子引入卤原子的方法、基本原理和卤化规律；了解置换卤化常用的卤化剂及可被置换的常用基团。

【能力目标】掌握不饱和烃加成卤化、芳烃上取代卤化、常用的卤化剂以及卤化物的制备方法。

第一节　卤化反应基础知识介绍

一、卤化反应

从广义上讲，向有机化合物分子中碳原子上引入卤素原子的反应叫做卤化反应。卤化反应是精细有机合成中最重要的反应之一。按卤原子种类不同，卤化反应可分为氯化、溴化、碘化和氟化。

卤化反应可以生成卤代烃、卤代芳烃、酰卤等；可以制取的产品除了有机单体（如氯乙烯、四氟乙烯）以及有机溶剂（四氯化碳、二氯乙烷、氯苯等）以外，还被广泛用来制取农药、增塑剂、润滑剂、阻燃剂、染料、颜料及橡胶防老剂等产品或中间体。

海水中含有约3%的氯化钠，在氯碱工业中，电解饱和食盐水生产烧碱时，同时得到大量的氯，这为有机氯化物的生产提供了充足的氯化剂。所以，氯化最为经济，已被用于大规模工业生产。溴化剂的来源比碘化剂和氟化剂多，在应用上仅次于氯化剂。含碘的化合物可用于医药、农药及染料的生产。氟的自然资源较为丰富，且容易获得，随着对有机氟化物的进一步研究，发现某些氟化物的理化性能极为优异。近年来，含氟化合物的生产量呈逐年增长的趋势。

在有机物分子中引入卤原子，可以实现如下目的。

① 增加产物分子的反应活性。由于卤素原子的电负性都比较大，有机物在连接卤原子后，会由于连接键极性的增强而产生易发生反应的活性部位，从而可以通过对卤素原子的转换，制备含有其他取代基的衍生物，如将卤素原子置换为羟基、氨基、烷氧基，甚至双键等官能团。一般来说，溴原子较其他原子容易被置换，常被用于官能团的转换过程。

② 有些有机物经卤化所得的产品，通过进一步转换，就是重要的反应中间体，可以直接用来合成农药、染料、香料、医药等精细化工产品。

例如：

$$Cl-C_6H_4-NO_2 \xrightarrow{\text{乙氧基化}} C_2H_5O-C_6H_4-NO_2$$

$$\text{C}_6\text{H}_4(\text{Cl})\text{NO}_2 + 2\text{NH}_3 \xrightarrow{\text{氨解}} \text{C}_6\text{H}_4(\text{NH}_2)\text{NO}_2 + \text{NH}_4\text{Cl}$$

③ 由于卤素原子自身的特性，将一个或多个卤原子引入某些精细化学品中，可以改进其主要性能。例如：引入氯的聚氯乙烯的强度比聚乙烯高；含有三氟甲基的染料有很好的日晒牢度；铜酞菁分子中引入氯原子、溴原子，可制备不同黄绿色调的颜料；向某些有机化合物分子中引入多个卤原子，可以增强有机物的阻燃性等。

二、卤化剂及反应影响因素

卤化时常用的卤化剂有：卤素单质、卤素的酸和氧化剂、氢卤酸、金属和非金属卤化物等。其中卤素应用最广，尤其是氯。但对于 F_2 来说，由于 F_2 的活性太高，一般不能直接用作氟化剂，而只能采用间接的方法获得氟的衍生物。

卤化反应的形式多样，不同卤化剂的性质也各有差异。从反应类型来看，卤化反应主要包括三种类型，即：卤素与不饱和烃的加成反应；卤原子与有机物分子中氢原子之间的取代反应和卤原子与有机物分子中氢以外的其他原子或基团的置换反应。

在上述卤化剂中，可用于取代和加成卤化的卤化剂有卤素（Cl_2、Br_2、I_2）、氢卤酸、氧化剂（HCl+ NaClO、HCl + $NaClO_3$、HBr + NaBrO、HBr + $NaBrO_3$）及其他卤化剂（SO_2Cl_2、$SOCl_2$、HOCl、$COCl_2$、SCl_2、ICl_2）等；用于置换卤化的卤化剂有 HF、KF、NaF、SbF_3、HCl、PCl_3、HBr 等。

取代卤化是合成有机卤化物的最重要的途径，主要包括脂肪烃的取代卤化、芳环上的取代卤化及芳环侧链上的取代卤化。

1. 脂肪烃的取代卤化

以甲烷、丙烷等为原料的取代氯化如图 1-1 所示。

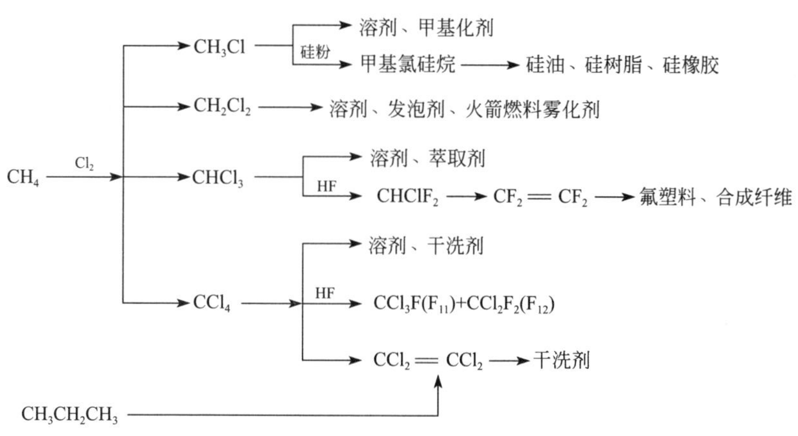

图 1-1 以甲烷、丙烷等为原料的取代氯化

2. 芳环上的取代卤化

（1）反应历程

芳烃卤化反应是按照亲电取代反应机理（S_N2 机理）进行的。芳环上的氢原子被卤素原子取代，其反应通式为：

$$ArH+X_2 \longrightarrow ArH+HX$$

进攻芳环的亲电质点是卤素正离子（X^+），反应时 X^+ 首先对芳环发生亲电进攻，生成σ配合物，然后脱去质子，得到环上取代卤化产物，例如苯的氯化：

$$\text{C}_6\text{H}_6 + \text{Cl}^+ \underset{}{\overset{快}{\rightleftharpoons}} [\text{C}_6\text{H}_6\cdot\text{Cl}^+]\ (\pi配合物) \longrightarrow \overset{慢}{\rightleftharpoons} [\text{C}_6\text{H}_6\text{Cl}]^+\ (\sigma配合物) \longrightarrow \text{C}_6\text{H}_5\text{Cl} + \text{H}^+$$

催化剂的选用，都是能促使卤正离子（X^+）形成的路易斯酸，如金属卤化物：$FeCl_3$、$AlCl_3$、$ZnCl_2$、$SnCl_4$、$TiCl_4$等。工业上普遍使用 $AlCl_3$ 作为催化剂，其与 Cl_2 作用，促使 Cl_2 极化生成 Cl^+，反应历程是：

$$Cl_2+FeCl_3 \rightleftharpoons [FeCl_3\cdots\overset{\delta^+}{Cl}-\overset{\delta^-}{Cl}] \rightleftharpoons FeCl_4^-+Cl^+$$

催化剂的用量很小，以苯的氯化为例，催化剂用量仅为苯的质量的万分之一，即可满足氯化反应的需要。

除了金属卤化物外，还可以使用硫酸、碘或次卤酸作催化剂，这些催化剂也能使 Cl_2 转化为 Cl^+，促进反应的进行。

（2）反应动力学特征

芳环上的取代氯化过程是速率相近的连串反应过程，即先得到的卤代产物可以继续发生取代卤化反应，生成卤化程度较高的产物，以苯的取代氯化为例：

$$C_6H_6+Cl_2 \xrightarrow[k_1]{FeCl_3} C_6H_5Cl+HCl$$

$$C_6H_5Cl+Cl_2 \xrightarrow[k_2]{FeCl_3} C_6H_4Cl_2+HCl$$

$$C_6H_4Cl_2+Cl_2 \xrightarrow[k_3]{FeCl_3} C_6H_3Cl_3+HCl$$

……

如表 1-1 所示，苯的一氯化与氯苯的进一步氯化反应速率常数相比之下是较为接近的，相差只有 10 倍左右（$k_1/k_2=10$）。

表 1-1　苯在硝化、磺化、氯化中 k_1/k_2 值的比较

反应类型	硝化	磺化	氯化
k_1/k_2	$10^5\sim10^7$	$10^3\sim10^4$	约 10^1

实验证明，在卤化反应中，随着反应生成物的不断变化，连串反应中各级反应速率也发生较大的变化。

1948 年，R. B. Macmullin 研究了苯在 55℃条件下以 $FeCl_3$ 为催化剂的间歇氯化过程，找到了氯化液组成与氯化深度（Cl_2/C_6H_6 摩尔比）的关系。在苯的间歇氯化中，当苯中的氯苯含量为 1%时，一氯化速率 r_1 比二氯化速率 r_2 大 842 倍；当苯中氯苯含量为 73.5%（质量分数）时，苯的一氯化与二氯化反应速率相等。也就是说，在苯氯化过程中，随着一氯苯的不断生成，二氯苯的生成速率不断增加，以至生成较多的二氯化产物和多氯化物。图 1-2 是苯在间歇氯化时产物组成变化情况，它体现了连串反应的典型特征。

从图 1-2 中可以看出，苯与氯气作用首先生成氯苯，当苯的转化率达 20%左右时，氯苯又开始与氯气反应生成二氯苯。二氯化的反应速率随着苯中氯苯浓度的增加而明显加快，在氯化深度为 1.07 左右时，氯苯的生成量达到最大值。实际生产中，若氯苯是目的产物，则可以控制氯化反应深度停留在较浅的阶段。

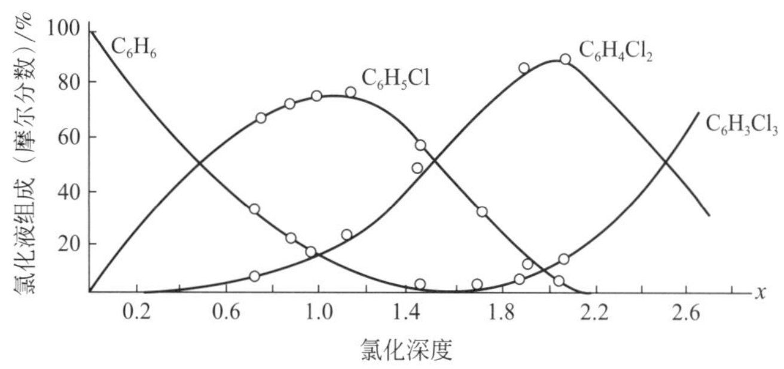

图 1-2　苯在间歇氯化时的产物组成变化

（3）卤化反应的影响因素及卤化条件的选择

卤化反应的选择性依氟、氯、溴、碘的顺序依次增强，F_2与芳香族化合物的反应，因其分子半径小、电负性强、反应活性太高、选择性极差，因而在工业化生产中没有应用价值。

取代芳烃受原有取代基（诱导效应、共轭效应）的影响，其邻、间、对位的电子云密度分布不同，显现了取代基的定位效应。但定位效应又随着温度的变化而变化，往往温度越低，邻、间、对位间的电子云密度差异越明显；高温下，随着电子运动的加剧和电子离域状态的增加，邻、间、对位的电子云密度差异趋于减小。实践证明，这种变化对邻、对位定位基影响更大。

卤素作为定位基，不仅受诱导效应的影响，也受共轭效应的影响；不仅受电子效应的影响，也受空间效应的影响。用这个观点可以解释卤素为什么是吸电子基团，却又是邻、对位定位基，也可以解释为什么一般情况下对位选择性大于邻位。

卤化反应的主要影响因素有：被卤化芳烃的结构、卤化剂、反应介质、反应温度、原料纯度及混合作用等。

① 被卤化芳烃的结构的影响。芳环上取代基可以通过电子效应（共轭或诱导）影响芳环上电子云密度，从而影响芳环的卤代反应。当芳环上具有给电子基团时，有利于形成 σ 配合物，卤化容易进行，主要生成邻、对位卤化产物，但不可避免地要出现多卤代产物。反之，芳环上连有吸电子基团时，因其降低了芳环上电子云密度而使卤化反应难以进行，这时需要加入催化剂并在较高温度下进行反应。我们知道，苯酚与溴的取代反应，在无催化剂存在下，常温、常压就能迅速进行，并几乎能定量地生成产物 2,4,6-三溴苯酚；而硝基苯溴化，常温、常压下很难进行，需加入铁粉作催化剂并加热到 135~140℃才能反应。

具有芳香性的杂环化合物（如：呋喃、噻吩、吡咯），由于环上杂环原子有给电子共轭效应，能使杂环活化，卤化反应很容易进行，而缺 π 电子、芳香性较强的杂环化合物（如：吡啶等），其卤化反应较难进行。例如：

（S）$COCH_3$ $+Br_2$ $\xrightarrow[\text{室温}]{\text{乙酸}}$ Br $COCH_3$

（N）$+Br_2$ $\xrightarrow[\text{130℃，封管}]{SO_3}$ （N）Br

② 卤化剂的影响。芳烃卤代是一个亲电取代反应，应根据反应物的活性选择合适的卤化

剂，因为卤化剂往往会影响反应速率、卤原子取代的位置、数目及异构体的比例。例如：

NH_2 / Br / Br / Br_2 / HCl / NH_2 / Br / NH_2 / NBS/DMF[1] / 24h（常温）/ Br

卤素是合成卤代芳烃最为常用的卤化剂，它们的反应活性顺序是：$Cl_2>BrCl>Br_2>ICl>I_2$。

取代卤化时，常用的氯化剂有：氯气、次氯酸钠、硫酰氯等，不同氯化剂在苯环上氯化时的活性顺序是：$ClOH>ClNH_2>ClNR_2>ClO^-$。常用的溴化剂有：溴、溴化物、溴酸盐和次溴酸的碱金属盐等。不同溴化剂活泼性顺序是：$Br^+>BrCl>Br_2>BrOH$。芳烃上的溴化反应可以用金属溴化物作催化剂，如溴化镁、溴化锌等，也可以用单质碘作催化剂。

溴比氯难以获得，价格也比较高，溴化副产物溴化氢也有必要回收利用。因此，常在溴化反应中加入氧化剂（如次氯酸钠、氯酸钠、氯气、双氧水等），使生成的溴化氢氧化成单质溴而再次得到利用。

$$2HBr+NaOCl \longrightarrow Br_2+NaCl+H_2O$$

单质碘是芳烃取代反应中活泼性最低的反应试剂，而且碘代反应具有可逆性。为使反应进行完全，必须使生成的碘化氢脱离反应体系，常用的方法是，在反应中加入适当的氧化剂（如硝酸、过碘酸、过氧化氢等），使碘化氢氧化成碘继续发生碘代反应。也可以加入氨水、氢氧化钠或碳酸钠等碱性物质，以中和除去碘化氢。一些金属氧化物（如氧化汞、氧化镁等）能与碘化氢形成难溶于水的碘化物，也可以用于除去碘化氢。

氯化碘、羧酸的次碘酸酐（RCOOI）等碘化剂可提高反应中碘正离子的浓度，增加碘的亲电性，有效地进行碘代反应。例如：

COOH / NH_2 / ICl / 常温～100℃ / COOH / I / I / NH_2

③ 反应介质的影响。不同的卤化反应，要求采用的反应介质也不一样。选用溶剂时应考虑溶剂对反应速率、产物组成与结构、产率等的影响。如果被卤化物在反应温度下是液体，可视其本身为反应介质，则不需要加入其他介质而直接进行卤化，如苯、甲苯、硝基苯的氯化。若被卤化物在反应温度下是固态，则可以根据反应物的性质和反应的难易选择适当的溶剂。常用的溶剂有水、盐酸、硫酸、乙酸、氯仿等，也可使用性质稳定的卤代烃类作溶剂。例如，萘的氯化采用氯苯作溶剂，水杨酸的氯化采用乙酸作溶剂。

对于性质活泼、容易卤化的芳烃衍生物，可以用水为反应介质，将被卤化物分散悬浮在水中，在盐酸或硫酸存在下进行卤化。例如对硝基苯胺的氯化。

---

[1] NBS 为 *N*-溴代琥珀酰亚胺，DMF 为 *N*，*N*-二甲基甲酰胺。

那些难以卤化、难溶的固体物料，可采用浓硫酸、发烟硫酸、氯磺酸等作为反应溶剂，有时还需加入适量的碘作为催化剂。例如，由蒽醌制取1，4，5，8-四氯蒽醌，就需要在浓硫酸作为反应介质的条件下，再加入0.5%~4%的碘作催化剂。

值得一提的是，溶剂在反应体系内稀释了芳香化合物的浓度，理论上会降低卤素的浓度，但这对选择性有利。且溶剂可吸收反应热，避免了局部过热，选择性将会提高。综合考虑，溶剂的加入有利于提高选择性。不同溶剂对产物组成的影响参见表1-2。

表1-2　不同溶剂对产物组成的影响

原料	溶剂（温度）	主产物及其产率/%	
苯酚+Br_2	CS_2（<5℃）	对溴苯酚	80~84
	SO_2	对溴苯酚	84
	H_2O（室温）	2，4，6-三溴苯酚	约100
N，*N*-二甲基苯胺+Br_2	H_2O（室温）	*N*，*N*-二甲基-2，4，6-三溴苯胺	约100
	二氧六环（5℃）	*N*，*N*-二甲基-4-溴苯胺	80~85
苯酚+Br_2	$C_6H_5CH_3$（-70℃）	2，6-二溴苯酚	87

④ 反应温度的影响。卤化反应温度越高，卤化速率就越快。对于取代氯化而言，反应温度还会明显影响卤素取代的定位和数目，温度越高越有利于连串反应的进行，甚至会发生异构化。如萘在室温、无催化剂条件下溴化，则产物是α-溴萘；而在150~160℃和铁催化下，溴化则生成β-溴萘。较高的温度有利于α-体向β-体异构化。

在苯的氯化中，随着反应温度的升高，二氯化反应的速率反而比一氯化反应增加得快，在160℃时，二氯苯又会发生异构化。

卤化温度的选定要依据反应物活泼性的大小确定，同时还要考虑到产率和产能。例如，在取代氯化反应中，温度升高，能使二氯化产率增高，即一氯化选择性下降。为了防止二氯化产物过多，早期生产采用控制温度的方法，在35~40℃的低温下进行，而氯化反应是强放热反应，生成1mol氯苯放出大约131.5kJ的热量，这样，维持低温需要较大规模的冷却系统，而且反应速率低，限制了生产能力的提高。后来，人们发现随着温度的升高k_1/k_2增加并不十分明显（见表1-3）。温度的影响比返混作用小得多。

表1-3　苯氯化反应温度与k_1/k_2的关系

T/℃	18	25	30
k_1/k_2	0.107	0.113	0.123

因此，现在的氯苯生产普遍采用在氯化液的沸腾温度条件下（78~80℃），用塔式反应器或列管式反应器进行氯化。采用塔式反应器可有效消除物料的返混现象，过量苯汽化可带走大量反应热，有效地降低反应温度，有利于连续化生产，大幅度提高产能。

⑤ 原料纯度与杂质的影响。反应物纯度对芳烃的取代卤化有很大影响，特别不希望含有水分，因为水能吸收卤化反应的生成物HCl，生成盐酸，除了会造成设备腐蚀外，它还会对催化剂$FeCl_3$起到溶解的作用，溶解能力大大超过芳烃的溶解能力，使有机相$FeCl_3$浓度大幅降低，影响卤化反应的顺利进行。事实上，芳烃中含水量只要达到0.02%（质量分数），反应便会停止。其次，芳烃氯化反应原料中不能有含硫杂质（特别是噻吩）。含硫化合物易与催化剂$FeCl_3$作用生成不易溶于芳烃的黑色硫化物，使催化剂失效，同时，噻吩又能与Cl_2反应，生成物在氯化液精馏过程中分解放出HCl，对精馏设备造成腐蚀。尤其是从煤焦油提炼得到的芳烃，在氯化前必须经过除硫工序才能使用。

此外，用于卤化的 Cl_2 中不希望含有 H_2，因为当 H_2 的体积分数超过 4%时，可能引起燃烧甚至爆炸。

⑥ 反应深度的影响。对于氯化反应来说氯化深度即为反应深度，它表示芳烃被卤化程度的大小，常用氯苯比来表示。由于芳烃的环上氯化是一个连串反应，从图 1-3 中可以看出，当氯化深度增加时，二氯化产物含量也随着增加。因此，要想在一氯化阶段少生成二氯化产物，就必须严格控制氯化深度。工业上采取苯过量的方法，将氯苯比（氯化深度）控制在 1∶4（质量比）的比例，进行低转化率氯化来提高一氯化反应的选择性。

控制氯化深度可以通过测量反应器出口氯化液相对密度得以实现。因为苯、一氯苯、二氯苯的相对密度是依次升高的，如果出口反应液的相对密度较高，说明氯化产物含量高，氯化深度也越高。表 1-4 是氯化液相对密度与产物组成的关系表。

表 1-4　氯化液相对密度与产物组成的关系

氯化液的相对密度（15℃）	氯化液组成（质量分数）/%			氯苯/二氯苯（质量比）
	苯	氯苯	二氯苯	
0.9417	69.36	30.51	0.13	235
0.9529	63.16	36.49	0.35	104

值得一提的是，近年来，人们找到了二氯化产物（特别是对位产物）的多种用途（如除臭剂、杀菌剂等），希望得到多一些的二氯化产物。可以通过提高氯化深度来提高二氯化产物的收率。但希望更多地得到对位产物，最好的办法还是采用选择性高的新型催化剂来进行氯化。

⑦ 混合作用的影响。在具体实施氯化反应的过程中，反应物的混合方式能够极大地影响氯化反应的选择性，若搅拌效果不好或反应器类型选择不当，不光传质不均，还会造成局部过浓的情况，使反应生成物不能及时地离开反应区，又返混回反应区域，促使连串反应进行、更多地生成二氯化产物。因此，连续化生产中，减少返混现象，是所有连串反应中一个较难处理的问题，特别是当连串反应的两个反应速率常数 k_1 和 k_2 相差不大，而又希望得到较多的一取氯代产物的情况。化工生产上历经了从单锅间歇式，到多锅连续式，最后到填料塔沸腾连续式生产三个演进过程（见图 1-3）。为了减少和消除返混现象，人们最终选择了填料塔式连续氯化生产装置。在具体操作时，先将原料苯和氯气都以足够的流速由塔底输入，物料便可由下而上保持柱塞流通过塔内填料段，发生氯化反应。生成的氯苯，即使密度增加了也不会下降到填料段下部，从而可以有效地克服返混现象，保证填料段下部新输入的原料苯和氯气的接触。

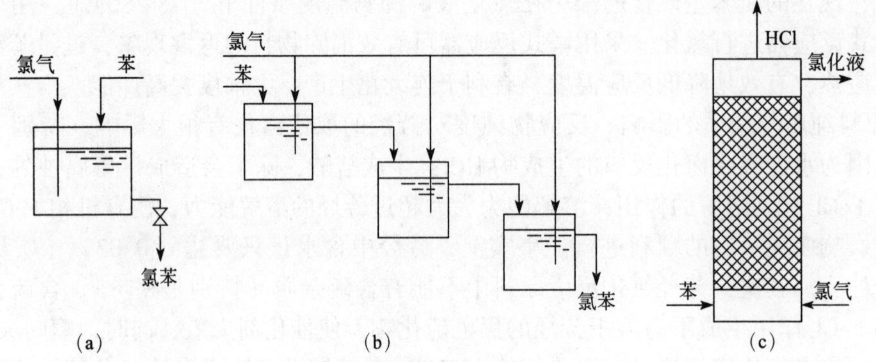

图 1-3　氯苯的生产工艺简图

（a）单锅间歇氯化工艺；（b）多锅串联连续氯化工艺；（c）塔式沸腾连续氯化工艺

第二节 溴苯的合成

溴苯是重要的精细有机化工产品，一般用于阻燃剂的合成，还可以作为溶剂、分析试剂和医药、农药的中间体合成。

一、溴苯简介

溴苯为无色油状液体，具有苯的气味，分子式 C_6H_5Br，分子量 157.01，熔点-73.8℃，沸点 156.2℃，不溶于水，易溶于甲醇等，相对密度 1.50，化学性质稳定。CAS 号：108-86-1。

溴苯的分子结构：

Br

其基本结构为苯的结构，在苯环上接有一个溴原子。

二、制备溴苯的方法

溴苯的制取可以用苯和溴在铁催化条件下，直接溴代制得；也可以按照桑德迈尔合成法由苯胺经重氮化反应而制得。

（1）苯直接溴代法

该法以苯为原料，用溴化铁为催化剂进行直接取代：

$$C_6H_6 + Br_2 \xrightarrow[80℃]{Fe，FeBr_3} C_6H_5Br + HBr + p\text{-}C_6H_4Br_2\ （少量）$$

以苯直接溴代合成路线短，操作简单，但伴随有副产物对二溴苯的生成，一溴苯的产率不易控制。由于低温有利于抑制连串反应的进行，所以，温度的控制就成了影响产率的重要因素。可以在加溴以后控制好温度，使温度不要太高。

（2）通过桑德迈尔反应制取溴苯

用苯在混酸的存在下进行硝化，制得硝基苯，然后用铁粉和盐酸在加热的情况下还原硝基苯成为苯胺，接着用溴化氢和亚硝酸盐在低温下将苯胺制成溴化重氮盐，再在溴化亚铜的存在下进行桑德迈尔反应生成溴苯。

也可以用改进了的桑德迈尔反应——盖特曼反应来获得溴苯：在溴化重氮苯中加入铜粉，在 40~80℃条件下加热，即生成产物溴苯。反应中常加入适量无机溴化物，使溴离子的浓度增加。还需要保持较高温度，以加速溴的置换反应，提高产率，减少偶氮、联芳烃及氢化副产物的生成。

用重氮反应合成溴苯选择性较高，但合成路线较长，操作要求高，且产率不高。所以，综合比较，用苯直接溴代法合成路线短，操作容易，产率较高。

三、溴苯的合成

（一）仪器和药品准备

仪器：250mL 三口烧瓶、机械式搅拌器、恒压滴液漏斗、回流冷凝管、直型冷凝管、接收器、电热套、锥形瓶、铁架台。

药品：苯、铁粉、溴、活性炭、甲醇。

（二）实验装置搭建

溴化装置可参考图1-4装置来搭建。

（1）装置构成

① 回流装置。为了使反应尽快地进行，又需要使反应体系保持沸腾。在这种情况下，就需要使用回流冷凝装置，使蒸气不断地在冷凝管内冷凝而返回反应器中，以防止三口烧瓶中的物质逃逸损失。将反应物质放在三口烧瓶中，在适当的热源上或热浴中加热。直立的冷凝管夹套中自下而上通入冷水，使夹套内充满冷凝水，水流速度不必很快，能保持蒸气充分冷凝即可。加热的程度也需控制，要使蒸气上升的高度不超过冷凝管的1/3。

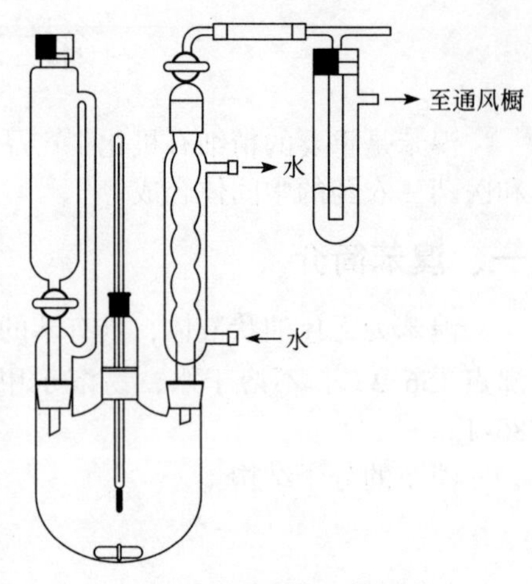

图1-4　溴化反应装置图

值得一提的是，有些反应进行剧烈，放热量大，如将反应物一次加入，会使反应失去控制；有时为了控制反应的选择性，也不能将反应物一次加入。在这些情况下，可采用滴加回流冷凝装置。将一种试剂逐滴加入反应装置中，常用恒压滴液漏斗进行操作。

② 搅拌器。搅拌能使反应物之间充分接触，使反应物各部分受热均匀，并使反应放出的热量及时散发，从而使反应顺利进行。使用搅拌装置，既可缩短反应时间，又能提高反应产率。常用的搅拌装置是电动搅拌器。

（2）装置搭建要领

① 仪器各磨口部分连接前要涂上凡士林再进行安装，以保持密封性。

② 恒压滴液漏斗装好药品后一定要塞上塞子，以免蒸气从上口逸出。

③ 检查仪器之间连接是否牢固，再装上回流冷凝管，接上气体吸收装置，用夹子夹紧。整套仪器应安装在同一铁架台上。

（三）实验步骤

（1）操作步骤

操作步骤简图见图1-5。

① 加料。在一个装有回流冷凝器、机械搅拌器及滴液漏斗的250mL三口烧瓶中，先加入11.0g苯和0.2g铁屑，然后从滴液漏斗（装有20g溴）中先加入1mL溴，温热烧瓶至溴化氢挥发出，其余的溴在20min内加完。在60℃下加热45min，直至溴的棕色蒸气完全消失为止。

② 分离。从反应混合物中分出铁屑后，在分液漏斗中用水洗涤，然后将溴苯进行水蒸气蒸馏。当在冷凝管中有白色对二溴苯结晶出现时，更换接收器，并继续蒸馏，直到除水以外无其他物质蒸出为止。

③ 提纯。将第一部分蒸出的溴苯，在分液漏斗中分去水层后，用氯化钙干燥30min，再进行蒸馏。沸点在140℃以下的馏分含有未反应的苯；沸点在150~170℃之间的馏分中主要是溴苯。重新蒸馏，收集152~158℃的馏分。

④ 副产物的提纯。蒸馏后的残余物趁热倾至瓷皿中，冷凝后与水蒸气蒸馏所得的对二溴苯合并。放在多孔瓷板上干燥后，加入1g活性炭用甲醇进行重结晶（每克对二溴苯约需5mL甲醇）。

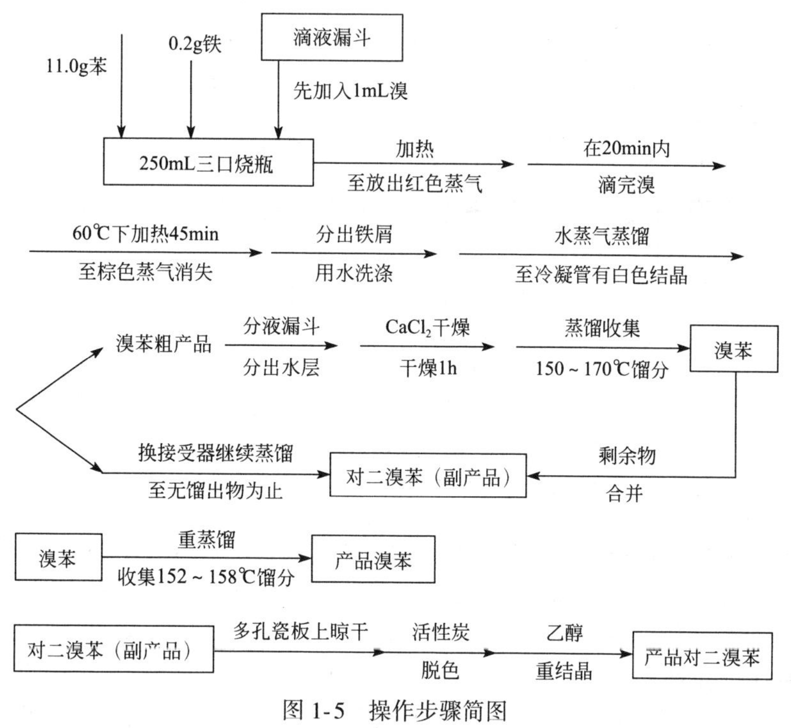

图 1-5 操作步骤简图

（2）计算产率

$$产率=\frac{实际产量}{理论产量}\times100\%=\frac{实际产量}{156}\times100\%$$

（3）注意事项

温度设定要合理，高温有利于连串反应；

滴溴后不要升温太多，防止生成的 HBr 带走原料苯；

反应结束后加还原剂破坏过量的溴。

（4）产物的检测和鉴定

观察溴苯、对二溴苯的产品外观和性状；测定溴苯的折射率；测定溴苯的熔点；红外光谱测定。

四、知识拓展

现介绍几种典型卤代反应产品的工业生产。

1. 2,4,6-三氯酚的工业生产

2,4,6-三氯酚是由苯酚和氯气反应得到的，可用作主要用于杀菌剂、保鲜剂咪鲜胺的主要原料。具体反应过程如下：

$$\text{C}_6\text{H}_5\text{OH}\xrightarrow[\text{NaOH}]{\text{Cl}_2}\text{2,4,6-Cl}_3\text{C}_6\text{H}_2\text{OH}$$

工业合成路线见图 1-6。

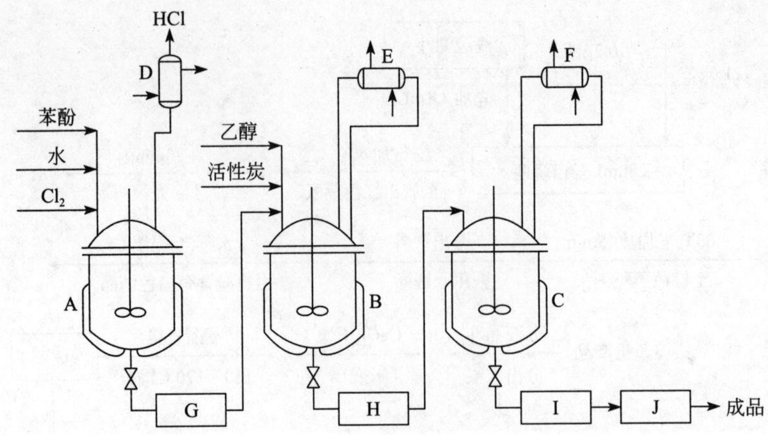

图 1-6　2，4，6-三氯酚的工业生产流程图

A—氯化釜；B—脱色釜；C—结晶；D~F—冷凝器；G~I—过滤机；J—真空干燥机

在反应釜中投入苯酚 400kg 及水 100kg，加热至 60℃，通入氯气。取样分析，待反应生成 2，4，6-三氯酚后，冷却至 40℃，过滤。滤瓶用水洗至中性即为粗品。将粗品溶于 70℃乙醇，加 20kg 活性炭脱色，过滤后，冷却析出针状结晶，经真空干燥得成品1056kg。

2. 氯苯的工业生产

氯苯是制备农药、染料、助剂以及其他有机合成产品的重要中间体，也可以直接用作溶剂，产量较大。氯苯的生产路线有两条，一条是氧化氯化法，由苯蒸气、氯化氢和氧在 200~250℃及催化剂存在下反应而得。当苯酚生产转向异丙苯法后，此法已被淘汰。另一条生产路线是现在普遍采用的沸腾氯化法，用沸腾氯化法生产氯苯的主要优点是生产能力大，在相同的氯化深度下二氯苯的生成量较少，这是由于减少了返混的缘故。

其工业合成路线见图 1-7。

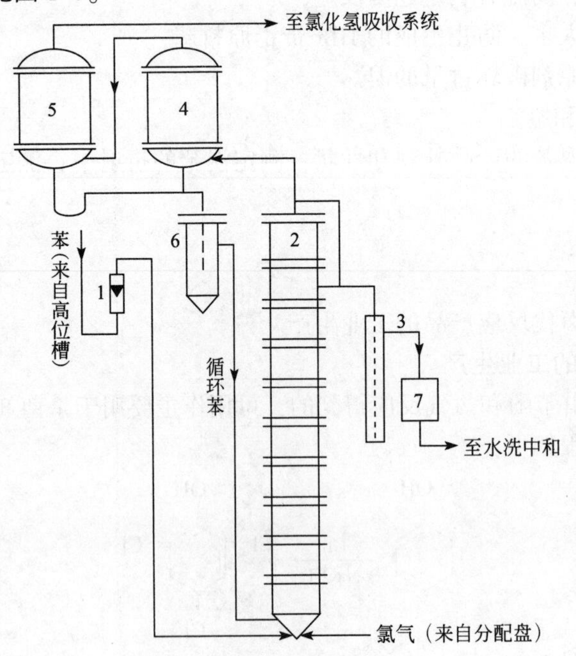

图 1-7　苯的沸腾氯化流程图

1—转子流量计；2—氯化器；3—液封槽；4,5—管式石墨冷却器；6—酸苯分离器；7—氯化液冷却器

将经过干燥的苯及氯气按规定流量由氯化器 2 的底部进料，部分氯气与铁环反应生成 $FeCl_3$并溶解在苯中，保持反应温度在 75～80℃。氯化液溢流入液封槽 3，经冷却进入储罐。控制氯化液相对密度在 0.935～0.950/15℃，其质量组成大致为氯苯 25%～30%、苯66%～74%、多氯苯<1%，经水洗，中和，送往蒸馏分离，蒸出的苯循环使用。除氯苯外，同时副产若干邻二氯苯和对二氯苯，氯化氢气体则送往吸收系统回收副产盐酸。

沸腾氯化器是一种塔式设备（见图 1-7），内壁衬耐酸砖，塔底装有炉条以支撑铁环，塔顶是扩大区，安装有二层导流板以促进气液分离，利用苯的汽化带出热量。在设计氯化器时必须防止出现滞流区，否则容易产生多氯苯，导致设备堵塞，甚至发生生成炭的副反应而引起燃烧。

用沸腾氯化法生产氯苯的主要优点是生产能力大，在相同氯化深度条件下二氯苯的生产量较少，这是由于减少了返混的缘故。

3. 苄基氯的工业生产

苄基氯又名氯化苄或 ω-一氯甲苯，是重要的有机合成中间体，广泛用于医药、农药、香料、染料助剂、合成树脂等工业。

目前国内外均采用间歇或连续光氯化法生产。

$$ArCH_3+Cl_2 \xrightarrow{100℃以上} ArCH_2Cl+HCl$$

$$ArCH_2Cl+Cl_2 \xrightarrow[100℃以上]{光照} ArCHCl_2+HCl$$

$$ArCH_2Cl+Cl_2 \xrightarrow[110℃以上]{光照，引发剂} ArCCl_3+HCl$$

在 1000L 搪瓷反应釜中投入 630kg 甲苯，打开内插汞灯光源，加热至甲苯沸点温度 110℃左右，保持回流，打开液氯钢瓶使液氯经汽化和干燥后进入釜内与甲苯发生侧链取代反应。反应生成的氯化氢气体进入尾气吸收系统循环吸收副产盐酸。反应过程中用气相色谱仪跟踪分析反应体系中各组分的变化，当苄基氯含量达到 50%～55%时停止通氯，将反应液打入精馏塔减压精馏，用气相色谱跟踪分析，收集苄基氯组分即得产品，未反应的甲苯回到氯化反应中。最后得到苄基氯产品约 830kg。

分析与讨论

1. 芳环上亲电取代卤化时，有哪些影响因素？
2. 芳环的取代反应和芳环侧链取代反应的主要区别是什么？
3. 芳环上取代反应为何是连串反应？
4. 为什么溴化反应或碘化反应要加入氧化剂，常用的氧化剂有哪些？
5. 置换卤化有哪些优点？有哪些应用？
6. 以不饱和烃为原料，其他无机试剂任选，合成下列化合物。

（1）2,2-二溴丙烷　　（2）2-溴丙烷　　（3）1,1,1-三氯乙烷

7. 简述如何由甲苯合成对氯三氟甲苯。
8. 简述一氯苯生产工艺经历的三个阶段。

人物小知识

李比希（**Justus von Liebig，1803—1873 年**），德国化学家，1803 年 5 月 12 日生于达姆施塔特的一个药剂师家庭，少年时代就热衷于化学实验，通过实验来验证自己读过的化学书，1820 年到波恩大学攻读化学，后随师转入爱尔兰根大学，接着去巴黎留学，在盖-吕萨克的实验室研究雷酸盐，受到法国科学实验风气的熏陶。1824 年回国，在吉森大学担任化学教授。1852 年去慕尼黑大学专门从事研究工作。1840 年被选为英国皇家学会会员，1845 年德国政府封他为男爵。1873 年 4 月 18 日在慕尼黑逝世。

李比希是德国近代化学发展的重要奠基人之一。在无机化学、有机化学、生理化学、农业化学等方面都做出了重要贡献。他发现雷酸是异氰酸的异构体，提出测量氰化物的银量法；改进有机物中的碳氢分析法，把有机分析发展为精确的定量分析技术；制得了三氯甲烷、三氯乙醛等化合物；同时，他还研究了尿酸的衍生物、生物碱、氨基酸、胱胺、肌酸等多种有机化合物的结构和性质；并与维勒一起发现了苯甲酰基，提出有机基团理论和有机多元酸理论；研究过发酵与腐败的机理，提出了植物的矿质营养学说；推荐使用无机肥料等。主要著作有《化学在农业和生理学中的应用》、《动物化学》等，并创刊了《药物学年鉴》（他去世后改名为《李比希年鉴》）。

李比希不仅为有机化学奠定了实验和理论基础，而且也是近代化学教育的奠基人。自 1824 年回国后，经过两年努力，他在吉森大学建立了一个完善的实验教学系统。李比希建立的实验室后来被称为“李比希实验室”，由于这一实验室培养出一大批一流的化学人才，所以成了全世界化学化工工作者注目和向往的地方。李比希还制造和改进了许多化学仪器，如有机分析燃烧仪、李比希冷凝球、玻璃冷凝管等。为了发展化学教学，李比希还用新的体系编制了化学教学大纲。他认为，化学不仅是一门实验科学，同时直接关系到国家的命运和人民的生活。所以他认为：“学习化学的真正中心，不在于讲课，而在于实际工作。”他要求他的学生既会定性分析，又会定量分析，能够自行制备各种有机化合物，以培养较强的实际工作能力。李比希一生为化学事业培养了一大批一流的化学家，俄国的齐宁、法国的日拉尔、英国的威廉姆逊、德国的霍夫曼、凯库勒，此外像富兰克兰、武兹等，都是李比希的学生。

单元2 磺化反应

【知识目标】掌握磺化反应的分类、特点，资料检索方法，安全环保的知识，元素有机化合物的有关知识。

【能力目标】理解十二烷基苯磺酸钠的合成路线、磺化反应过程的基本规律和影响因素；能应用磺化反应原理进行磺化反应方案的制订，磺化反应实验装置的搭建，反应操作、控制的方法以及产品分离、鉴定的方法。

第一节 磺化反应基础知识介绍

磺化反应在现代化工领域中占有重要地位，是合成多种有机产品的重要步骤。在医药、农药、燃料、洗涤剂及石油等行业中应用较广。

一、磺化反应

向有机物分子中引入—SO_3H基团的反应称磺化反应。磺化是向有机分子中引入磺酸基（—SO_3H），或和它相应的盐、磺酰卤基（—SO_2Cl）发生的化学过程。这些基团中的硫原子与有机分子中的碳原子相连接，生成C—S键。

磺化反应的主要目的有以下几点。

① 使产品具有水溶性、酸性、表面活性或对纤维素具有亲和力，用来合成表面活性剂、水溶性染料、食用香料、离子交换树脂和某些药物；

② 可以得到另一官能团化合物的中间产物，例如可以将磺酸基转化为—OH、—NH_2、—CN或—Cl等取代基；

③ 先在芳环上引入磺酸基，实现保护作用，完成特定反应后，再将磺酸基水解掉。

二、磺化剂

磺化反应常用的磺化剂有浓H_2SO_4、氯磺酸（$ClSO_3H$）、SO_3、氨基磺酸等。其中，H_2SO_4是最温和的磺化剂，通常用于磺化较活泼的芳烃。氯磺酸属较剧烈的磺化剂，它不仅可以磺化芳烃，还可磺化脂肪烃。

（1）三氧化硫

三氧化硫的结构是以硫为中心的平面等边三角形，S—O极性键的长度都为0.14nm，表明分子中具有（4中心6电子）大π键。从图2-1中也可以看出：三氧化硫分子中有两个单键和一个π双键，硫原子倾向于与π键结合，从它们的电负性可以看出，硫原子具有亲电性。

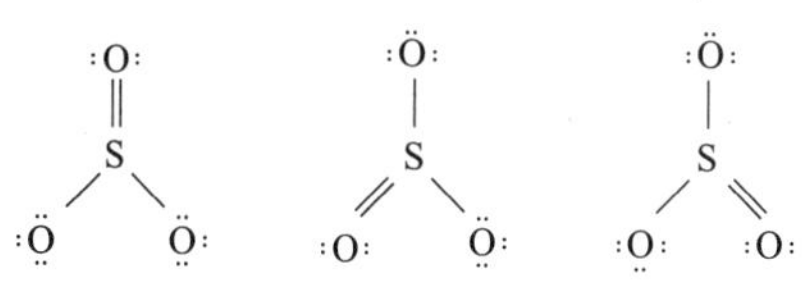

图2-1 三氧化硫的路易斯结构图

三氧化硫的性质十分活泼，在室温下便容易发生聚合，它存在三种聚合形式：α 型、β 型、γ 型。

理论上讲，三氧化硫应是最有效的磺化剂，因为在反应中只含直接引入 SO_3 的过程。

$$R—H+SO_3 \longrightarrow R—SO_3H$$

使用 SO_3 作磺化剂，初看是不经济的，首先要用某种化合物与 SO_3 作用构成磺化剂，反应后又重新放出原来与 SO_3 结合的化合物，如下式所示：

$$HX+SO_3 \longrightarrow SO_2 \cdot HX$$

$$R—H+SO_3 \cdot HX \longrightarrow R—SO_3H+HX$$

式中，HX 表示 H_2O、HCl、H_2SO_4、二噁烷等。

在实际选用磺化剂时，还必须考虑产品的质量和副反应等其他因素。目前，工业上均采用三氧化硫-空气混合物磺化法。三氧化硫可由 60% 发烟硫酸蒸出，或将硫黄和干燥空气在炉中燃烧，得到含 SO_2 的混合气体，再用 V_2O_5 作催化剂，经转化炉与氧气反应制得 SO_3 混合气体。将含 SO_3 3%～5% 混合气体，通入装有烷基苯的磺化反应器中进行磺化，磺化物料进入中和系统用氢氧化钠溶液进行中和，最后进入喷雾干燥系统干燥。得到的产品为流动性很好的粉末。

（2）发烟硫酸/硫酸

将三氧化硫溶于浓硫酸时就得到组成为 $H_2SO_4 \cdot xSO_3$ 的发烟硫酸。为了使用及运输上的便利，工业上发烟硫酸通常制成两种规格，即含游离 SO_3 20%～25% 和 60%～65%。其理由是这两种规格的发烟硫酸都具有最低凝固点，它们在常温下为液体，便于使用。

作为磺化剂的硫酸是一种能按几种方式离解的液体。在 100% 的硫酸中，硫酸分子通过氢键形成缔合物，缔合度随温度升高而降低。100% 硫酸略能导电，综合散射光谱的测定证明有 HSO_4^- 存在。

$$2H_2SO_4 \rightleftharpoons H_3SO_4^+ + HSO_4^-$$

$$2H_2SO_4 \rightleftharpoons SO_3 + H_3O^+ + HSO_4^-$$

$$3H_2SO_4 \rightleftharpoons H_2S_2O_7 + H_3O^+ + HSO_4^-$$

$$3H_2SO_4 \rightleftharpoons HSO_3^- + H_3O^+ + 2HSO_4^-$$

发烟硫酸也略能导电，这是因为发生了以下反应：

$$SO_3 + H_2SO_4 \rightleftharpoons H_2S_2O_7$$

$$H_2S_2O_7 + H_2SO_4 \rightleftharpoons H_3SO_4^+ + HS_2O_7^-$$

由上面的平衡体系可以看到，在浓硫酸和发烟硫酸中可能存在 SO_3、$H_3SO_4^+$、HSO_4^-、HSO_3^- 等亲电质点，它们都能参加磺化反应，实质上它们都是不同溶剂化的三氧化硫分子，不过它们之间的反应活性相差很大。

发烟硫酸作磺化剂，性质介于三氧化硫和硫酸之间。采用硫酸和发烟硫酸作磺化剂，目前使用非常普遍。

（3）氯磺酸

氯磺酸可以看作是 $SO_3 \cdot HCl$ 的配合物，也是一种较常见的磺化剂。氯磺酸凝固点为 −80℃，沸点 152℃。达到沸点时则离解成 SO_3 和 HCl。它易溶于氯仿、四氯化碳、硝基苯以及液体二氧化硫。氯磺酸除了单独使用作磺化剂以外，有时也在溶剂中进行反应。氯磺酸的优点是反应能力强，生成的氯化氢可以排出，有利于反应进行完全。而采用硫酸作磺化剂，则需高温及设法移去生成的水分或硫酸大大过量，才能使反应完全。氯磺酸的缺点是价格较高，而且分子量大，引入一个—SO_3H 的磺化剂用量相对较多，反应中产生的氯化氢具有强腐蚀性。因此，工业上除了少数由于定位需要要用氯磺酸来引入磺基以外，用氯磺酸作磺化剂相对较少。主要用途是制取芳磺酰氯、醇的硫酸盐以及进行 *N*-磺化反应。

有关磺化和硫酸盐化的其他反应剂还有硫酰氯、氨基磺酸、二氧化硫以及亚硫酸根离子等。

三、磺化反应的影响因素

1. 有机化合物的结构

芳烃的结构对磺化反应的影响研究得比较深入。当芳环上存在供电子基因时，使芳环邻、对位富有电子，有利于 σ 配合物的形成，则磺化较易进行；当芳环上存在吸电子基团时，则不利于 σ 配合物的形成，使反应较难进行。因为磺基的体积较大，所以磺化时空间效应比硝化、卤化大得多。空间位阻对配合物的质子转移有显著影响，在磺基邻位有取代基时，由于 σ 配合物内的磺基位于平面之外，取代基对磺基几乎不存在空间阻碍。但 σ 配合物在质子转移后，磺基与取代基在同一平面内，便有空间位阻存在。取代基体积愈大，则位阻愈大，磺化速率越慢。

2. 磺化剂的浓度和用量

在采用硫酸作磺化剂时，每引入一个磺基，同时生成 1mol 水。水的生成使得硫酸的浓度降低，而芳烃磺化反应速率是明显依赖于硫酸浓度的。动力学研究结果表明：在浓硫酸（92%~99%）中，磺化速率与硫酸中所含水分浓度的平方成反比。水的生成使磺化反应速率大为减慢，当酸的浓度降低到一定程度时，反应几乎停止。这时，多余的硫酸称为“废酸”。其浓度通常用三氧化硫的质量分数表示，称为磺化的“π 值”。显然，容易磺化的过程，π 值较小；难磺化的过程，π 值较大。

3. 磺化反应温度和时间的影响

磺化温度会影响磺基进入芳环的位置和磺酸异构体的生成比例。在低温条件下，磺酸基主要进入电子云密度较高、活化能较低的位置，是受动力学控制的。在高温下磺化则是受热力学控制的，磺基可以异构化而转移到空间障碍较小或不易水解的位置。特别是在多位磺化时，为了使每一个磺基都尽可能地进入所希望的位置，对于每一个磺化阶段都需要选择合适的磺化温度。

4. 磺基的水解与异构化

① 磺基的水解。芳磺酸在含水的酸性介质中，在一定温度下会发生水解反应使磺基脱落，这可看作是磺化的逆反应。

② 磺基的异构化。磺基不仅能够发生水解反应，在一定条件下磺基从原来的位置转移到其他位置，通常是转移到热力学更稳定的位置，称为磺基的异构化。

5. 添加剂

为了抑制砜的生成，常加入无水硫酸钠、羰基酸或磷酸等。

四、磺化反应的控制

1. 磺化反应的副反应控制

在磺化过程中加入少量添加剂可用来控制副反应、改变定位或者改变反应效率。如苯磺化时添加无水硫酸钠可以抑制砜的生成；蒽醌磺化时，有汞盐存在时主要生成 α-蒽醌磺酸，没有汞盐时主要生成 β-蒽醌磺酸；催化剂的加入有时可以降低反应温度，提高收率和加速反应。例如：当吡啶用三氧化硫或发烟硫酸磺化时，加入少量汞可使收率由 50% 提高到 71%；又如：2-氯苯甲醛与亚硫酸钠的磺基置换反应，铜盐的加入可使反应容易进行。

2. 磺化反应终点的控制

磺化过程要按照确定的温度-时间规程来控制，加料之后通常需要升温并保持一定的时间，直到试样的总酸度降至规定的数值。磺化终点可根据磺化产物的性质来判断，如试样能否完全溶于碳酸钠溶液、清水或食盐水中。

五、中和成盐

磺化所得磺酸还需加碱中和成盐，反应如下：

$$CH_3(CH_2)_9CH(CH_3)-C_6H_4-SO_3H + NaOH \longrightarrow CH_3(CH_2)_9CH(CH_3)-C_6H_4-SO_3Na + H_2O$$

此反应为典型的酸碱中和反应，反应几乎瞬间就能反应完全。可按计量系数投料。控制反应浓度，冷却后即能得到十二烷基苯磺酸钠的结晶。

六、磺化反应后处理方法

磺化产物的后处理有两种情况。一种是磺化后不分离出磺酸，接着进行硝化和氯化等反应。另一种是需要分离出磺酸或磺酸盐，再加以利用。磺化物的分离可以利用磺酸或磺酸盐溶解度的不同来完成，分离方法主要有以下几种。

（1）稀释酸析法

某些芳磺酸在50%~80%硫酸中的溶解度很小，磺化结束后，将磺化液加水适当稀释，磺酸即可析出。

（2）直接盐析法

利用磺酸盐的不同溶解度，向稀释后的磺化物中直接加入食盐、氯化钾或硫酸钠，可以使某些磺酸盐析出，还可以分离不同异构磺酸。但因产生的氯化氢对设备腐蚀严重，应用受到限制。

$$Ar—SO_3H+KCl \longrightarrow ArSO_3K+HCl$$

（3）中和盐析法

稀释后的磺化物用氢氧化钠、碳酸钠、亚硫酸钠、氨水或氧化镁进行中和，利用中和时生成的硫酸钠、硫酸铵或硫酸镁可使磺酸以钠盐、铵盐或镁盐的形式析出。从总的物料平衡看，节约了大量的酸碱，减轻了母液对设备的腐蚀。

$$2ArO_3H+Na_2SO_3 \longrightarrow 2ArSO_3Na+H_2O+SO_2$$

（4）萃取分离法

用有机溶剂将磺化产物萃取出来。

第二节　十二烷基苯磺酸钠的合成

十二烷基苯磺酸钠化学式：$C_{18}H_{29}NaO_3S$，分子量：348.48，为白色或淡黄色粉末，能溶于水。十二烷基苯磺酸钠是中性的，对水的硬度较为敏感，不易氧化，起泡力强，去污力高，易与各种助剂复配，生产成本较低，合成工艺成熟，已被国际安全组织认定为安全化工原料，是一种阴离子表面活性剂。大量用作生产各种洗涤剂和乳化剂，可适量配用于香波、泡沫浴等化妆品中；还可用于纺织工业的清洗剂、染色助剂、电镀工业的脱脂剂；造纸工业的脱墨剂也需加入一定量的十二烷基苯磺酸钠。另外，由于直链烷基苯磺酸盐对氧化剂十分稳定，易溶于水，非常适用于目前在国际上流行的加氧化漂白剂的洗衣粉。

在洗涤剂中使用的十二烷基苯磺酸钠有支链结构（ABS）和直链结构（LAS）两种，支链结构生物降解性小，会对环境造成污染，而直链结构易生物降解，生物降解率大于90%，对环境污染程度较小。但十二烷基苯磺酸钠存在两个缺点：一是耐硬水性较差，去污能力随水的硬度而降低。因此以其为主要配方的洗涤剂必须与适量螯合剂配合使用；二是脱脂能力较强，手洗时对皮肤有一定的刺激性，洗后衣服手感较差，适宜用阳离子表面活性剂作柔软剂进行漂洗。

由于LAS具有去污性能良好、价格便宜和易生物降解等优点，被广泛应用于制造洗衣粉和洗涤剂。基于LAS的表面活性剂占世界表面活性剂总消耗量的60%以上，因而LAS的生产已成为表面活性剂行业的支柱产业。在工业和民用上都有广泛的用途。

十二烷基苯磺酸钠分子结构式：

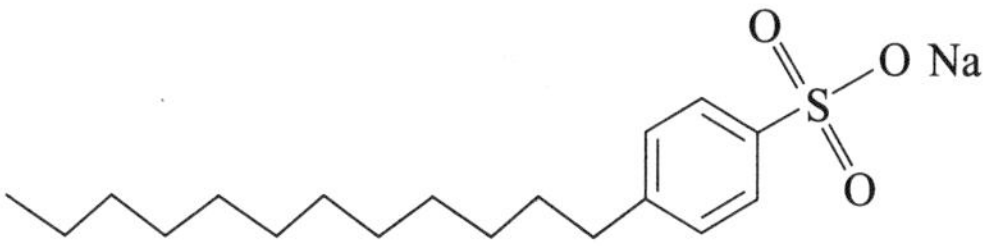

O
O Na
S
O

其基本结构为烷基苯的结构，在烷基的对位上接有磺酸基团。

一、合成方法分析

目前十二烷基苯磺酸钠常见的生产方法主要有以下几种。

（1）SO_3磺化法

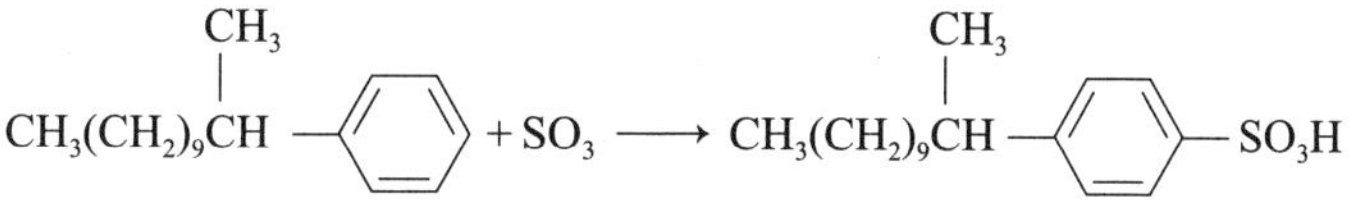

$$CH_3(CH_2)_9CH(CH_3)-C_6H_5 + SO_3 \longrightarrow CH_3(CH_2)_9CH(CH_3)-C_6H_4-SO_3H$$

该反应剧烈放热，反应速率极快，几乎在瞬间完成。有多种副反应发生，后处理步骤多且复杂。由于SO_3反应活性很高，故使用时必需稀释，液体用溶剂稀释，气体用干燥空气或惰性气体稀释。

该法优点是磺化时不生成水，三氧化硫用量可接近理论量，反应快、废液少。但三氧化硫过于活泼，在磺化时易于生成砜类等副产物，因此常常要用空气或溶剂稀释使用。

（2）过量H_2SO_4磺化法

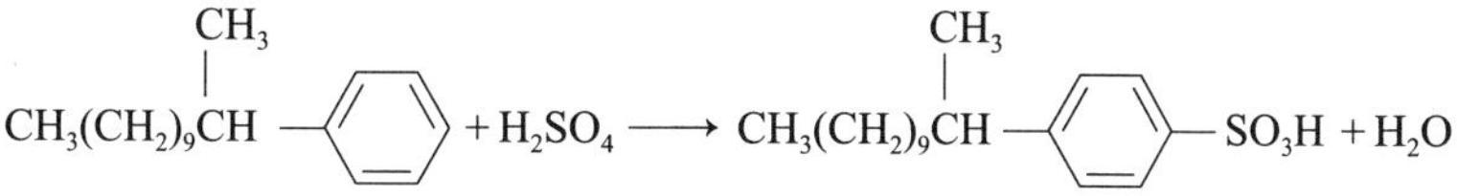

$$CH_3(CH_2)_9CH(CH_3)-C_6H_5 + H_2SO_4 \longrightarrow CH_3(CH_2)_9CH(CH_3)-C_6H_4-SO_3H + H_2O$$

反应生成的水使硫酸浓度下降、反应速率减慢，因此要用过量很多的磺化剂才能使反应顺利进行。难磺化的芳烃要用发烟硫酸磺化。这时主要利用其中的游离三氧化硫，因此也要用过量很多的磺化剂。

硫酸磺化适用范围很广，该法几乎没有副反应，与第一种方法相比，后处理比较简单，反应条件温和、放热量小、转化率高。

（3）氯磺酸磺化法

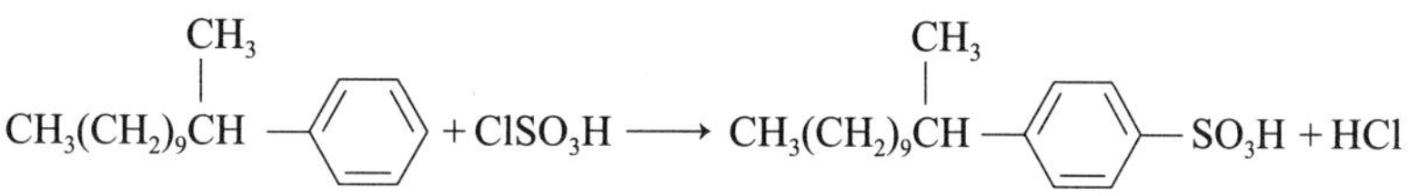

$$CH_3(CH_2)_9CH(CH_3)-C_6H_5 + ClSO_3H \longrightarrow CH_3(CH_2)_9CH(CH_3)-C_6H_4-SO_3H + HCl$$

氯磺酸也是一种较常见的磺化剂，它可以看作是 $SO_3 \cdot HCl$ 配合物。用氯磺酸磺化可以在室温下进行，反应不可逆，基本上按化学计量进行。该反应速率快，产物收率高，只是氯磺酸有毒，反应过程中有氯化氢气体产生。

此外，还有共沸脱水磺化法、芳伯胺的烘焙磺化法等，这些方法请大家查阅资料进行了解。这里以十二烷基苯为原料，将合成过程中需要考虑的各种因素进行分析，确定合适的合成方案，并按此方案进行合成来实际检验方案的可行性。

二、磺化反应过程分析

十二烷基苯磺化反应是苯环上的亲电取代反应。当芳香化合物进行磺化时，反应分成两步进行。首先是亲电质点向芳环发生亲电攻击，生成 σ 配合物，然后在碱的存在下脱去质子得到苯磺酸。

$$C_6H_5-H + H_2S_2O_7 \rightleftharpoons \left[C_6H_5\langle^{SO_3^-}_{H}\right]^+ + H_2SO_4$$

σ配合物

$$\left[C_6H_5\langle^{SO_3^-}_{H}\right]^+ + H_2SO_4 \rightleftharpoons C_6H_5-SO_3H + H_3SO_4^+$$

这一历程与芳烃的硝化、卤化历程的明显区别在于所生成的 σ 配合物的电荷呈中性，它的稳定性高于相应的带正电荷的硝化或卤化中间配合物。因此，磺化的第二步脱质子过程要比相应的硝化、卤化难得多。在浓酸中磺化，脱质子是反应速率的控制阶段，在较稀的酸中磺化时，则生成 σ 配合物是反应速率的控制步骤。

长碳链的烷基芳烃在强酸中的傅-克烷基化反应是可逆反应，产物十二烷基苯磺酸能发生脱烷基反应。这个问题在硫酸为磺化剂时表现得尤为严重，在发烟硫酸中磺化时相对好一些，用 SO_3 为磺化剂时则反应十分顺利。

主反应：

$$R-C_6H_5 + SO_3 \rightleftharpoons R-C_6H_4-SO_3H$$

磺化反应由于磺化原料的性质和反应条件的影响，在主反应进行的同时，还有一系列二次反应（串联反应）和平行的副反应发生。

① 砜的生成。芳烃磺化时，砜的产生是重要的副反应。当采用剧烈的磺化剂、反应温度较高或反应时间过长时，将有利于砜的生成。十二烷基苯磺化时生成的砜量占 1%左右，工艺条件及设备的改进，例如控制温度不太高或添加甲苯磺酸钠都有利于砜量的降低。

② 多磺酸的生成。当磺化剂用量过大，反应时间过长，温度过高特别是采用强磺化剂时，易发生多磺化现象。

$$R-C_6H_4-SO_3H + SO_3 \longrightarrow R-C_6H_3(SO_3H)_2 \text{（两种异构体）}$$

三、合成操作

以十二烷基苯为原料，以硫酸为磺化剂进行磺化为例。

反应路线如下：

$$C_{12}H_{25}-C_6H_5 + H_2SO_4(或SO_3) \longrightarrow C_{12}H_{25}-C_6H_4-SO_3H + H_2O$$

$$C_{12}H_{25}-C_6H_4-SO_3H + NaOH \longrightarrow C_{12}H_{25}-C_6H_4-SO_3Na + H_2O$$

1. 合成操作

（1）磺化

在装有搅拌器、温度计、滴液漏斗和回流冷凝器的250mL四口瓶中，加入十二烷基苯35mL（34.6g），搅拌下缓慢加入质量分数98%硫酸35mL，温度不超过40℃，加完后升温至60~70℃，反应2h。

（2）分酸

将上述磺化混合液降温至40~50℃，缓慢滴加适量水（约15mL），倒入分液漏斗中，静止片刻，分层。放掉下层（水和无机盐），保留上层（有机相）。

（3）中和

配制质量分数10%氢氧化钠溶液80mL，将其加入250mL四口瓶中约60~70mL，搅拌下缓慢滴加上述有机相，控制温度为40~50℃，用质量分数10%氢氧化钠调节pH=7~8，并记录质量分数10%氢氧化钠总用量。

（4）盐析

于上述反应体系中，加入少量氯化钠，渗圈试验清晰后过滤，得到白色膏状产品。

2. 注意事项

分酸时，温度不可过低，否则易使分液漏斗被无机盐堵塞，造成分酸困难。

3. 废酸和硫酸用量的计算

（1）废酸的计算

π 值是将废酸中所含硫酸的质量换算成 SO_3 的质量后的质量分数，即按投料计，可用下式计算：

$$\pi = (废酸中所含硫酸质量 \times 80/90)/(加入硫酸质量 - 磺化消耗硫酸质量 \times 80/98) \times 100$$

也可用磺化液中硫酸和水的质量分数计算：

$$\pi = 100 \times 80/98 \times [w_{硫酸}/(w_{硫酸} + w_{水})]$$

利用 π 值的概念可以定性地说明磺化剂的起始浓度对磺化剂用量的影响。但是，利用 π 值所计算的用量，与实际生产常常有很大的出入。

（2）硫酸用量的计算

$$X = 80n \times (100 - \pi)/(a - \pi)$$

式中 X——1mol有机物在磺化时所需浓硫酸或发烟硫酸的用量，g；

a——把所有磺化剂中的硫酸都折算成 SO_3 的浓度，%（质量分数）；

n——引入磺酸基的摩尔数。

4. 分离、检测

（1）采用稀释酸析法进行后处理

目的产物十二烷基苯磺酸钠纯品为无色结晶，不溶于冷水而微溶于丙酮，易溶于 N-二甲基甲酰胺。由于不溶于冷水，故酸化时目的产物将从体系中结晶析出，用过滤的方法即可分离。流程如图 2-2 所示。

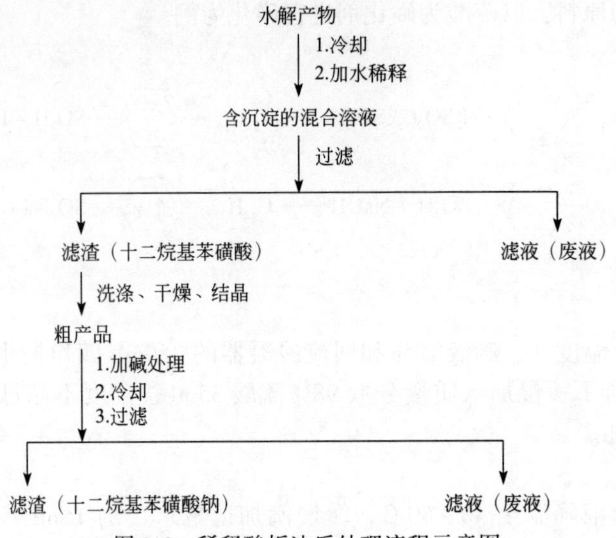

图 2-2　稀释酸析法后处理流程示意图

注意事项如下。

① 为了使目的产物尽可能多地沉淀析出，通常需要用低温冷却处理；其次，加碱是为了尽可能减少对溶液中残余硫酸的影响，同时，也是为了更好地生成磺酸钠盐。

② 过滤出来的滤渣表面会有少量的母液残留，一般需要将这些母液先行洗涤去除。同时为了减少洗涤过程的损失，洗涤时应尽可能采用少量多次的方式。若采用真空抽滤的方法效果更好。分离装置采用过滤装置。

（2）纯化精制

由于目的产物是固体，并且其在水等溶剂中的溶解度随着温度的变化而显著变化，因此产物纯化时可以考虑用重结晶的方法，也可考虑用层析的方法进行纯化精制。

（3）产品检测鉴定

可采用测定熔点和红外光谱的方法鉴定。

四、知识拓展

按比例用泵将十二烷基苯打到列管式薄膜磺化反应器（见图 2-3）顶部分配区，使其形成薄膜，沿反应器壁向下流动，与浓度低于 10% 的 SO_3-空气混合气体接触反应。每摩尔十二烷基苯与 1.03mol 浓度为 10% 的 SO_3 反应。生成物流入反应器底部的气-液分离器中，分出磺酸产物后的废气，经静电除雾，碱洗后尾气放空。磺酸产物经老化、水解，即得十二烷基苯磺酸。其工艺流程示意图见图 2-4。

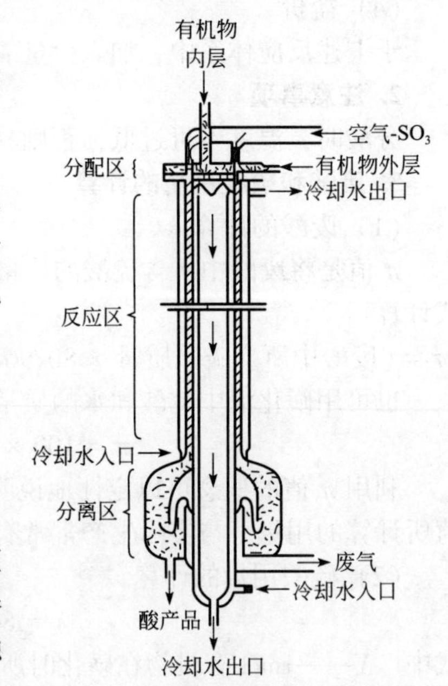

图 2-3　列管式薄膜磺化反应器

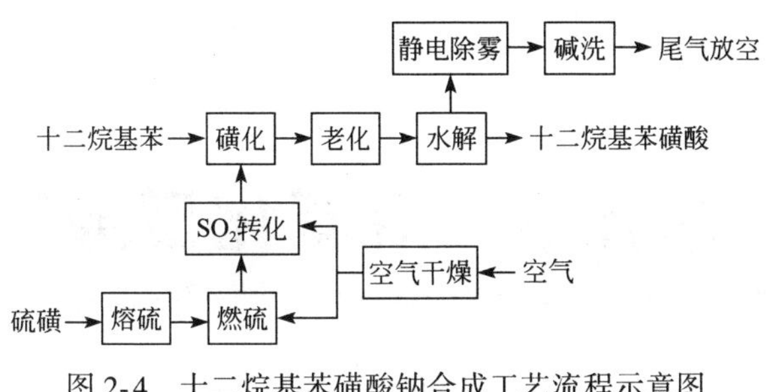

图 2-4　十二烷基苯磺酸钠合成工艺流程示意图

分析与讨论

1. 十二烷基苯磺酸钠还有哪些合成方法？请查阅资料说明其中的一种。
2. 什么是磺化反应？有哪些磺化试剂？请举例说明。
3. 磺化反应的主要影响因素有哪些？各是怎样影响的？
4. 烷基苯磺酸钠可用于哪些产品配方中？
5. 请叙述十二烷基苯磺酸钠的分析方法。

人物小知识

伍德沃德（Robert B. Woodward，1917—1979 年），美国著名化学家。1917 年 4 月 10 日生于马萨诸塞州的波士顿。16 岁考入美国著名大学麻省理工学院，学校为他安排了特殊课程，19 岁大学毕业获学士学位，20 岁获博士学位，此后在哈佛大学执教终身。1950 年任教授。为了表彰他的贡献，1963 年在瑞士的巴塞尔建立了伍德沃德研究所。他同时在剑桥和巴塞尔指导学术活动。

伍德沃德是 20 世纪在有机合成和理论化学两方面都取得划时代成果的卓越化学家，学术界公认他为有机合成之父。他合成了胆固醇、皮质酮、马钱子碱、利血平、叶绿素等十多种天然有机化合物；确定了金霉素、土霉素、河豚毒素等复杂有机物的结构；探索了核酸与蛋白质的合成问题，发现了以他的名字命名的伍德沃德反应和试剂。他在有机化学合成、结构分析、理论说明等多个领域都有独到的见解和杰出的贡献。1965 年获诺贝尔化学奖。他与瑞士学者埃申莫塞领导十几个国家的一百余位化学家历时十一年，共做了近千个复杂的有机合成实验，终于合成了结构复杂的维生素 B_{12}。这一不朽成果使得 R. 霍夫曼提出的“分子轨道对称守恒”概念公式化，这是有机化学理论在 20 世纪 60 年代的重大突破。这两项重大成就使他继 1965 年获诺贝尔化学奖之后，又登上一个新的高峰。

伍德沃德是一位不知疲倦的探索者，从青年时代就养成每天只睡三四个小时的习惯。他谦虚和善、不计名利、善于与人合作，他认为自己之所以能取得成就，是因为有幸和世界上众多能干又热心的化学家一起工作。伍德沃德对化学教育尽心竭力，他一生共培养研究生、进修生 500 多人，许多学生已成为世界闻名的化学家。他还获得英国皇家学会戴维勋章和美国国家科学勋章等多种荣誉。1979 年 7 月 8 日，伍德沃德因积劳成疾，与世长辞，终年 62 岁。他在辞世前还对他的学生和助手交代了许多需要进一步研究的复杂有机物的合成工作。他逝世以后，人们经常以各种方式悼念这位有机化学巨星。

单元3 烷基化反应

【知识目标】 通过分别完成各项目任务，掌握烷基化反应的概念、通式及其重要性；熟悉三类烷基化（碳烷基化、氧烷基化、氮烷基化）的反应历程、影响因素、催化剂、烷基化剂种类、烷基化方法；结合前面所学亲电取代反应基本理论及其他相关知识对傅-克烷基反应及其反应机理进行重点掌握，对反应*N*-烷基化、*O*-烷基化加以深刻理解，并能了解相转移催化在烷基化反应中的应用。

【能力目标】 通过完成项目任务，能应用烷基化反应得到相应的化合物；重点掌握傅-克烷基化反应过程及其控制方法。

第一节 烷基化反应基础知识介绍

把烃基引入有机化合物分子中碳、氮、氧等原子上的反应称为烷基化反应，又叫烃化反应。所引入的烃基可以是烷基、烯基、芳基等。其中以引入烷基（如甲基、乙基、异丙基等）最为重要。广义的烷基化反应还应包括引入各种连有官能团的烃基，如$—CH_2COOH$、$—CH_2OH$、$—CH_2Cl$、$—CH_2CH_2Cl$等。

烃基化反应在精细有机合成中占有非常重要的地位，应用也非常广泛，经其合成的产品涉及多个领域，最早的烷基化是芳烃在催化剂的作用下，用卤代烃、烯烃等烷基化试剂直接将烷基引入到芳环的碳原子上，即所谓*C*-烷基化，运用傅-克烷基化得以实现。利用该反应所合成的苯乙烯、乙苯、异丙苯、十二烷基苯等烃基苯，是塑料、医药、溶剂、合成洗涤剂的重要原料；通过烷基化反应合成的醚类、烷基胺是极为主要的有机合成中间体，有些烷基化产品本身就是药物、染料、香料、催化剂、表面活性剂等功能性产品。如环氧化物烷基化（*O*-烷基化）可制得重要的聚乙二醇型非离子型表面活性剂，采用卤代烃烷基化试剂进行胺或氨的烷基化（*N*-烷基化）合成的季铵盐是重要的阳离子型表面活性剂、相转移催化剂、杀菌剂等。

例如，烷基酚聚氧乙烯醚是用途极为广泛的非离子表面活性剂（TX-10、OP-10），其可由*C*-烷基化及*O*-烷基化反应得以实现：

$$C_6H_5OH \xrightarrow[C\text{-烷基化}]{RX/AlCl_3} R—C_6H_4—OH \xrightarrow[O\text{-烷基化}]{H_2C—CH_2 \ (\text{O})}$$

$$R—C_6H_4—OCH_2CH_2OH \xrightarrow[O\text{-烷基化}]{nH_2C—CH_2 \ (\text{O})} R—C_6H_4—O\!\left(CH_2CH_2O\right)_{n+1}H$$

又如，消毒防腐剂度米芬的合成，也采用了烷基化反应：

$$\text{C}_6\text{H}_5\text{OH} \xrightarrow[110℃,\ 6h,\ BrCH_2CH_2Br]{O\text{-烷基化}} C_6H_5OCH_2CH_2Br \xrightarrow[85℃,\ 8h,\ (CH_3)_2NH]{N\text{-烷基化}}$$

$$C_6H_5OCH_2CH_2N(CH_3)_2 \xrightarrow[80\sim90℃,\ 8h,\ CH_3(CH_2)_{11}Br]{N\text{-烷基化}} C_6H_5OCH_2CH_2-\overset{CH_3}{\underset{CH_3}{N^+}}-(CH_2)_{11}CH_3\ Br^-$$

一、烷基化反应的类型

精细有机合成中经烷基化反应可将不同的烷基引入到结构不同的化合物分子中，所得到的烷基化产物种类与数量众多，结构繁简不一，但从反应的结果来看，它们都是由通过下述三类反应来制备的。

1. *C*-烷基化反应

在催化剂作用下向芳环的碳原子上引入烷基，得到取代烷基芳烃的反应。如烷基苯的制备反应：

$$C_6H_6 + RCl \xrightarrow{AlCl_3} C_6H_5R + HCl$$

2. *N*-烷基化反应

向氨或胺类（脂肪胺、芳香胺）氨基中的氮原子上引入烷基，生成烷基取代胺类（伯胺、仲胺、叔胺、季胺）的反应。如 *N*，*N*-二甲基苯胺的制备反应：

$$C_6H_5NH_2 + 2CH_3OH \xrightarrow[201℃/3MPa]{H_2SO_4} C_6H_5N(CH_3)_2 + 2H_2O$$

3. *O*-烷基化反应

向醇羟基或酚羟基的氧原子上引入烷基，生成醚类化合物的反应。如壬基酚聚氧乙烯醚的制备：

$$H_{19}C_9-C_6H_4-OH \xrightarrow[NaOH]{H_2C\overset{O}{—}CH_2} N_{19}C_9-C_6H_4-OCH_2CH_2OH \xrightarrow{nH_2C\overset{O}{—}CH_2}$$

$$H_{19}C_9-C_6H_4-O\text{+}CH_2CH_2\text{+}_nCH_2CH_2H$$

二、芳环上的 *C*-烷基化反应

芳环上的 *C*-烷基化反应是在催化剂作用下直接向芳环碳原子上引入烷基的反应。这类反应最初是在 1877 年由法国巴黎大学化学家 Friedel 和美国化学家 Crafts 两人共同发现的，故也称为傅-克（Friedel-Crafts）反应，利用这类烷基化反应可以合成一系列烷基取代芳烃，其在精细有机合成中有着重要意义。

1. 烷基化试剂

C-烷基化试剂主要有卤代烷、烯烃、醇类以及醛、酮类等。

（1）卤代烷

卤代烷（R—X）是常用的烷基化试剂，不同的卤素原子以及不同的烷基结构，对卤代烷的烷基化反应影响很大。当卤代烷中烷基相同而卤素原子不同时，其反应活性次序为：

$$RI>RBr>RCl$$

当卤代烃中卤素原子相同，而烷基不同时，反应活性次序为：

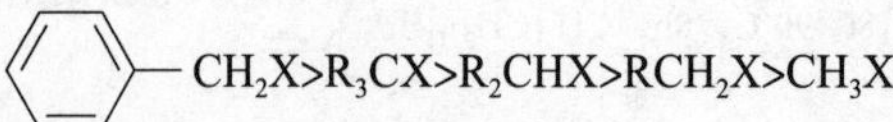

当然，并不是所有的卤代烃都能进行烷基化反应，卤代芳烃（如氯苯、溴苯等）由于连接在芳环上的卤原子受到共轭效应稳定作用的影响，反应活性较低，不能进行烷基化反应。

（2）烯烃

烯烃是另一类常用的烷基化试剂。由于烯烃是各类烷基化试剂中合成成本最低、来源最广的原料，故广泛应用于芳烃、芳胺和酚类的 *C*-烷基化。常用的烯烃有：乙烯、丙烯、异丁烯，以及一些长链 α-烯烃。它们是合成乙苯、异丙苯、长链烷基苯等产品最合理的烷基化试剂。

（3）醇、醛和酮

它们都是较弱的烷基化试剂。醛、酮常用于二芳基或三芳基甲烷衍生物的制取。醇类和卤代烷除在活性上有差别外，都特别适合小吨位的精细化学品生产。常在引入较为复杂的烷基时使用。

2. 催化剂

芳香族化合物的 *C*-烷基化反应最初用的催化剂是三氯化铝。后来，研究证明，其他许多路易斯酸、质子酸具有良好的烷基化催化能力。目前，工业上使用的主要就是路易斯酸和质子酸这两大类催化剂。

（1）路易斯酸

主要是金属卤化物，其中常用的是 $AlCl_3$。其他的金属卤化物催化活性如下：

$$AlCl_3>FeCl_3>SbCl_5>SnCl_4>BF_3>TiCl_4>ZnCl_2$$

路易斯酸催化剂分子的共同特点是都有一个缺电子的中心原子。如 $AlCl_3$ 分子中的铝原子只有 6 个外层电子，能够接受电子形成带负电荷的碱性试剂，同时也是活泼的亲核质点。

无水三氯化铝是傅-克烷基化反应中使用最广泛的催化剂，它是由金属铝或氧化铝和焦炭在高温下与氯气作用制得的。为使用方便，常制成粉状或颗粒状固体。其熔点为 192℃，但在 180℃时就开始升华。无水三氯化铝能溶于液态卤代烷中，使卤代烷生成烷基正离子（R^+），也能溶于许多供电子型溶剂中形成配合物，此类溶剂有 SO_2、CS_2、硝基苯、二氯乙烷等。

工业上生产烷基苯时，催化剂常用 $AlCl_3$-HCl 配合物溶液，它由无水三氯化铝、多烷基苯和微量水配制而成，因其颜色较深，俗称“红油”。它不溶于烷基化生成物，反应后经分离可循环使用。使用这种催化剂比直接使用三氯化铝要好，副反应少、易回收。非常适合大规模连续烷基化生产工业过程。只要不断补充少量三氯化铝就能保持稳定的催化活性。

用卤代烃作烷化剂时，也可以直接用金属铝作催化剂，因为在烷基化反应中生成的氯化氢能与金属铝作用生成三氯化铝配合物。因此，在分批操作时常用铝丝；在连续操作时用铝锭或铝球。

无水三氯化铝能与氯化钠形成复盐，如 $AlCl_3 \cdot NaCl$，其熔点为 185℃，在 140℃开始流体化。若需要较高的温度（140~250℃）而又无合适的溶剂时，可使用这样的复盐，它既是催化剂又是反应介质。

采用无水三氯化铝作催化剂的优点是价廉易得、催化活性好；缺点是有大量的铝盐废液产生，有时由于副反应的发生而不适合活泼芳烃（酚类、胺类）的烷基化。

无水三氯化铝具有很强的吸水性，遇水会立即分解放出氯化氢和大量的热，严重时甚至会引起爆炸。遇空气时也会吸收空气中的水分而分解，并放出氯化氢，同时结块并失去催化活性。

$$AlCl_3+3H_2O \longrightarrow Al(OH)_3+3HCl$$

因此，无水三氯化铝应装在隔绝空气和耐腐蚀的密封容器中，使用时也要注意保持干燥，并要求其他原料和溶剂以及反应容器都是干燥无水的。

（2）质子酸

其中主要是氢氟酸、硫酸和磷酸，其催化活性次序如下：

$$HF>H_2SO_4>P_2O_5>H_3PO_4\text{、阳离子交换树脂}$$

无水氟化氢的活性很高，常温下就能使烯烃和苯发生反应。氟化氢沸点为19.5℃，与有机物的相溶性较差，所以烷基化时需要注意扩大相接触面积。反应后氟化氢可与有机物分层而回收。残留在有机物中的少量氟化氢可以加热蒸出。这样便可以使氟化氢循环利用，消耗损失较小。采用氟化氢作催化剂，不易引起副反应。因此，当使用其他催化剂伴有副反应时，改用氟化氢会取得较好的效果。但氟化氢遇水后具有强腐蚀性，其价格较贵，因而限制了它的应用。目前在工业上主要用于十二烷基苯的合成。

以烯烃、醇、醛和酮为烷基化试剂时，广泛应用硫酸作为催化剂。采用硫酸作催化剂时，必须特别注意选择适宜的硫酸浓度。因为当硫酸浓度选择不当时，可能会发生芳烃的磺化、烷化剂聚合、酯化、脱水和氧化等副反应。例如，对于丙烯要用90%以上的硫酸，乙烯要用98%的硫酸，即便如此，这种浓度的硫酸也足以引起苯和烷基苯的磺化反应，因此苯用乙烯进行乙基化时不能采用硫酸作催化剂。

磷酸是较缓和的催化剂，无水磷酸（H_3PO_4）在高温时能脱水变成焦磷酸。

$$2H_3PO_4 \rightleftharpoons H_4P_2O_7+H_2O$$

工业上使用的磷酸催化剂多是将磷酸沉积在硅藻土、硅胶或沸石载体上，制成固体磷酸催化剂，常用于烯烃的气相催化烷基化。由于磷酸的价格比三氯化铝、硫酸贵得多，因此限制了磷酸的广泛应用。

阳离子交换树脂也可以作为烷基化反应的催化剂，其中最重要的是苯乙烯-二乙烯基苯共聚物的磺化物。它是烯烃、卤烷或醇进行苯酚烷基化反应的有效催化剂。优点是副反应少，阳离子交换树脂通常不与任何反应物或产物形成配合物，所以反应后可用过滤的方法回收，再循环使用；缺点是使用温度不高，芳烃类有机物能使阳离子交换树脂发生溶胀，且树脂催化剂一旦失活后难以再生。

此外，还有一些其他类型的催化剂，如酸性氧化物、分子筛、有机铝等。酸性氧化物如$SiO_2-Al_2O_3$也可以作为烷基化催化剂。烷基铝是用烯烃作烷基化试剂时的一种催化剂，其中铝原子是缺电子的，对于它的催化作用还不十分清楚。酚铝［$Al(OC_6H_5)_3$］是苯酚邻位烷基化的催化剂，它是由铝屑在苯酚中加热而制得的。苯胺铝［$Al(NHC_6H_5)_3$］是苯胺邻位烷基化催化剂，是由铝屑在苯胺中加热而制得的。此外，也可以用脂肪族的烷基铝（R_3Al）或烷基氯化铝（AlR_2Cl）作催化剂，但其中的烷基必须要与引入的烷基相同。

3. C-烷基化反应历程

芳环上的烷基化反应都属于亲电取代反应。催化剂大多是路易斯酸、质子酸或酸性氧化物，催化剂的作用是使烷化剂强烈极化，以转变成为活泼的亲电质点。

(1) 用烯烃烷基化的反应历程

烯烃常用质子酸进行催化，质子先加成到烯烃分子上形成活泼的亲核质点——碳正离子：

$$R—CH═CH_2 + H^+ \rightleftharpoons R—\overset{+}{C}H—CH_3$$

用三氯化铝作催化剂时，还必须有少量助催化剂 HCl 存在，$AlCl_3$先与 HCl 作用生成配合物，该配合物与烯烃反应形成活泼的碳正离子：

$$AlCl_3 + HCl \rightleftharpoons \overset{\delta^+}{H} \cdots \overset{\delta^-}{Cl} : AlCl_3$$

$$R—CH═CH_2 + \overset{\delta^+}{H} \cdots \overset{\delta^-}{Cl} : AlCl_3 \rightleftharpoons [R—\overset{+}{C}HCH_3]AlCl_4^-$$

活泼碳正离子与芳烃形成 σ 配合物，再进一步脱去质子生成芳烃的取代产物烷基苯：

$$C_6H_6 + R\overset{+}{C}HCH_3 \rightleftharpoons [C_6H_6(H)(CH(R)CH_3)]^+ \xrightarrow{-H^+} C_6H_5—CH(R)CH_3$$

在上述亲电质点（碳正离子）的形成过程中，H^+总是加到含氢原子较少的烯烃碳原子上，遵循马尔可夫尼可夫规则，以得到稳定的碳正离子。

(2) 用卤烷烷化的反应历程

路易斯酸催化剂三氯化铝能使卤烷极化，形成分子配合物、离子配合物或离子对三种形式：

$$\overset{\delta^+}{R}—\overset{\delta^-}{Cl} + AlCl_3 \rightleftharpoons \underset{\text{分子配合物}}{\overset{\delta^+}{R}—\overset{\delta^-}{Cl} : AlCl_3} \rightleftharpoons \underset{\text{离子配合物}}{R^+ \cdots AlCl_4^-} \rightleftharpoons \underset{\text{离子对}}{R^+ + AlCl_4^-}$$

以何种形式参加后继反应主要视卤代烃结构。我们知道碳正离子的稳定性顺序为：

$$C_6H_5—\overset{+}{C}H_2 \approx CH_2═CH—\overset{+}{C}H_2 > R_3\overset{+}{C} > R_2\overset{+}{C}H > R\overset{+}{C}H_2 > \overset{+}{C}H_3$$

因此，伯卤代烷不易形成碳正离子，一般以分子配合物形式参与反应；而在叔卤代烷、烯丙基卤、苄基卤分子中，因存在 σ-π 超共轭效应或 p-π 共轭效应，比较容易生成稳定的碳正离子，常以离子对的形式参与反应。仲卤代烷则常以离子配合物的形式参与反应。

(3) 用醇烷基化的反应历程

当以质子酸作催化剂时，醇先被质子化，然后解离为烷基正离子和水。

$$R—OH + H^+ \rightleftharpoons R—\overset{+}{O}H_2 \rightleftharpoons R^+ + H_2O$$

如用无水三氯化铝作为催化剂，则因醇烷基化生成的水会分解三氯化铝，所以需要用与醇等摩尔量的催化剂三氯化铝催化反应。

$$C_6H_6 + ROH + AlCl_3 \longrightarrow C_6H_5R + Al(OH)Cl_2 + HCl$$

烷基化反应的活泼质点是按下列途径生成的。

$$ROH + AlCl_3 \xrightarrow{-HCl} ROAlCl_2 \rightleftharpoons \overset{+}{R} + \overset{-}{O}AlCl_2$$

（4）用醛烷基化、酮烷基化的反应历程

对于此类反应，催化剂常用质子酸。醛、酮首先被质子化得到活泼亲电质点，与芳烃加成得产物醇；其产物醇再按醇烷基化的反应历程与芳烃反应，得到二芳基甲烷类产物。

$$R'R''C{=}O + H^+ \rightleftharpoons R'R''C{=}\overset{+}{O}H \rightleftharpoons R'R''\overset{+}{C}{-}OH$$

$$R'R''\overset{+}{C}{-}OH + C_6H_6 \longrightarrow C_6H_5{-}CR'R''{-}OH \xrightarrow{+H^+} C_6H_5{-}CR'R''{-}\overset{+}{O}H_2 \rightleftharpoons C_6H_5{-}\overset{+}{C}R'R'' + H_2O$$

$$C_6H_6 + C_6H_5{-}\overset{+}{C}R'R'' \longrightarrow C_6H_5{-}CR'R''{-}C_6H_5 + H^+$$

4. 芳环上 *C*-烷基化反应的特点

C-烷基化反应既是连串反应又是可逆反应，而且引入烷基正离子会发生重排，生成更为稳定的碳正离子，使生成的烷基苯趋于支链化。这是芳环上 *C*-烷基化反应的三个特征。

（1）*C*-烷基化反应是连串反应

由于烷基是供电子基团，芳环上引入烷基后因电子云密度增加而比原先的芳烃反应物更加活泼，有利于其进一步与烷基化试剂反应生成二取代烷基芳烃，甚至生成多烷基芳烃。但随着烷基数目增多，空间效应会阻止烷基的进一步引入，使反应速率降低。因此，连串反应的速率是加快还是减慢，视两种效应的相对强弱而定，且与所用催化剂有关。一般说来，单烷基苯的烷基化速率比苯快，当苯环上取代基的数目逐步增多时，空间效应的影响就会显现出来，实际上，四元以上取代烷基苯的生成是很少的。为了控制烷基苯和多烷基苯的生成量，必选择适宜的反应条件和催化剂。其中最重要的方法是控制反应原料和烷基化试剂的摩尔比，实际生产中常使苯过量较多，反应后再将苯加以回收，循环使用。

（2）*C*-烷基化反应是可逆反应

烷基苯在强酸催化剂存在下能发生烷基的歧化和转移，即苯环上的烷基可以从一个苯环上转移到另一个苯环上，或从一个位置转移到另一个位置上，如：

$$C_6H_6 + C_6H_4R_2 \rightleftharpoons 2\,C_6H_5R$$

$$C_6H_4R_2 + H^+ \rightleftharpoons [C_6H_5R_2]^+ \rightleftharpoons C_6H_4R_2 + H^+$$

当苯量不足时，有利于二烷基或多烷基苯的生成；苯过量时，则有利于发生烷基转移，使多烷基苯向单烷基苯转化。因此，在制备单烷基苯时，可利用这一特点使副产物多烷基苯减少，并增加单烷基苯的总收率。

C-烷基化反应的可逆性也可由烷基的给电子特性加以解释。给电子的烷基连于苯环，使芳环上的电子云密度增加，特别是与烷基相连的那个芳环碳原子上的电子云密度增加更多，H^+进攻此位置比较易容，转化为 σ 配合物，其可进一步脱除 R^+而转变为起始反应物。

（3）烷基正离子能发生重排

C-烷基化反应中的亲电质点烷基正离子会重排成较稳定的碳正离子。如用正丙基氯在无水三氯化铝作催化剂时与苯反应，得到的正丙苯只有 30%，而异丙苯却高达 70%。这是因为反应过程中生成的 $CH_3CH_2CH_2^+$会发生重排形成更加稳定的 $CH_3CH^+CH_3$。

$$CH_3CH_2CH_2—Cl+AlCl_3 \rightleftharpoons [CH_3CH_2\overset{+}{C}H_2]AlCl_4^-$$

$$CH_3—CH—\overset{+}{C}H_2 \xrightarrow[\text{H连同一对电子转移}]{\text{重排}} CH_3\overset{+}{C}HCH_3$$

伯碳正离子　　　　仲碳正离子

因此，上述烷基化反应生成的是两者的混合物。

当用碳链更长的卤代烃或烯烃与苯进行烷基化反应时，烷基正离子的重排现象更加突出，生成的产物异构体种类也增多，但支链烷基苯的趋势不变。

5. *C*-烷基化方法

（1）烯烃作烷基化试剂的 *C*-烷基化法

在 *C*-烷基化反应中，烯烃是最便宜和活泼的烷化剂，被广泛应用于芳烃（芳胺、酚类）的 *C*-烷基化反应上，常用的烯烃有乙烯、丙烯以及长链 α-烯烃，用于大规模地工业化生产乙苯、异丙苯和高级烷基苯。由于烯烃反应活性较高，在发生 *C*-烷基化反应的同时，还会发生聚合、异构化和成脂等副反应，因此，在烷基化时应控制好反应条件，以减少副反应的发生。工业上广泛采用的烷基化方法有液相法和气相法两类。液相法的特点是，用液态催化剂、液态苯和气相（乙烯、丙烯）或液相烷化剂在反应器内完成 *C*-烷基化反应；气相法的特点是，使用气态苯和气态烷化剂，在一定的温度和压力条件下，通过固体酸催化剂，在反应器内完成 *C*-烷基化反应。液相法所用的催化剂是路易斯酸和质子酸；气相法所用的催化剂为磷酸-硅藻土、BF_3-γ-Al_2O_3等。

（2）卤代烷作烷基化试剂的 *C*-烷基化法

卤代烷是活泼的 *C*-烷基化试剂，工业上常使用的是氯代烷。如苯系物与氯代高级烷烃在三氯化铝催化下可得到高级烷基苯。此类反应常采用液相法，与用烯烃作为烷基化试剂不同，在生成烷基芳烃的同时，反应会放出氯化氢。工业上利用这一点，将铝锭或铝球放入烷基化塔内，就地生成催化剂三氯化铝，而不再直接使用价格较高的无水三氯化铝。由于水分会分解破坏三氯化铝或配合物催化剂，不仅铝锭消耗量大，还易造成管道堵塞，出现生产事故，因此，进入烷基化塔的氯烷和苯都要预先经过干燥处理。将处理后的氯烷和苯按摩尔比为 1∶5 的比例从底部送入烷基化塔（2~3 只串联），在 55~70℃完成反应。烷基化液由塔顶上部溢流出塔，经冷却和静置分层，配合物催化剂送回烷基化塔内，烷基化液夹带的少量催化剂经洗涤、脱苯和精馏，才能得到合乎要求的精制烷基苯。反应生成的大量氯化氢由烷基化塔顶部经石墨冷却器回收苯后排至氯化氢吸收系统制成盐酸。因反应系统中有微量水存在，其腐蚀性极强，所流经的管道和设备均应作防腐处理，一般采用搪瓷、搪玻璃或其他耐腐蚀材料衬里。为防止氯化氢气体外逸，相关设备可以在微负压条件下进行操作。

（3）醇、醛和酮作烷基化试剂的 *C*-烷基化法

它们均是反应能力相对较弱的烷基化试剂，仅使用于活泼芳烃的 *C*-烷基化。如苯、萘、酚和芳胺等，常用催化剂有路易斯酸和质子酸，如三氯化铝、氯化锌、硫酸、磷酸。用醇、醛、酮等烷化剂进行 *C*-烷基化反应时，其共同特点是均有水生成。

在酸性条件下，用醇对芳胺进行基烷化时，如果条件温和，则烷基首先取代氮原子上的氢原子，发生 *N*-烷基化反应。

$$C_6H_5-NH_2 + C_4H_9OH \xrightarrow[210℃,0.8MPa]{ZnCl_2} C_6H_5-NHC_4H_9 + H_2O$$

若将反应温度升高，则氮原子上的烷基将转移到芳环的碳原子上，并主要生成对位烷基芳胺。

$$C_6H_5-NHC_4H_9 \xrightarrow[240℃,2.2MPa]{ZnCl_2} C_4H_9-C_6H_4-NH_2 \cdot ZnCl_2$$

萘与正丁醇和发烟硫酸可以同时发生 *C*-烷基化和磺化反应。

$$C_{10}H_8 + 2C_4H_9OH + H_2SO_4 \xrightarrow{55\sim60℃} C_{10}H_5(SO_3H)(C_4H_9)_2 + 3H_2O$$

生成的二丁基萘磺酸即为渗透剂 BX，俗称拉开粉，为纺织印染工业中大量使用的渗透剂，还可以在合成橡胶生产中用作乳化剂。

用脂肪醛和芳烃衍生物进行的 *C*-烷基化反应可制得对称的二芳基甲烷衍生物。如过量苯胺与甲醛在浓盐酸中反应，可制得 4,4′-二氨基-二苯甲烷。

$$2H_2N-C_6H_5 + HCHO \xrightarrow[100℃]{浓HCl} H_2N-C_6H_4-CH_2-C_6H_4-NH_2 + H_2O$$

该产品是合成偶氮染料的重氮组分，又是制造压敏染料的中间体，还可以作为聚氨酯树脂的单体。

2-萘磺酸在稀硫酸中与甲醛反应，其产物为扩散剂 N，是重要的纺织印染助剂。

$$2\,C_{10}H_7-SO_3H + HCHO \xrightarrow{130℃} HO_3S-C_{10}H_6-CH_2-C_{10}H_6-SO_3H + H_2O$$

用芳醛与活泼的芳烃衍生物进行烷基化反应，可制得三芳基甲烷衍生物。

$$2H_2N-C_6H_5 + C_6H_5-CHO \xrightarrow[145℃]{30\%HCl} H_2N-C_6H_4-CH(C_6H_5)-C_6H_4-NH_2 + H_2O$$

苯酚与丙酮在酸催化下，得到 2,2-双(对羟基苯基)丙烷，俗称双酚 A。

$$2HO-C_6H_5 + CH_3\overset{O}{\overset{\|}{C}}CH_3 \xrightarrow{H^+} HO-C_6H_4-C(CH_3)_2-C_6H_4-OH + H_2O$$

产物双酚 A 是制备新型高分子材料环氧树脂、聚碳酸酯以及聚砜等的主要原料，也可以用于涂料、抗氧化剂和增塑剂等的制备，用途非常广泛。

工业上常用硫酸、盐酸或阳离子交换树脂为催化剂完成此类反应。前两种无机酸虽然催化反应活性很高，但对设备腐蚀严重，且产生大量含酸、酚的废水，污染极大。阳离子交换树脂法则具有处理简单、腐蚀性小、环保经济的特点，同时对设备材质要求低。而树脂还有可以重复使用、寿命较长等优点。

三、*N*-烷基化反应

(1) 醇和醚作烷基化试剂的 *N*-烷基化法

用醇和醚作烷基化试剂时，其烷基化能力较弱，所以反应需要在较强烈的条件下才能进行。但某些低级醇（甲醇、乙醇）因价廉易得、供应量大，工业上常用其作为活泼胺类的烷化剂。

醇烷基化常用强酸（浓硫酸）作催化剂。其催化作用是将醇质子化，进而脱水得到活泼的烷基正离子 R^+。R^+与胺氮原子上的孤对电子形成中间配合物，中间配合物脱去质子形成产物。

$$\mathrm{H{-}\overset{H}{\underset{H}{N}}{:}} + R^+ \rightleftharpoons \left[\mathrm{H{-}\overset{H}{\underset{H}{N}}{-}R}\right]^+ \rightleftharpoons \mathrm{R{-}\overset{H}{\underset{H}{N}}{:}} + H^+$$

$$\mathrm{R{-}\overset{H}{\underset{H}{N}}{:}} + R^+ \rightleftharpoons \left[\mathrm{R{-}\overset{H}{\underset{H}{N}}{-}R}\right]^+ \rightleftharpoons \mathrm{R{-}\overset{R}{\underset{H}{N}}{:}} + H^+$$

$$\mathrm{R{-}\overset{R}{\underset{H}{N}}{:}} + R^+ \rightleftharpoons \left[\mathrm{R{-}\overset{R}{\underset{R}{N}}{-}H}\right]^+ \rightleftharpoons \mathrm{R{-}\overset{R}{\underset{R}{N}}{:}} + H^+$$

$$\mathrm{R{-}\overset{R}{\underset{R}{N}}{:}} + R^+ \rightleftharpoons \left[\mathrm{R{-}\overset{R}{\underset{R}{N}}{-}R}\right]^+$$

可见胺类用醇烷化是一个亲电取代反应。胺的碱性越强，反应越易进行。因烷基是供电子基团，烷基的引入会使胺的活性提高，所以 *N*-烷基化反应是连串反应，同时又是可逆反应。对于芳胺，环上带有供电子基时，芳胺易发生烷基化；而环上带有吸电子基时，烷基化反应较难进行。由此可知，*N*-烷基化产物是伯胺、仲胺和叔胺的混合物。综上所述，要得到目的产物必须采用适宜的 *N*-烷基化方法。

苯胺进行甲基化时，若目的产物是一烷基化的仲胺，则醇的用量仅稍大于理论值；若目的产物是二烷基化的叔胺，则醇的用量约为理论值的 140%～160%。即使如此，在制备仲胺时，得到的仍然是伯胺、仲胺和叔胺的混合物。用醇烷化时，1mol 胺用强酸催化剂 0.05～0.3mol，反应温度约为 200℃，不宜过高，否则有利于芳环上的 *C*-烷基化反应。

苯胺甲基化反应完毕后，物料用氢氧化钠中和，分出 *N*，*N*-二甲基苯胺油层。再从剩余水层中蒸出过量甲醇，然后再在 170～180℃、压力 0.8～1.0MPa 下使季铵碱水解转化为叔胺。

胺类用醇进行烷基化除了上述方法外，对易于汽化的醇和胺，反应还可以用气相方法，一般是使胺和醇的蒸气在 280～500℃左右的高温下，通过氧化物催化剂（如 Al_2O_3、TiO_2、SiO_2等）。例如，工业上大规模生产甲胺就是由氨和甲醇气相烷基化反应制得的。

$$NH_3 + CH_3OH \xrightarrow[350\sim500℃,\ 1\sim3MPa]{Al_2O_3 \cdot SiO_2} CH_3NH_2 + H_2O \quad (\Delta H = -21kJ/mol)$$

烷基化反应并不停留在一甲胺阶段，同时还得到二甲胺、三甲胺的混合物。其中二甲胺的用途最广，一甲胺需求量次之。为了减少三甲胺的生成，烷基化反应时，一般取氨与甲醇的摩尔比大于 1，使氨过量，再加适量的水和循环三甲胺（可与水进行逆向分解反应），使烷基化反应向一烷基化和二烷基化转移。例如，在500℃，NH_3：$CH_3OH=2.4：1$（摩尔比），反应后的产物组成为一甲胺54%、二甲胺26%、三甲胺20%。工业上三种甲胺的产品是浓度为40%的水溶液。一甲胺和二甲胺为制造医药、农药、染料、炸药、表面活性剂、橡胶硫化促进剂和溶剂等的原料。三甲胺可用于制造离子交换树脂、饲料添加剂及植物激素等。

甲醚是合成甲醇时的副产品，也可以用作烷基化试剂，其反应式如下：

$$C_6H_5-NH_2+(CH_3)_2O \xrightarrow[230℃]{Al_2O_3} C_6H_5-NHCH_3+CH_3OH$$

$$C_6H_5-NHCH_3+(CH_3)_2O \longrightarrow C_6H_5-NH(CH_3)+CH_3OH$$

该烷基化反应可在气相中进行。使用醚类烷化剂的优点是反应温度可以较使用醇类的低。

（2）卤代烷作烷基化试剂的*N*-烷基化法

卤代烷作*N*-烷基化的烷基化试剂时，反应活性较醇要强。当需要引入长碳链的烷基时，由于醇类的反应活性随碳链的增长而减弱，此时则需要使用卤代烷作为烷基化试剂。此外，对于活泼性较低的胺类，如芳胺的磺酸或硝基衍生物，为提高反应活性，也要求采用卤烷作为烷基化试剂。卤代烷的活性次序为：RI>RBr>RCl；脂肪族>芳香族；短链>长链。

用卤代烷进行的*N*-烷基化反应是不可逆的，因反应中有氯化氢气体放出。此外，反应放出的氯化氢会与胺反应生成盐，铵盐失去了氮原子上的孤电子对，*N*-烷基化反应则难以进行。工业上为了使反应顺利进行，常向反应系统中加入一定量的碱（如氢氧化钠、碳酸钠、氢氧化钙等）作为缚酸剂用以中和卤化氢。

卤代烷的烷基化反应可以在水介质中进行，若卤代烷的沸点较低（一氯甲烷、溴乙烷），反应要在高压釜中进行。烷基化反应生成的大多为仲胺和叔胺的混合物，为了制备仲胺，则必须使用大为过量的伯胺，以抑制叔胺的生成。有时还需要用特殊的方法来抑制二烷化副反应。例如：由苯胺与氯乙酸制苯基氨基乙酸时，除了要使用不足量的氯乙酸外，在水介质中还要加入氢氧化亚铁，使苯基氨基乙酸以亚铁盐形式析出，以避免进一步二烷基化。然后将亚铁盐滤饼用氢氧化钠水溶液处理，使之转变成可溶性钠盐。

$$C_6H_5NH_2+2ClCH_2OOH+Fe(OH)_2+2NaOH \longrightarrow (C_6H_5NHCH_2COO)_2Fe\downarrow+2NaCl+2H_2O$$

制备*N*，*N*-二乙基芳胺可使用定量的苯胺和氯乙烷，加入到装有氢氧化钠溶液的高压釜中，升温至120℃，当压力为1.2MPa时，靠反应热可自行升温至210~230℃、压力4.5~5.5MPa，反应3h，即可完成烷基化反应。

$$C_6H_5-NH_2+2C_2H_5Cl \xrightarrow[120\sim220℃]{NaOH} C_6H_5-N(C_2H_5)_2+2HCl$$

长链卤代烃与胺类反应也能制取仲胺、叔胺。如用长碳链氯代烷可使二甲胺烷基化，制得叔胺。

$$RCl+NH(CH_3)_2 \xrightarrow[130\sim140℃]{NaOH} RN(CH_3)_2+HCl$$

反应生成的卤化氢可用氢氧化钠中和。

（3）酯作烷基化试剂的*N*-烷基化法

硫酸酯、磷酸酯和芳磺酸酯都是活性很强的烷基化试剂，其沸点较高，反应可在常压下进行。因酯类价格比醇类和卤代烷都要高，所以实际应用受到限制。硫酸酯与胺类烷基化反应通式如下：

$$R'NH_2+ROSO_2OR \longrightarrow R'NHR+ROSO_2H$$

$$R'NH_2+ROSO_2ONa \longrightarrow R'NHR+NaHSO_4$$

硫酸中性酯易给出其所含的第一个烷基，而给出第二个烷基则较为困难。常用的试剂是硫酸二甲酯，但其毒性极大，可通过呼吸道及皮肤进入人体，使用时应当格外小心。用硫酸酯烷化时，常需要加碱中和生成的酸，以便提高其给出烷基正离子的能力。例如用对甲苯胺与硫酸二甲酯于50~60℃时，在碳酸钠、硫酸钠和少量水存在下，可生成*N*,*N*-二甲基对甲苯胺，收率可达95%。此外，用磷酸酯与芳胺反应也可以提高收率，高纯度地得到*N*,*N*-二烷基芳胺，反应式如下：

$$3ArNH_2+2(RO)_3PO \longrightarrow 3ArNR_2+2H_3PO_4$$

芳磺酸酯作为强烷基化试剂也可以发生类似的反应：

$$ArNH_2+ROSO_2OAr' \longrightarrow ArNHR+Ar'SO_3H$$

（4）环氧乙烷作烷基化试剂的*N*-烷基化法

环氧乙烷是一种活性很强的烷基化试剂，其分子具有三元环结构，环内张力较大，非常容易开环，易与胺类发生加成反应得到含有羟乙基的产物。例如：芳胺与环氧乙烷发生加成反应，生成*N*-(*β*-羟乙基）芳胺，若再与一分子环氧乙烷作用，可进一步得到叔胺。

$$ArNH_2 \xrightarrow{\text{CH}_2\text{—CH}_2\text{(O)}} ArNHCH_2CH_2OH \xrightarrow{\text{CH}_2\text{—CH}_2\text{(O)}} ArN(CH_2CH_2OH)_2$$

当环氧乙烷与苯胺的摩尔比为0.5∶1，反应温度为65~70℃，并加入少量水时，生成的主要产物是*N*-(*β*-羟乙基)苯胺。如果使用稍大于2mol的环氧乙烷，并在120~140℃和0.5~0.6MPa压力下进行反应，则得到的主要是*N*,*N*-二(*β*-羟乙基)苯胺。

环氧乙烷活性较高，易与含活泼氢的化合物（如：水、醇、氨、胺、酚及羧酸等）发生加成反应，碱性和酸性催化剂均能加速此类反应。例如，*N*,*N*-二(*β*-羟乙基)芳胺与过量的环氧乙烷反应，将生成*N*，*N*-二（*β*-羟乙基）芳胺衍生物。

$$ArN(CH_2CH_2OH)_2 \xrightarrow{2m\,\text{CH}_2\text{—CH}_2\text{(O)}} ArN[(CH_2CH_2O)_mCH_2CH_2OH]_2$$

氨或脂肪胺和环氧乙烷也能发生加成烷基化反应，例如制备乙醇胺类化合物。

$$NH_3 \xrightarrow{\text{CH}_2\text{—CH}_2\text{(O)}} H_2NCH_2CH_2OH+HN(CH_2CH_2OH)_2+N(CH_2CH_2OH)_3$$

产物为三种乙醇胺的混合物。反应时先将25%的氨水送入烷基化反应器，然后缓慢通入汽化的环氧乙烷，反应温度为35~45℃，反应后期，升温至110℃以蒸除过量的氨，然后经脱水、减压蒸馏，收集不同沸程的三种乙醇胺产品。

乙醇胺是重要的精细化工原料，它们的脂肪酸脂可制成合成洗涤剂，乙醇胺也可用于净化多种工业气体，脱除气体中的酸性杂质（如SO_2、CO_2等）。乙醇胺碱性较弱，常用来配制肥皂、油膏等化妆品。此外，乙醇胺也常用于杂环化合物的合成。

环氧乙烷的沸点较低（10.7℃），其蒸气与空气的爆炸极限很宽（空气体积分数3%~98%），所以，在通环氧乙烷之前，务必用惰性气体置换出反应器里的空气，以确保生产安全。

（5）烯烃衍生物作烷基化试剂的*N*-烷基化法

烯烃衍生物与胺类也可以发生*N*-烷基化反应，此反应是通过烯烃衍生物中的碳-碳双键与氨基中的氢加成而完成的。常用的烯烃衍生物有丙烯腈和丙烯酸酯，其分别向胺类氮原子上引入氰乙基和羧酸酯基。

$$RNH_2 \xrightarrow{CH_2=CHCN} RNHCH_2CH_2CN \xrightarrow{CH_2=CHCN} RN(CH_2CH_2CN)_2$$

$$RNH_2 \xrightarrow{CH_2=CHCOOR'} RNHCH_2CH_2COOR' \xrightarrow{CH_2=CHCOOR'} RN(CH_2CH_2COOR')_2$$

其产物均为合成染料、表面活性剂和医药的重要中间体。

丙烯腈与胺类反应时，常要加入少量酸性催化剂。由于丙烯腈易发生聚合反应，还需要加入少量阻聚剂（对苯二酚）。例如，苯胺与丙烯腈反应，其摩尔比为 1∶1.6 时，在少量盐酸催化下，在水介质中回流，进行 *N*-烷基化反应，主要生成 *N*-(β-氰乙基)苯胺；它们的摩尔比为 1∶2.4，反应温度为 130～150℃时，则主要生成 *N*,*N*-二(β-氰乙基)芳胺。

$$CH_3(CH_2)_{17}NH_2+2CH_2O+2HCOOH \longrightarrow CH_3(CH_2)_{17}N(CH_3)_2+2CO_2+2H_2O$$

当丙烯腈和丙烯酸酯分子中含有较强吸电子基团—CN、—COOR 时，会使其分子中 β-碳原子上带部分正电荷，从而有利于与胺类发生亲电加成，生成 *N*-烷基取代产物。

$$R\ddot{N}H_2+\overset{\delta^+}{C}H_2=\overset{\delta^-}{C}H—CN \longrightarrow RNHCH_2CH_2CN$$

$$R\ddot{N}H_2+\overset{\delta^+}{C}H_2=\overset{\delta^-}{C}H—\underset{\delta^+}{\overset{\overset{\delta^-}{O}\,\|}{C}}—OR' \longrightarrow RNH(CH_2CH_2COOR')$$

与卤烷、环氧乙烷和硫酸酯相比，烯烃衍生物的烷化能力较弱。为提高反应活性，常需加入酸性催化剂或碱性催化剂。酸性催化剂有乙酸、硫酸、盐酸、对甲苯磺酸等；碱性催化剂有三甲胺、三乙胺、吡啶等。需要指出的是，丙烯酸酯类的烷基化能力较丙烯腈为弱，故其反应时需要更高的反应条件。胺类与烯烃衍生物的加成反应是一个连串反应。

（6）醛或酮作烷基化试剂的 *N*-烷基化法

醛或酮可与胺类发生缩合-还原型 *N*-烷基化反应，其通式如下：

$$R—\overset{H}{\overset{|}{C}}=O+NH_3 \xrightarrow{-H_2O} \left[R—\overset{H}{\overset{|}{C}}=NH\right] \xrightarrow{[H]} RCH_2NH_2$$

$$R—\overset{R'}{\overset{|}{C}}=O+NH_3 \xrightarrow{-H_2O} \left[R—\overset{R'}{\overset{|}{C}}=NH\right] \xrightarrow{[H]} R—\overset{R'}{\overset{|}{C}}HNH_2$$

反应最初生成的是伯胺，如果醛、酮过量则可相续得到仲胺、叔胺。在缩合-还原型 *N*-烷基化反应中应用最多的是甲醛水溶液。例如，脂肪族十八胺用甲醛和甲酸与之反应可以生成 *N*,*N*-二甲基十八烷胺。

$$CH_3(CH_2)_{17}NH_2+2CH_2O+2HCOOH \longrightarrow CH_3(CH_2)_{17}N(CH_3)_2+2CO_2+2H_2O$$

反应在常压液相条件下进行。脂肪胺先溶于乙醇中，再加入甲酸水溶液，升温至 50～60℃，缓慢加入甲醛水溶液，再加热至 80℃，反应完毕后，产物经中和至强碱性，静置分层，分出粗胺层，再经减压蒸馏得叔胺。此法的优点是反应条件温和，易控制操作；缺点是需消耗大量甲酸，且对设备有腐蚀性。也可以在雷尼镍存在下，用氢代替甲酸完成反应，但这种加氢还原工艺需要采用耐压设备。上述方法合成的含有长碳链的脂肪族叔胺是表面活性剂、纺织助剂等的重要中间体。

四、*O*-烷基化反应

醇羟基或酚羟基中的氢被烷基所取代生成醚类化合物的反应称为 *O*-烷基化反应。反应常用的 *O*-烷基化试剂有活泼性较高的卤代烷、酯、环氧乙烷等，也有活泼性较低的醇。*O*-烷基化反应是亲电取代反应，能使羟基氧原子上电子云密度升高的结构，其反应活性也高；相反，使羟基氧原子上电子云密度降低的结构，其反应活性也低。可见，醇羟基的反应活性通常较酚羟基的高。因酚羟基不够活泼，所以需要使用活泼烷基化试剂，只有很少情况会使用醇类烷化剂。

1. 卤代烷作烷基化试剂的 *O*-烷基化法

此类反应非常容易进行，一般只要先将酚溶解于过量的氢氧化钠水溶液中，使之形成酚钠盐，然后在适中的温度下加入适量的卤代烷，即可得到收率很高的产物。但当使用沸点较低的卤代烷进行烷基化时，则需要在高压釜中进行反应。例如，在高压釜中加入氢氧化钠水溶液和对苯二酚；压入氯代甲烷（沸点-23.7℃）气体，密封，逐渐升温至120℃，压力在0.39~0.59MPa 之间，保温 3h，直到压力下降至 0.22~0.24MPa 之间为止。处理后，产品对苯二甲醚的收率可达 83%。反应式如下：

$$HO-C_6H_4-OH \xrightarrow[-2H_2O]{2NaOH} NaO-C_6H_4-ONa \xrightarrow[-2NaCl]{2CH_3Cl} CH_3O-C_6H_4-OCH_3$$

在 *O*-甲基化时，为避免使用高压釜或为使反应在温和条件下进行，常改用碘甲烷（沸点 42.5℃）或硫酸二甲酯作为烷基化试剂。

2. 酯作烷基化试剂的 *O*-烷基化法

硫酸酯及磺酸酯均是活泼性较高的烷化剂。它们的共同优点是沸点高，因而可在高温、常压下进行反应；缺点是价格较高。但对于产量小、价值高的产品常采用此类烷基化方法进行生产。特别是硫酸二甲酯的应用最为广泛。例如，在碱性催化剂存在下，硫酸酯与酚、醇在室温下能顺利进行反应，并以很高的产率生成醚。

$$C_6H_5-OH+(CH_3)_2SO_4 \xrightarrow[10℃]{NaOH} C_6H_5-OCH_3+CH_3OSO_3Na$$

$$C_6H_5-CH_2CH_2OH+(CH_3)_2SO_4 \xrightarrow{(n-C_4H_9)_4N^+I^-} C_6H_5-CH_2CH_2OCH_3+CH_3OSO_3Na$$

用硫酸二乙酯作烷基化试剂时，可不需要碱催化剂；且醇、酚分子中含有羰基、氰基、羟基及硝基时，对反应均不会产生不良影响。

除上述硫酸酯和磺酸酯等无机酸酯外，还可以用原甲酸酯、草酸二烷酯、羧酸酯（有机酸酯）等作烷基化试剂。例如：

$$2\ O_2N-C_6H_4-OK+H_5C_2OOC-COOC_2H_5 \xrightarrow[120℃]{DMF} 2\ O_2N-C_6H_4-OC_2H_5+KOOC-COOK$$

3. 环氧乙烷作烷基化试剂的 *O*-烷基化法

醇或酚用环氧乙烷的 *O*-烷基化是在醇羟基或酚羟基的氧原子上引入羟乙基。这类反应可在酸或碱催化剂作用下完成。但生成的产物往往不同。

$$\underset{\diagdown O \diagup}{RCH-CH_2} \xrightarrow{H^+} [RCHCH_2OH]^+ \xrightarrow{R'OH} \underset{|\atop OR'}{RCHCH_2OH} + H^+$$

$$\underset{\diagdown O \diagup}{RCH-CH_2} \xrightarrow{R'O^-} \left[\underset{|\atop O^-}{RCHCH_2OR'}\right] \xrightarrow{R'OH} \underset{|\atop OH}{RCHCH_2OR'} + R'O^-$$

由低碳醇（$C_1 \sim C_6$）与环氧乙烷作用可生成各种乙二醇醚，这些产品都是重要的溶剂。可根据市场需求调整醇和环氧乙烷的摩尔比来控制产物组成。反应常用的催化剂是：BF_3-乙醚或烷基铝。

$$ROH + \underset{\diagdown O \diagup}{CH_2-CH_2} \longrightarrow ROCH_2CH_2OH$$

高级脂肪醇或烷基酚与环氧乙烷加成可生成聚醚类产物，它们均是重要的非离子表面活性剂，反应一般用碱催化。由于各种羟乙基化产品的沸点都很高，不宜用减压蒸馏法分离，因此，为保证产品质量、控制产品的分子量分布在适当范围，就必须优选反应条件。例如，用十二醇为原料，通过控制环氧乙烷的用量可以控制聚合度为 20～22 的聚醚生成。产品是一种优良的非离子型表面活性剂，商品名为乳化剂 O 或均染剂 O。

$$C_{12}H_{25}OH + n\underset{\diagdown O \diagup}{CH_2-CH_2} \xrightarrow{NaOH} C_{12}H_{25}O(CH_2CH_2O)_nH \quad (n=20\sim22)$$

将辛基酚与其质量分数为 1% 的氢氧化钠水溶液混合，真空脱水，氮气置换，于 160～180℃通入环氧乙烷，经中和、漂白处理，得到聚醚产品。其商品名为 OP 型乳化剂。

$$C_8H_{17}-C_6H_4-OH + n\underset{\diagdown O \diagup}{CH_2-CH_2} \xrightarrow{NaOH} C_8H_{17}-C_6H_4-O(CH_2CH_2O)_nH$$

五、相转移烷基化反应

在烷基化反应中，除了芳环上的 *C*-烷基化反应是亲电取代反应外，*N*-烷基化、*O*-烷基化反应在反应机理上均属于亲核取代反应。亲核取代反应首先要求亲核试剂（NuH）中的活泼氢原子与碱性试剂作用以形成相应的负离子（Nu^-），随后，向烃化剂作亲核进攻。为避免发生酸碱平衡而使 Nu^-浓度降低，大多数反应要求在无水条件下进行，但当采用无水的质子极性溶剂时，其能与 Nu^-发生溶剂化，使 Nu^-活性降低。若采用非质子极性溶剂，虽然能克服溶剂化，使 Nu^-活性提高，但这些溶剂的使用存在价格高、毒性大、不易回收、后处理烦琐及环境污染等问题。相转移催化烷基化技术则能很好地解决这些问题。相转移催化烷基化技术有以下优点：既可克服溶剂化反应、不需要无水操作，又可以取得如同采用非质子极性溶剂的效果；通常后处理较为简便、容易；也可以用金属氢氧化物水溶液代替醇钠、氨基钠、氢化钠或金属钠，这在工业生成上是非常有利的，它可降低反应温度、改变反应选择性，通过抑制剂反应来提高收率。下面将简要介绍相转移催化烷基化技术。

1. 相转移催化 *C*-烷基化

由于碳负离子的烷基化在合成中起到很重要的作用，因此，它是 *C*-烷基化反应中研究最早和最多的反应之一。例如，乙腈在季铵盐催化下进行烷基化反应。

$$PhCH_2CN \xrightarrow[28\sim35℃,\ 3\sim5h]{EtBr/浓\ NaOH/TEBAC^{❶}\ (1\%，摩尔分数)} \underset{\substack{|\\ Et}}{PhCHCN}\ (78\% \sim 84\%)$$

又如：醛、酮类化合物采用相转移催化剂，可以顺利地进行 α-碳的烷基化反应。

$$PhCH_2COCH_3 \xrightarrow{MeI/NaOH/TBAHS^{❷}/CH_2Cl_2} \underset{\substack{|\\ Me}}{PhCHCOCH_3}\ (92\%)$$

合成抗癫痫药物并戊酸钠时，可采用 TBAB❸催化进行 *C*-烷基化反应。

$$\text{(丙二酸亚异丙酯)} \xrightarrow[K_2CO_3/TBAB]{n\text{-}C_3H_7Br} \text{(2,2-二正丙基丙二酸亚异丙酯)} \xrightarrow{NaOH/H_2O} (n\text{-}C_3H_7)_2CH—COONa$$

2. 相转移催化 *N*-烷基化

吲哚和溴苄在季铵盐的催化下，可以高收率的得到 *N*-苄基化产物。

$$\text{吲哚} \xrightarrow[33℃,18h]{PhCH_2Br/50\%NaOH/TBAHS/C_6H_6} \text{N-}CH_2Ph\text{吲哚}\ (93\%)$$

此反应在无相转移催化剂存在时不能进行。

抗精神病药氯丙嗪的合成也采用了相转移催化反应。

$$\text{吩噻嗪(N—H)} \xrightarrow[C_6H_6/TBAB]{Cl(CH_2)_3N(CH_3)_2/NaOH} \text{吩噻嗪(N—}CH_2(CH_2)_2N(CH_3)_2)$$

1,8-萘内酰亚胺，因分子中羰基的吸电子效应，使氮原子上的氢具有一定的酸性，很难 *N*-烷基化，即使在非质子极性溶剂中或是在含吡啶的碱性溶剂中反应速率也很慢，且收率很低。但 1,8-萘内酰亚胺易与氢氧化钠或碳酸钠形成钠盐。

$$\text{(萘环)}O{=}C—N—H + NaOH \rightleftharpoons \text{(萘环)}O{=}C—N^+Na^- + H_2O$$

它易被相转移催化剂萃取到有机相中，而在温和的条件下与溴乙烷或氯苄反应。若用氯丙腈为烷基化剂，为避免其水解，需要使用无水碳酸钠，并选择使用能使钠离子溶剂化的溶剂（如 *N*-甲基-2-吡咯烷酮），以利于 1,8-萘内酰亚胺负离子被季铵正离子带入有机相而发生固液相转移催化反应。

---

❶ TEBAC，苄基三乙基氯化铵。
❷ TBAHS，四丁基硫氢酸铵。
❸ TBAB，四丁基溴化铵。

$$O{=}C-N{-}H \text{(naphthalimide)} + ClCH{=}CHCN \xrightarrow[\text{无水}Na_2CO_3]{PTC/\text{溶剂}} O{=}C-N{-}CH{=}CHCN \text{(naphthalimide)} + HCl$$

3. 相转移催化 *O*-烷基化

在碱性溶液中正丁醇用氯化苄 *O*-烷基化，相转移催化剂的使用与否，导致反应收率相差很大。

$$n\text{-}BuOH \xrightarrow[45℃,\ 6h]{PhCH_2Cl/50\%NaOH} n\text{-}BuOCH_2Ph \quad (4\%)$$

$$n\text{-}BuOH \xrightarrow[35℃,\ 1.5h]{PhCH_2Cl/50\%NaOH/TBAHS/C_6H_6} n\text{-}BuOCH_2Ph \quad (92\%)$$

活性较低的醇不能直接与硫酸二甲酯反应得到醚，使用醇钠也较困难，加入相转移催化剂反应则可顺利完成。

$$Ph{-}C(CH_3)(OH){-}CH_3 \xrightarrow[33℃,\ 18h]{Me_2SO_4/50\%NaOH/TBAI^{❶}/PE} Ph{-}C(CH_3)(OMe){-}CH_3 \quad (85\%)$$

相转移烃化用于酚类 *O*-烷基化，也有良好的效果。例如：

$$C_6H_5{-}OH + BrCH_2CO_2C_2H_5 \xrightarrow[TEBAB^{②}]{CH_2Cl_2/NaOH} C_6H_5{-}OCH_2CO_2C_2H_5 \quad (86\%)$$

第二节　正丁醚的合成

正丁醚又名二丁醚，是重要的精细有机合成化工产品，也是一种良好的溶剂。正丁醚对许多天然合成油脂、树脂、橡胶、有机酸酯、生物碱、激素都有很强的溶解力，是它们的优良萃取和精制溶剂。正丁醚和磷酸丁酯的混合溶液可用作分离稀土的溶剂。由于正丁醚是惰性溶剂，还可以用作格氏试剂、农药合成的反应溶剂，还可用作测定铋的试剂和萃取剂。

正丁醚为无色透明液体，有乙醚样气味，微有刺激性，分子式 $C_8H_{18}O$，分子量：130.23，熔点：-98℃，沸点：142℃，相对密度：0.7689，溶解性：（20℃）0.03%（质量分数），水对乙醚的溶解度 0.19%，能与乙醇、乙醚混溶，易溶于丙酮，几乎不溶于水。性质较稳定，是安全性很高的溶剂。CAS 号：142-96-1。

正丁醚的分子结构：$CH_3CH_2CH_2CH_2{-}O{-}CH_2CH_2CH_2CH_3$，目标化合物基本结构为醚的结构，分子中具有醚键，具有醚的基本性质。

一、制备正丁醚的方法

制备正丁醚的方法主要有两种：醇脱水法和威廉逊合成法，这两种方法都是比较实用的

---

❶ TBAI，四丁基碘化铵。

❷ TEBAB，三乙基丁基溴化铵。

合成醚的方法，只不过第一种方法比较适合于合成单醚；第二种方法适合于合成混醚。

1. 醇脱水法

在酸催化下，醇受热时可发生分子间脱水生成醚，例如：

$$2CH_3CH_2OH \xrightarrow[140℃]{浓\ H_2SO_4} \underset{乙醚}{CH_3CH_2—O—CH_2CH_3} + H_2O$$

$$2CH_3CH_2CH_2CH_2OH \xrightarrow[\triangle]{浓\ H_2SO_4} \underset{正丁醚}{CH_3CH_2CH_2CH_2—O—CH_2CH_2CH_2CH_3} + H_2O$$

醇分子间脱水是合成单醚的常用方法，但只适合于合成伯醇，仲醇产率较低，而叔醇则主要发生分子内脱水生成烯烃。

2. 威廉逊合成法

醇钠或酚钠与卤代烃作用时生成醚，这一方法叫威廉逊合成法。例如：

$$\underset{叔丁醇钠}{(CH_3)_3C—ONa} + CH_3CH_2Br \longrightarrow \underset{乙叔丁醚}{(CH_3)_3C—O—CH_2CH_3} + NaBr$$

$$\underset{苯酚钠}{C_6H_5—ONa} + CH_3CH_2I \longrightarrow \underset{苯乙醚}{C_6H_5—O—CH_2CH_3} + NaI$$

威廉逊合成法是合成混醚的好方法，但选择原料时应注意避免使用叔卤代烷，因为醇钠是强碱，叔卤代烷在强碱作用下，主要发生消除反应而生成烯烃。

二、正丁醚的合成

以选用在酸催化下，醇脱水的方法合成正丁醚为例。

（一）仪器和药品准备

仪器：250mL 圆底烧瓶、球形冷凝管、分水器、温度计、120mL 分液漏斗、50mL 蒸馏烧瓶、电热套、铁架台。

药品：正丁醇、浓硫酸、5%氢氧化钠、无水氯化钙、饱和氯化钙溶液。

（二）实验装置搭建

合成装置可参考图 3-1 所示的装置图搭建。

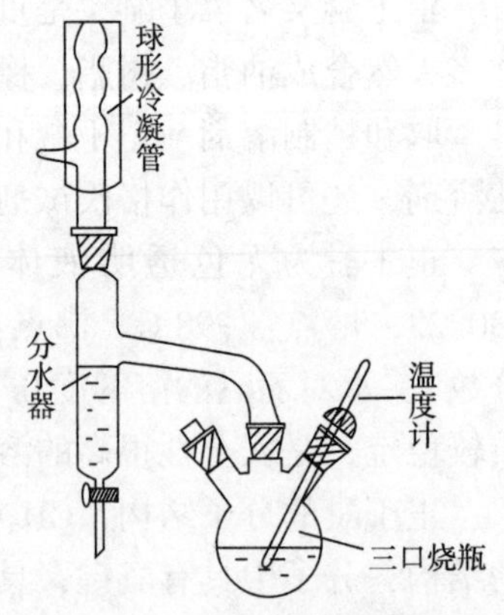

图 3-1　合成正丁醚反应装置图

装置安装要领如下。

① 先将三口烧瓶夹紧固定好，然后再连接上分水器和球形冷凝管固定在铁架台上。

② 整个实验装置安装要端正，保证分水器和球形冷凝管垂直于桌面，这样才能保证有较好的分离效果。

③ 温度计水银球部分要插入液面之下，以观察和控制反应液的实时温度。

④ 要将三口烧瓶不用的一口塞好，以免因为密封性差而影响产率。

⑤ 分水器的阀门事先要检查好是否密封，确保反应时不漏水。

（三）实验步骤

（1）操作步骤

合成正丁醚操作流程示意图如图 3-2 所示。

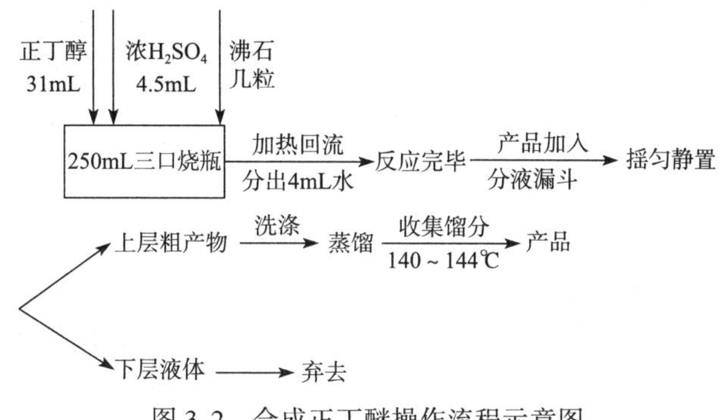

图 3-2　合成正丁醚操作流程示意图

① 在 1250mL 三口烧瓶中，先加入 31mL 正丁醇，再将 4.5mL 浓硫酸分数批加入烧瓶中，每加入一批即充分摇匀，加完后再用力充分摇振，然后投入几粒沸石。在三口烧瓶的中口安装油水分离器，一侧口安装温度计，温度计插入液面以下。

② 将三口烧瓶安装在铁架台上，沿油水分离器支管口对面的内壁小心地贴壁加水（注意切勿使水流入三口烧瓶内），待水面上升至恰与支管口下沿平齐时为止。小心开启活塞，放出 4mL 水，再在油水分水器的上端安装回流冷凝管。

③ 隔石棉网加热三口烧瓶至微沸，反应液沸腾后蒸气进入回流冷凝管，被冷凝成混合液后滴入油水分离器内，水层下沉，油层浮于水面上。待油层液面升至支管口时即回流到三口烧瓶中。平稳回流直至与支管口下沿相平齐时，即可停止反应。大约经 1.5h，三口瓶中反应液温度 135～137℃。若继续加热，则反应液可能变黑并有较多副产物烯烃生成。

④ 稍冷后开启活塞，放出油水分离器中的水，将反应液倒入盛有 50mL 水的分液漏斗中，充分振摇，静置分层后弃去下层液体。上层粗产物依次用 25mL 水、15mL 5%氢氧化钠溶液、15mL 水和 15mL 饱和氯化钙溶液洗涤，最后分出水层，将粗产物自漏斗上口倒入洁净干燥的小锥形瓶中，加入 1～2g 无水氯化钙，塞紧瓶口干燥 0.5h 以上。

⑤ 将干燥后的粗产物倾入 50mL 圆底烧瓶中，蒸馏收集 140～144℃的馏分，称重并计算产率。所得为无色透明液体，产量约 7～8g，收率 31.9%～40%。

纯净正丁醚的沸点：142.4℃，$n_D^{20}=1.3992$。

（2）计算产率

$$产率=\frac{实际产量}{理论产量}\times100\%=\frac{实际产量}{0.34\times130}\times100\%$$

（3）注意事项

① 本实验根据理论计算失水体积为 3mL，但实际分出水的体积略大于计算量，故分水器放满水后先放掉约 4.0mL 水。

② 制备正丁醚的较宜温度是 130～140℃，但开始回流时，这个温度很难达到，因为正丁醚可与水形成共沸点物（沸点 94.1℃，含水 33.4%）；另外，正丁醚与水及正丁醇可形成三元共沸物（沸点 90.6℃，含水 29.9%，正丁醇 34.6%），正丁醇也可与水形成共沸物（沸点 93℃，含水 44.5%），故应在 100～115℃之间反应 0.5h 之后可达到 130℃以上。

③ 在碱洗过程中，不要太剧烈地摇动分液漏斗，否则会生成乳浊液，造成分离困难。

④ 正丁醇溶在饱和氯化钙溶液中，而正丁醚微溶。

(4) 产物的检测和鉴定

观察正丁醚的外观和状态，测定正丁醚的折射率。

第三节 长链烷基苯的工业生产

长链烷基苯主要用于生产洗涤剂、表面活性剂等日化产品，产量非常大。生产上有烯烃和氯代烷两种原料途径，目前两种路线都在使用。

① 以烯烃为烷化剂、氟化氢为催化剂的生产方法常被称为氟化氢法。

$$R-CH_2CH=CH-R' + C_6H_6 \xrightarrow[30\sim40^\circ C]{HF} R-CH_2CH(C_6H_5)-CH_2-R'$$

② 以氯代烷为烷化剂、三氯化铝为催化剂的生产方法常被称为三氯化铝法。

$$R-C(Cl)-R' + C_6H_6 \xrightarrow[70^\circ C]{AlCl_3} R-CH(C_6H_5)-R' + HCl$$

式中 R、R′为烷基或氢。

一、氟化氢法

苯与长链正构烯烃的烷基化反应一般采用液相法，也有采用在气相中进行的。凡能提供质子的酸类都可以作为烷基化的催化剂，由于 HF 具有性质稳定、副反应少且易与目的产物分离、产品成本低及无水 HF 对设备几乎没有腐蚀性等优点，使它在长链烯烃烷基化中应用最为广泛。

苯与长链烯烃的烷基化反应较为复杂，依原料来源不同主要有以下几个方面：① 烷烃、烯烃中的少量杂质，如二烯烃、多烯烃、异构烯烃及芳烃参与反应；② 因长链单烯烃双键位置不同，形成许多烷基苯的同分异构体；③ 在烷基化反应中可能发生异构化、分子重排以及聚合和环化等副反应。上述副反应的程度随操作条件、原料纯度和组成的变化而变化，其总量往往只占烷基苯的千分之几，但它对烷基苯的质量影响却很大，主要表现为烷基苯的色泽的偏深等。

氟化氢法长链烷基苯生产工艺路线如图 3-3 所示。

反应器 1 和 2 是筛板塔。将烷烃、烯烃（9%~10%）混合物及 10 倍于烯烃物质的量的苯以及有机物 2 倍体积的氟化氢在冷却器中混合，保持 30~40℃，这时大部分烯烃已经反应。将混合物送入反应器 1。为保持氟化氢（沸点 19.6℃）为液态，反应在 0.5~1MPa 下进行。物料由顶部排出至静置分离器 8，上层的有机物和静置分离器 9 下部排出的循环氟化氢及蒸馏提纯的新鲜氟化氢进入反应器 2，使烯烃反应完全。反应产物进入静置分离器 9，上层的物料经脱氟化氢塔 4 及脱苯塔 5，蒸出氟化氢和苯；然后至脱烷烃塔 6 进行减压蒸馏，蒸出烷烃；最后至成品塔 7，在 96～99kPa 真空度、170～200℃下蒸出烷基苯成品。静置分离器 8 下部排出的氟化氢溶解了一些重要的芳烃，这种氟化氢一部分去反应器 1 循环使用，另一部分在蒸馏塔 3 中进行蒸馏提纯，然后送至反应器 2 循环使用。

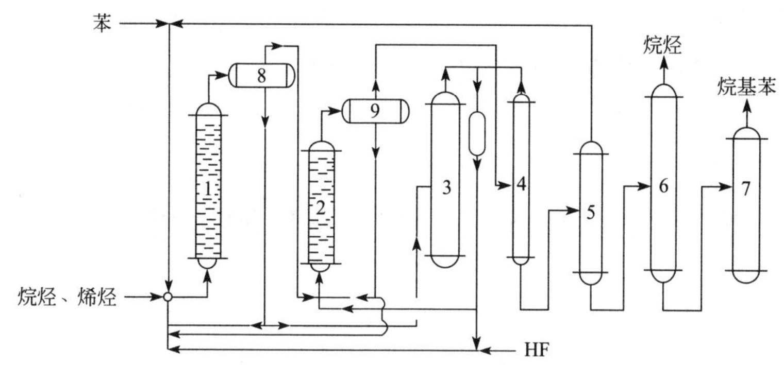

图 3-3　氟化氢法生产烷基苯工艺流程

1，2—反应器；3—HF 蒸馏塔；4—脱氟化氢塔；5—脱苯塔；6—脱烷烃塔；7—成品塔；8，9—静置分离器

二、三氯化铝法

三氯化铝法采用的长链氯代烷是由煤油经分子筛或尿素抽提得到的直链烷烃经氯化制得的。

在与苯反应时，除烷基化主反应外，其副反应及后处理与上述烯烃为烷化剂的情况类似，不同点在于烷化器的结构、材质及催化剂各不相同。

长链氯代烷与苯烷基化的工艺过程随烷基化反应器的类型不同而不同，常用的烷基化反应器有釜式和塔式两种。而单釜间歇式烷基化操作已很少使用，连续操作的烷基化设备有多釜串联式和塔式两种，前者主要用于以三氯化铝为催化剂的烷基化过程。现阶段国内广泛采用的都是以金属铝作为催化剂的塔式反应器，烷基化反应在三个按阶梯形排列串联搪瓷塔组中进行。

三氯化铝法长链烷基苯生产工艺路线如图 3-4 所示。

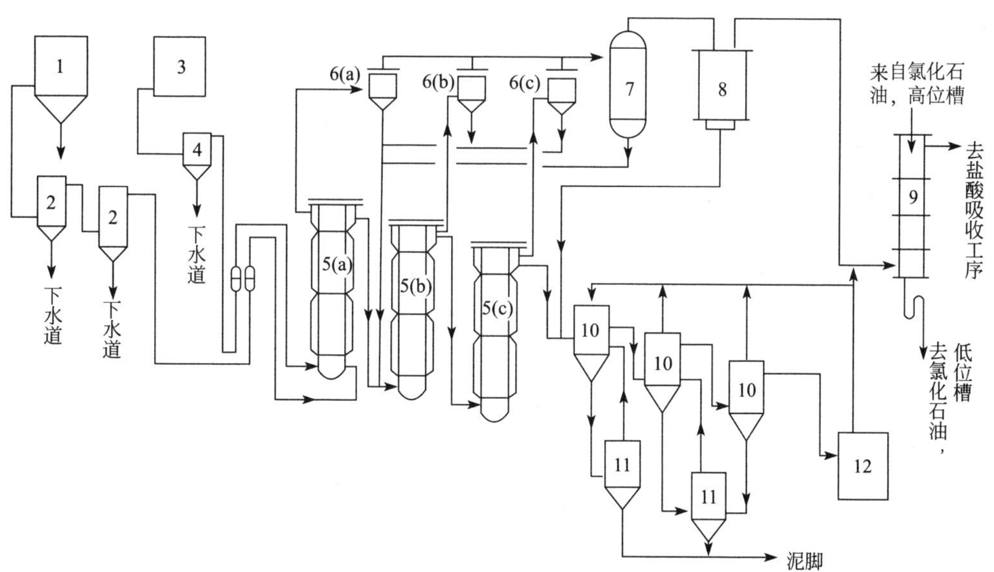

图 3-4　金属铝催化缩合工艺流程图

1—苯高位槽；2—苯干燥器；3—氯化石油高位槽；4—氯化石油干燥器；5—缩合塔；6—分离器；7—气液分离器；8—石墨冷凝器；9—洗气塔；10—静置缸；11—泥脚缸；12—缩合液贮缸

反应器为带冷却夹套的搪瓷塔，塔内放有小铝块，苯和卤代烷由下口进入，反应温度在70℃左右，总的停留时间约为0.5h，实际上5min以后转化率即达到90%以上。为了降低物料的黏度和控制多烷基化，苯与氯代烷的摩尔比为（5~10）：1较为合适。由反应器出来的液体物料中含有产品、未反应的苯、烷基苯和正构烷烃、少量HCl及$AlCl_3$配合物，将其静置分离出红油（泥脚），一部分可循环使用，余下部分用硫酸处理转变为$Al_2(SO_4)_3$沉淀下来。上层有机物用氨气或NaOH中和，水洗。然后进行蒸馏分离，得到产品。

第四节　*N*,*N*-二甲基苯胺的工业生产

N,*N*-二甲基苯胺是制备染料、橡胶硫化促进剂、炸药及医药的重要中间体，工业上常使用液相法和气相法进行生产，为降低成本，提高产率，通常采用甲醇作*N*-烷基化试剂。

N,*N*-二甲基苯胺的工业生产用甲醇为原料而没有采用一氯甲烷来进行生产，是因为甲醇易得，生产成本低，虽然反应要经过季铵盐的碱性水解过程，但实际产率也很高。

一、*N*,*N*-二甲基苯胺合成反应

用甲醇作烷基化试剂的*N*-烷基化反应是可逆的连串反应。

$$C_6H_5NH_2 + CH_3OH \underset{}{\overset{K_1}{\rightleftharpoons}} C_6H_5NHCH_3 + H_2O$$

$$C_6H_5NHCH_3 + CH_3OH \underset{}{\overset{K_2}{\rightleftharpoons}} C_6H_5N(CH_3)_2 + H_2O$$

二、工业生产

将苯胺加入高压釜中，硫酸作为催化剂，225℃时用甲醇实施*N*-烷基化，平衡常数$K_1=9.2\times10^2$，$K_2=6.8\times10^5$。K_1、K_2均较大，且K_2比K_1大739倍，因此，只要使用适当过量的甲醇，就可以使苯胺完全转化为*N*,*N*-二甲基苯胺。

液相法生产*N*，*N*-二甲基苯胺，可将苯胺、甲醇、硫酸按1：3.56：0.1的摩尔比加入高压釜中，在210~215℃、3~3.3MPa下，保温4h，放压，蒸出过量甲醇和副产品二甲醚。烷化液用氢氧化钠中和，静置分层，水层在高压釜中165℃和1.6MPa下反应3h，使所含*N*,*N*,*N*-三甲基苯胺氢氧化物水解为*N*,*N*-二甲基苯胺和甲醇。油层经减压蒸馏可得到工业品*N*,*N*-二甲基苯胺，按苯胺计理论收率可达96%。但液相法需要耐腐蚀的高压釜，设备投资大。

气固接触法（气相法）生产*N*,*N*-二甲基苯胺，是将苯胺和甲醇的混合蒸气在常压下通过320℃的硫酸盐/玻璃催化剂，接触时间6s，苯胺转化率为99.5%，产品的理论收率可达98%。催化剂所用的金属可以是镍、铁、铝、锰、铜、铬中的一种或几种。

气相法可使反应在接近常压下进行，连续操作，生成能力大，副反应少，收率高，废水少，产品纯度高。气相法成功的关键是催化剂的筛选和制备。对于*N*,*N*-二甲基苯胺的生产，最新的催化剂是球状氧化铝，据报道，其活性很高，使用寿命在5000h以上。

分析与讨论

1. 什么是烷基化反应？什么是 *C*-烷基化、*N*-烷基化、*O*-烷基化？

2. 傅-克烷基化反应时，对芳香族化合物的活性有何要求？为什么？反应常用的催化剂是哪种？有何优缺点？

3. 相转移催化反应的原理是什么？相转移烃化反应与一般烃化反应相比有什么优点？

4. 甲醇与甲苯、苯胺或苯酚反应，可制得哪些产品？写出反应式及主要反应条件。

5. 甲醛与甲苯、苯胺或苯酚反应，可制得哪些产品？写出反应式及主要反应条件。

6. 丙烯与甲苯、苯胺或苯酚反应，可制得哪些产品？写出反应式及主要反应条件。

7. 环氧乙烷与甲苯、苯胺或苯酚反应，可制得哪些产品？写出反应式及主要反应条件。

8. 氯乙酸与萘、苯胺或苯酚反应，可制得哪些产品？写出反应式及主要反应条件。

9. 苄氯与苯、苯胺或苯酚反应，可制得哪些产品？写出反应式及主要反应条件。

10. 丙烯酸（酯）及丙烯腈与苯胺或苯酚反应，可制得哪些产品？写出反应式及主要反应条件。

11. 用卤代烷为烷基化试剂发生 *N*-烷基化反应时，为何要加入缚酸剂？

12. 中性硫酸酯为烷化剂发生烷基化反应时，为什么要加入苛性钠？

13. 写出苯酚与丙酮反应的反应式及主要条件。

14. 由 2-氯-5-硝基苯磺酸与对氨基一乙酰苯胺反应制 4′-乙酰氨基-4-硝基二苯胺-2-磺酸时，为何用 MgO 作缚酸剂，而不用 NaOH 或 Na_2CO_3 作缚酸剂？

15. 写出由苯制备以下产品的实用合成路线，每个烃化反应条件有何不同？

（1）二苯胺；（2）4,4′-二氨基二苯胺；（3）4-氨基-4′-甲氧基二苯胺；（4）4-羟基二苯胺

16. 以甲苯、环氧乙烷、二乙胺为原料，选择适当试剂和条件合成局部麻醉药盐酸普鲁卡因。

$$NH_2-C_6H_4-COOCH_2CH_2N(C_2H_5)_2 \cdot HCl$$

人物小知识

布特列洛夫（Alexander Michailowitsch Butlerov，1828—1886 年），俄国化学家。1828 年 9 月 6 日生于奇斯托波尔。1844 年入喀山大学随齐宁学习有机化学。1854 年以《论挥发油》的论文获得莫斯科大学授予的博士学位。同年成为喀山大学的教授。1857—1858 年在西欧游学期间，访问了德国、英国、法国的实验室，结识了米契里希、凯库勒、霍夫曼、威廉逊、杜马等许多知名化学家，并在武慈实验室工作了一段时间。1860—1863 年任喀山大学校长。1874 年被选为彼得堡科学院院士。1876—1882 年担任俄国物理化学学会化学分会的主席，还被选为 26 个科学院的院士和名誉院士。1886 年 8 月 17 日逝世。

布特列洛夫是化学结构的创始者。1861年在有机化学中第一次使用“化学结构”这一术语，认为有机化合物的性质与化学结构之间存在着以下关系：根据化学性质可以推测化学结构，同时根据化学结构又可以预见物质的化学性质。在此理论指导下，他合成了叔丁醇、异丁烯、三甲基甲醇和某些糖类化合物；发现了异丁烯聚合反应；研究了丁二烯的异构体等等。他是第一个基于化学结构学说而系统研究聚合作用反应历程的科学工作者；这一工作后来在俄国由以列别捷夫为首的布特列洛夫的继承者们进行了下去，并成为在工业上合成橡胶的一种重要途径。

布特列洛夫对化学研究具有广泛的兴趣，他的研究涉及有机、无机和物理化学等分支领域，同时也仔细研究了化学史。他认为：“要从事创造，要有所前进，就必须详尽无遗地熟知前人走过的曲折复杂的道路。要找到新途径，就必须对过去的理论、成功和失败有所了解。”他甚至对物理学也感兴趣。在第一篇论文中，布特列洛夫曾谈到元素原子量恒定的问题：“我提出一个问题，普劳特假说在许多条件下是否都是完全正确的？提出这个问题就意味着要否定原子量的绝对恒定，而且我认为，从理论上来讲，没有任何理由要先决地接受这种恒定，原子量对化学家来说并不比其他的重要，以物质质量的表示来说，它是一定的化学能量的代表。我们都很清楚，在能量的其他形式下，它的量完全不为物质的质量所决定：质量可以保持不变，但能量照样可起变化，例如速度的改变，虽然它可能是在一个狭小的范围内，但为什么化学能就不可以存在这种类似的变化？”这些论述表明了他预见到元素同位素现象存在的可能性。主要著作有《有机化学教程》《论物质的化学结构》《有机化学研究概论》等。

单元 4　酰基化反应

【知识目标】掌握 *C*-酰化反应、*N*-酰化反应、*O*-酰化反应的特点、方法及应用，能应用过渡性 *N*-酰化反应合成中间体和化工产品；能够应用酰化反应合成芳酮或芳醛、酰胺、酯及其衍生物；了解酰化反应的定义、分类，*N*-酰化反应的终点的控制；理解 *C*-酰化反应的影响因素、直接酯化反应的影响因素和相关反应装置及其特点。

【能力目标】通过完成项目任务对甲基苯乙酮的合成，掌握 *C*-酰化的基本原理、反应方法及工业生产的典型应用。

第一节　酰基化反应基础知识介绍

酰基化指的是有机化合物分子中与碳原子、氮原子、氧原子或硫原子相连的氢被酰基所取代的反应。酰基化反应有 *C*-酰基化、*N*-酰基化和 *O*-酰基化三种类型。碳原子上的氢被酰基取代的反应叫做 *C*-酰基化，生成的产物是醛、酮或羧酸。氨基氮原子上的氢被酰基取代的反应叫做 *N*-酰基化，生成的产物是酰胺。羟基氧原子上的氢被酰基取代的反应叫做 *O*-酰基化，生成的产物是酯，因此也叫酯化。

酰基化反应可用下列通式表示：

$$R-\overset{O}{\overset{\|}{C}}-Z+G-H \longrightarrow R-\overset{O}{\overset{\|}{C}}-G+HZ$$

上式中的 RCOZ 为酰基化试剂，Z 代表 X、OCOR、OH、OR′、NHR′等。G—H 为被酰化物，G 代表 ArNH、R′NH、R′O、Ar 等。

酰基化反应的主要目的如下。

① *N*-取代酰胺是晶体，有确定的熔点，故酰基化反应可用于鉴定胺；

② 酰胺基一般不易被氧化，因此，芳胺酰基化在有机合成中常用于氨基的保护或降低氨基对芳环的致活能力，反应结束后再将酰胺水解恢复为原来的胺；

③ 引入永久性酰基，是合成许多药物时常用的反应。

例如：

① 2,4-二甲基苯乙酮的合成。2,4-二甲基苯乙酮是重要的医药、农药等有机合成中间体，由间二甲苯和乙酰氯在无水三氯化铝催化下制得。反应式为：

$$\text{间二甲苯}(1,3\text{-}(CH_3)_2C_6H_4) \xrightarrow[AlCl_3]{CH_3COCl} 2,4\text{-}(CH_3)_2C_6H_3COCH_3$$

② 对乙酰氨基苯甲醚的合成。对乙酰氨基苯甲醚可用于制造分散藏青 2GL、枣红 GP 等

色基。也是重要的医药中间体，可作解热镇痛药，也可作染料中间体。由对甲氧基苯胺和乙酸酐反应制得，其反应式为：

$$\text{对甲氧基苯胺}(NH_2, OCH_3) \xrightarrow{(CH_3CO)_2O} \text{对甲氧基乙酰苯胺}(NHCOCH_3, OCH_3)$$

③ 2-乙酰氧基苯甲酸-4-乙酰氨基苯酯的合成。2-乙酰氧基苯甲酸-4-乙酰氨基苯酯是一种新型消炎、解热、镇痛药，由乙酰水杨酰氯与对乙酰氨基酚酯化得到。其反应式为：

$$\text{乙酰水杨酰氯}(COCl, OCOCH_3) + \text{对乙酰氨基酚}(NHCOCH_3, OH) \xrightarrow{NaOH} \text{2-}(OCOCH_3)C_6H_4-\overset{\overset{O}{\|}}{C}-O-C_6H_4-NHCOCH_3$$

一、*C*-酰基化反应

C-酰基化是在芳环上引入酰基，制备芳酮或芳醛的反应过程。该过程主要包括傅-克酰基化反应，以及通过某些具有碳正离子活性的中间体对芳烃进行亲电取代反应，然后再分解转化为酰基的间接酰基化反应。

反应通式：

$$C_6H_6 + RCOX \xrightarrow{AlCl_3} C_6H_5-\overset{\overset{O}{\|}}{C}-R + HX$$

1. *C*-酰基化剂与催化剂

常用的酰化剂主要有以下几种。

① 羧酸类。例如甲酸、乙酸、乙二酸等。

② 酸酐类。例如乙酐、甲乙酐、顺丁烯二酸酐、邻苯二甲酸酐、1，8-萘二甲酸酐以及二氧化碳（碳酸酐）和一氧化碳（甲酸酐）等。

③ 酰卤类。例如碳酸二酰氯（光气）、乙酰氯、苯甲酰氯、苯磺酰氯、三聚氰酰氯、三氯化磷（亚磷酸三酰氯）和三氯氧磷（磷酸三酰氯）等。某些酰氯不易制成工业品，可用羧酸和三氯化磷、亚硫酰氯或无水三氯化铝在无水介质中作酰基化试剂。

④ 羧酸酯类。例如乙酰乙酸乙酯、氯乙酸乙酯、氯甲酸三氯甲酯（双光气）和二（三氯甲基）碳酸酯（三光气）等。

⑤ 酰胺类。例如尿素和 *N*，*N*-二甲基甲酰胺等。

⑥ 其他。例如乙烯酮、双乙烯酮、二硫化碳等。

常用催化剂为路易斯酸、质子酸。

2. 反应机理及其影响因素

（1）反应原理

C-酰基化反应最具代表性的就是傅-克酰基化反应，我们以傅-克酰基化反应为例，来了解 *C*-酰基化的反应机理。即用羧酸衍生物在路易斯酸催化下直接对芳环进行亲电取代反应生成芳酮的反应。现以酰氯作酰基化试剂、无水三氯化铝为催化剂的反应历程为例：

首先酰氯与无水三氯化铝生成碳正离子活性中间体 A、B、C。

$$\mathrm{R{-}\overset{\overset{\displaystyle O}{\|}}{C}{-}Cl + AlCl_3 \rightleftharpoons \underset{A}{R{-}\overset{\overset{\displaystyle O}{\|}}{C}\overset{\delta^+}{-}Cl:\overset{\delta^-}{AlCl_3}} \rightleftharpoons \underset{B}{R{-}\overset{\overset{\displaystyle \overset{\delta^-}{O}:AlCl_3}{\|}}{C}\overset{\delta^+}{-}Cl} \rightleftharpoons \underset{C}{R{-}\overset{\overset{\displaystyle O}{\|}}{C^+}} + AlCl_4^-}$$

这些活性中间体在溶液中呈平衡状态，进攻芳环的中间体可能是 B 或 C。以 B 为例，B 与芳环作用生成芳酮与三氯化铝的配合物。

$$\mathrm{\underset{B}{R{-}\overset{\overset{\displaystyle \overset{\delta^-}{O}:AlCl_3}{\|}}{\underset{\delta^+}{C}}{-}Cl} + C_6H_6 \rightleftharpoons \left[C_6H_6^{+}{-}C(\bar{O}:AlCl_3)(R)(Cl) \right] \xrightarrow{-HCl} C_6H_5{-}\overset{\overset{\displaystyle O:AlCl_3}{\|}}{C}{-}R}$$

芳酮与三氯化铝的配合物经水解可得到芳酮。

$$\mathrm{C_6H_5{-}\overset{\overset{\displaystyle O:AlCl_3}{\|}}{C}{-}R \xrightarrow{H_2O} C_6H_5{-}\overset{\overset{\displaystyle O}{\|}}{C}{-}R + AlCl_3}$$

从反应历程看，生成的芳酮总是与三氯化铝形成 1∶1 的配合物，而与芳酮结合的三氯化铝不再起催化作用，因此 1mol 酰氯在理论上要消耗 1mol 三氯化铝，实际还要过量 10%~50%。

同理，当用酸酐作酰基化试剂与无水三氯化铝作用时首先生成酰氯，然后酰氯再按上述反应历程继续反应。若只让酸酐的一个酰基参加酰化反应，则 1mol 酸酐至少要消耗 2mol 三氯化铝。其总的反应式如下：

$$\mathrm{C_6H_6 + 2AlCl_3 + (RCO)_2O \longrightarrow R{-}\overset{\overset{\displaystyle O:AlCl_3}{\|}}{C}{-}C_6H_5 + R{-}\overset{\overset{\displaystyle O:AlCl_2}{\|}}{C} + HCl}$$

（2）影响因素

酰化反应的难易程度与被酰化物的结构、酰化剂的结构、催化剂和溶剂等因素有关。

① 被酰化物的结构。傅-克酰基化反应是亲电取代反应。因此，芳环上有给电子基时反应容易进行。例如，用乙酸酐作酰化剂、三氟化硼作催化剂，甲苯进行乙酰化反应所得甲基苯乙酮的收率达 70%以上。而相同条件下，对苯进行乙酰化反应，仅得 15%收率的苯乙酮。

反之，芳环上有吸电子基时反应较难进行。当芳环连有强吸电子基硝基时，很难再进行酰基化反应。但苯环上同时有给电子基时，也可能发生酰化反应。

例如，苯甲酰氯可与 4-硝基苯胺反应制得医药中间体 2-氨基-5-硝基二苯酮。

$$\mathrm{C_6H_5COCl + H_2N{-}C_6H_4{-}NO_2 \xrightarrow[220\sim230℃]{ZnCl_2} 2\text{-}H_2N\text{-}5\text{-}O_2N{-}C_6H_3{-}\overset{\overset{\displaystyle O}{\|}}{C}{-}C_6H_5}$$

芳环上有供电子基时，酰基主要进入芳环上已有取代基的对位。如对位被占据，则进入邻位。

$$\text{C}_6\text{H}_5\text{CH}_3 + \text{C}_6\text{H}_5\text{COCl} \xrightarrow{F_3CSO_3H} \text{C}_6\text{H}_5\text{CO}\text{C}_6\text{H}_4\text{CH}_3 \; (85\%)$$

$$p\text{-}(CH_3)_3C\text{C}_6\text{H}_4\text{OCH}_3 + \text{C}_6\text{H}_5\text{COCl} \xrightarrow[C_2H_2Cl_4]{ZnCl_2} \text{2-OCH}_3\text{-5-C(CH}_3)_3\text{C}_6\text{H}_3\text{COC}_6\text{H}_5 \; (66\%)$$

酰基是吸电子基，芳环上引入一个酰基后，芳环被钝化，不易发生多酰基化、脱酰基和分子重排等副反应。但是，对于1，3，5-三甲苯和稠环的芳烃（如萘）等活泼化合物，在一定条件下也可以引入两个酰基。

$$\text{C}_{10}\text{H}_8 + 2\,\text{C}_6\text{H}_5\text{COCl} \xrightarrow{AlCl_3} 1,5\text{-}(\text{C}_6\text{H}_5\text{CO})_2\text{C}_{10}\text{H}_6 + 2HCl$$

② 酰基化试剂。酰化剂是亲电试剂，离去基团的吸电子能力越强，酰基碳原子上的部分正电荷越大，酰化能力越强。酰化活性次序为：酰卤>酸酐>羧酸。最常用的酰基化试剂是酸酐和酰氯。

③ 催化剂。傅-克酰基化反应常采用的催化剂是路易斯酸和质子酸。催化剂的作用是增强酰基上碳原子的正电性，增强亲电质点的反应能力。

催化剂的选择常根据反应条件来确定。当酰基化试剂为酰氯和酸酐时，常以$AlCl_3$、BF_3、$SnCl_4$、$ZnCl_2$等路易斯酸为催化剂；若酰化剂为羧酸，则多选用H_2SO_4、HF、H_3PO_4和多聚磷酸等质子酸为催化剂。对活泼芳香族化合物和杂环化合物，*C*-酰基化时为了避免副反应，不宜采用$AlCl_3$，而选用催化活性较为温和的路易斯酸，如$ZnCl_2$、$SnCl_4$，或质子酸中的多聚磷酸。

$$\text{C}_6\text{H}_5\text{CH}_2\text{CH}_2\text{CH}_2\text{COCl} \xrightarrow[AlCl_3,\ CS_2]{\text{二硫化碳}} \xrightarrow{HCl,\ H_2O} \alpha\text{-四氢萘酮}$$

$$\text{C}_6\text{H}_5\text{CH}_2\text{CH}_2\text{COOH} \xrightarrow[70℃]{\text{多聚磷酸}} \xrightarrow{H_2O} \text{1-茚酮}$$

④ 溶剂。反应中生成的芳酮-$AlCl_3$配合物经水解后得到芳酮，由于配合物大都是固体或黏稠的液体，常常使用过量的某一种液态反应组分作为溶剂，使反应物具有良好的流动性。如果不宜用过量的反应组分作溶剂，就需要另外加入溶剂。常用的有机溶剂有硝基苯、二硫化碳、二氯乙烷、四氯乙烷、二氯甲烷、四氯化碳、石油醚及氯代烃等。选择酰化反应的溶剂时，应注意溶剂对催化剂活性的影响。

二、N-酰基化反应

N-酰基化是胺类化合物与酰基化试剂作用，在氨基的氮原子上引入酰基生成酰胺衍生物的反应。胺类化合物可以是脂肪胺或芳香胺。常用的酰基化试剂有羧酸、酸酐、酰氯以及羧酸酯等。

氨基等官能团与酰基化试剂作用可转变为酰胺，引入酰基后可改变原化合物的性质和功能。如染料分子中的氨基酰化前后的色光、染色性能和牢度指标都有所变化。这种酰化是将酰基一直保留在最终产物中，称为永久性酰化。

酰化的另一种作用是提高胺类化合物在化学反应中的稳定性或使芳香族亲电取代反应发生在氨基的邻、对位，以满足合成工艺的要求。有些氨基化合物容易被氧化，酰化后可增强其抗氧化能力。有些芳胺在进行硝化、氯磺化、氧化或部分烷化之前，常常要把氨基进行“暂时保护”性酰化，反应完成后再将酰基水解掉。

1. 反应机理及影响因素

用羧酸或其衍生物作酰基化试剂时，酰基取代伯氨氮原子上的氢，生成羧酰胺的反应历程可简单表示如下：

$$\underset{\text{酰基化试剂}}{R-\overset{\overset{\delta^-}{O}}{\overset{\|}{\underset{\underset{Z}{|}}{C^{\delta^+}}}}} + \underset{\text{伯胺}}{H-\underset{\underset{H}{|}}{N}-R'} \longrightarrow \underset{\text{过渡配合物}}{\left[R-\overset{\overset{O}{\|}}{\underset{\underset{Z}{|}}{C}}\cdots\overset{\overset{H}{|}}{\underset{\underset{H}{|}}{N}}-R'\right]} \xrightarrow{-HZ} \underset{\text{羧酰胺}}{R-\overset{\overset{O}{\|}}{C}-\overset{\overset{H}{|}}{N}-R'}$$

首先是酰化剂的酰基碳中带部分正电荷的碳原子向伯氨基氮原子上的未共用电子对作亲电进攻，形成过渡态配合物，然后脱去 HZ 而生成羧酰胺。

在酰化剂 $\left(R-\overset{\overset{O}{\|}}{C}-Z\right)$ 分子中，—Z 可以是—OH（羧酸）、$-O-\overset{\overset{O}{\|}}{C}-R$（羧酸酐）、—Cl（羧酸氯）或—OR（羧酸酯）。

酰基是吸电子基，它能使酰胺分子中氨基氮原子上的电子云密度降低，不容易再与亲电性的酰化剂质点相作用，即不容易生成 N，N-二酰化产物。所以在一般情况下容易制得比较纯净的 N-酰胺。

胺类被酰化的相对反应活性是：伯胺>仲胺；脂胺>芳胺；无位阻胺>有位阻胺。即氨基氮原子上电子云密度越高，碱性越强，空间位阻越小，胺被酰化的反应活性越强。对于芳胺，环上有供电基时，碱性增强，芳胺的反应活性增加。反之，环上有吸电基时，碱性减弱，芳胺的反应活性降低。

对于活泼的胺，可以采用弱酰化剂。对于活性低的胺，则需要使用活泼的酰化剂。

2. N-酰基化反应

（1）羧酸作酰基化试剂的 N-酰基化法

羧酸价廉易得，但反应活性弱，一般只有在引入甲酰基、乙酰基、羧甲酰基时才使用甲酸、乙酸或乙二酸作酰基化试剂，在个别情况下也可用苯甲酸作酰基化试剂。羧酸类酰基化试剂一般只用于碱性较强的胺或氨的 N-酰基化。

用羧酸的 N-酰基化是可逆反应，首先是羧酸与胺或氨生成铵盐，然后脱水生成酰胺。

$$R-\overset{O}{\overset{\|}{C}}-OH + H_2N-R' \xrightleftharpoons{成盐} R-\overset{O}{\overset{\|}{C}}-O^- + H_3\overset{+}{N}-R' \underset{+H_2O}{\overset{-H_2O}{\rightleftharpoons}} R-\overset{O}{\overset{\|}{C}}-\overset{H}{\overset{|}{N}}-R'$$

上式中 R 和 R′可以是氢、烷基或芳基。

为了使酰化反应尽可能完全，并且只用过量不太多的羧酸，必须除去反应生成的水。脱水的方法主要有加入甲苯或二甲苯进行共沸蒸馏，也可采用化学脱水剂如五氧化二磷、三氯化磷等脱水剂进行脱水。再加入少量强酸（例如硫酸、盐酸、氢溴酸或氢碘酸）或三氯氧磷等作为催化剂，以加速反应的进行。

用于 *N*-酰基化的羧酸主要是甲酸或乙酸，用乙酸作酰基化试剂时，一般采用冰醋酸。为了防止羧酸的腐蚀，要求使用铝制反应器或搪玻璃反应器。

例如，将摩尔比为1∶(1.3~1.5) 的苯胺与冰醋酸混合物在 118℃反应数小时，然后蒸出稀醋酸，余下的就是 *N*-乙酰苯胺。它是磺胺类药物的原料，也用作合成止痛剂、防腐剂、合成樟脑及染料的中间体。

$$C_6H_5NH_2 \xrightarrow[118℃]{CH_3COOH} C_6H_5NHCOCH_3$$

（2）酸酐作酰基化试剂 *N*-酰基化法

酸酐是比羧酸活性高的酰基化试剂，但价格比酸贵，多用于较难酰基化的仲胺以及芳环上含有吸电子基团的芳胺类酰基化。用酸酐对胺类进行酰基化反应是不可逆的。酰基化反应的通式为：

$$(RCO)_2O+R'NH_2 \longrightarrow RCONHR'+RCOOH$$

最常用的酸酐是乙酐，在 20~90℃条件下反应即可顺利进行。乙酐在室温下的水解速率很慢，对于反应活性较高的胺类，往往酰化反应的速率大于乙酐水解的速率，因此在室温下用乙酐进行酰化时，反应在水介质中进行就可以了，不必加酸催化水解。

例如，邻氨基苯甲酸因受羧基的影响，碱性减弱，同时氨基又能与羧基形成内盐，更增加了酰基化的困难。但是如果用乙酐为酰基化试剂，仍可得到收率较好的酰基化产品：

$$o\text{-}C_6H_4(NH_2)COOH + (CH_3CO)_2O \xrightarrow{回流} o\text{-}C_6H_4(NHCOCH_3)COOH + CH_3COOH$$

如果是带有较多吸电子基，以及位阻较大的多取代芳胺，如2,4,6-三溴苯胺、2,4-二硝基苯胺等，需要加入少量强酸作催化剂。

对于二元胺类，如果只酰基化其中的一个氨基，可以先用等摩尔比的盐酸，使二元胺中的一个氨基成为盐酸盐加以保护，然后按一般方法进行酰基化。

例如，间苯二胺在水介质中加入适量盐酸后，再于 40℃用乙酐酰基化，先制得间氨基乙酰苯胺盐酸盐，经碱中和可得间氨基乙酰苯胺，它是一个制备活性染料的中间体。

$$m\text{-}C_6H_4(NH_2)(NH_2 \cdot HCl) + (CH_3CO)_2O \longrightarrow m\text{-}C_6H_4(NHCOCH_3)(NH_2 \cdot HCl) + CH_3COOH$$

（3）酰氯作酰基化试剂的 *N*-酰基化法

酰氯是最强的酰基化试剂，能与胺迅速酰基化，适用于活性低的氨基或羟基的酰基化，并以较高的收率生成酰胺。此法是合成酰胺的最简便的方法。用酰氯酰基化的反应是不可逆的，通式为：

$$RCOCl+R'NH_2 \longrightarrow R'NHCOR+HCl$$

反应中生成的氯化氢能与未反应的胺结合成盐，使酰基化反应速率降低。因此，在实际生产中常需要加入碱性物质，如 NaOH、Na_2CO_3、$NaHCO_3$、CH_3COONa、$N(C_2H_5)_3$等，以中和生成的氯化氢，使介质保持中性或弱碱性，从而提高酰基化产物的收率。注意碱性不能太强，否则酰氯会水解。

酰氯与胺类反应常是放热的，因此通常在冰冷条件下进行反应，也可使用溶剂减缓反应速率。常用的溶剂为水、氯仿、乙酸、二氯乙烷、四氯化碳、苯、甲苯等。

三、*O*-酰基化反应

O-酰基化指的是醇或酚分子中的羟基氢原子被酰基取代的反应，生成的产物是酯，因此又称为酯化反应。几乎所有用于 *N*-酰基化的酰基化试剂都可用于酯化。

工业上常用羧酸作为酰基化试剂与醇在催化剂存在下进行酯化反应，也可根据需要采用酸酐、酰氯作为酰基化试剂。还可以选用酯交换等其他方法制得酯。

低碳链的羧酸酯在涂料工业中是常用的溶剂。某些羧酸酯具有特殊的香味，可用作香料。分子量较高的酯，特别是邻苯二甲酸酯则主要用作增塑剂。其他的用途还包括有树脂、合成润滑油、化妆品、表面活性剂、医药等。

1. 羧酸作酰基化试剂的 *O*-酰基化法

羧酸法又称为直接酯化法，是合成酯类最重要的方法。所用的羧酸可以是各种脂肪酸和芳酸。其中最简单的是一元羧酸与一元醇在酸催化下的酯化，这是一个可逆反应，反应通式如下：

$$RCOOH+R'OH \rightleftharpoons RCOOR'+H_2O$$

2. 酸酐作酰基化试剂的 *O*-酰基化法

用酸酐作酰基化试剂的方法主要用于酸酐较易获得的情况，例如乙酐、顺丁烯二酸酐、丁二酸酐和邻苯二甲酸酐等。

酸酐是比羧酸更强的酰基化试剂，适用于较难反应的酚类化合物及空间阻碍较大的叔羟基衍生物的酯基化反应。其反应式如下：

$$(RCO)_2O+R'OH \longrightarrow RCOOR'+RCOOH$$

在用酸酐进行酯基化时，常加入酸性或碱性催化剂加速反应。最常用的是硫酸、吡啶、无水醋酸钠等。酸性催化剂的作用比碱性催化剂强。现在工业上使用的催化剂仍然是浓硫酸。

常用的酸酐有乙酸酐、丙酸酐、邻苯二甲酸酐、顺丁烯二酸酐等。

在用二元酸酐对醇进行酯化时，反应分为两个阶段，第一步生成物为 1mol 酯及 1mol 酸，第二步则由 1mol 酸再与醇脱水生成双酯。第一步反应不生成水，是不可逆的，酯化反应可在温和的情况下进行。第二步反应是可逆反应，反应的条件较第一步苛刻，往往需加催化剂，并在较高的温度下进行，才能保证两个酰基均得到利用。

例如，苯酐与醇反应生成的邻苯二甲酸酯（工业用聚氯乙烯塑料增塑剂）。其中产量最大的是邻苯二甲酸二辛酯（DOP），最大规模的装置年产量可达 10 万吨。

$$C_6H_4(CO)_2O + 2C_4H_9-\underset{C_2H_5}{\underset{|}{C}}HCH_2OH \longrightarrow C_6H_4(COOCH_2\underset{C_2H_5}{\underset{|}{C}}HC_4H_9)_2$$

3. 酰氯作酰基化试剂的 *O*-酰基化法

用酰氯的 *O*-酰基化反应和用酰氯的 *N*-酰基化反应条件基本上相似。最常用的有机酰氯是长碳链脂肪酰氯、芳羧酰氯、芳磺酰氯、光气、氨基甲酰氯、氯甲酸酯和三聚氯氰等。常用的无机酸的酰氯有：三氯化磷用于制亚磷酸酯；三氯氧磷或三氯化磷加氯气用于制磷酸酯、三氯硫磷用于制硫代磷酸酯。

酰氯的反应活性比酸酐更强，反应极易进行，可以用来制备某些羧酸或酸酐难以生成的酯。其反应式如下：

$$RCOCl+R'OH \longrightarrow RCOOR'+HCl$$

用酰氯的酯基化反应中有氯化氢生成，所以有时还要用碱中和反应生成的氯化氢。为了防止酰氯的分解，一般都采用分批加碱以及低温反应的方法。常用的碱类有碳酸钠、乙醇钠、吡啶、三乙胺或 *N*，*N*-二甲基苯胺等。

脂肪族酰氯中的乙酰氯最为活泼。当脂肪族酰氯的碳原子上的氢被吸电子基团所取代时，则反应活性增强。由于脂肪族酰氯易发生水解副反应，因此酰化反应中如需用溶剂，就必须选用非水溶剂，如苯或二氯甲烷等。

芳香族酰氯如果在邻位或对位有吸电子取代基，反应活性增加，反之，则反应活性减弱。芳香族酰氯的活性较弱，对水不敏感。

4. 酯交换法

酯交换法是将一种容易制得的酯与醇、酸或另一种酯反应以制取所需要的酯。当用直接酯化不易取得良好效果时，常常采用酯交换法获得。最常用的酯交换方法是酯-醇交换法，其次是酯-酸交换法。

（1）酯-醇交换法

将一种低碳醇的酯与一种高沸点的醇或酚在催化剂存在下加热，可以蒸出低碳醇，而得到高沸点醇（或酚）的酯。例如，间苯二甲酸二甲酯和苯酚按 1∶2.37 的摩尔比，在钛酸丁酯催化剂的存在下，在 220℃条件下反应 3h，同时蒸出甲醇，经后处理即得到间苯二甲酸二苯酯。

$$C_6H_4(COOCH_3)_2+2C_6H_5OH \xrightarrow{(C_4H_9O)_4Ti} C_6H_4(COOC_6H_5)_2+2CH_3OH$$

另外，将油脂（三脂肪酸甘油酯）与甲醇在甲醇钠的催化作用下，在 80℃下反应，可制得脂肪酸甲酯和甘油。

$$\begin{array}{l} R-\overset{O}{\overset{\|}{C}}-O-CH_2 \\ \qquad\qquad\quad | \\ R-\overset{O}{\overset{\|}{C}}-O-CH \\ \qquad\qquad\quad | \\ R-\overset{O}{\overset{\|}{C}}-O-CH_2 \end{array} +3CH_3OH \longrightarrow 3R-\overset{O}{\overset{\|}{C}}-OCH_3+ \begin{array}{l} CH_2-OH \\ | \\ CH-OH \\ | \\ CH_2-OH \end{array}$$

又如，在制备*β*-(3,5-二叔丁基-4-羟基苯基)丙酸十八酯时，不宜采用酸醇直接酯化法，而要先将相应的酸与甲醇作用制成甲酯，然后甲酯再与十八醇进行酯交换，并蒸出低沸点的甲醇，使反应完全。

$$HO-C_6H_2(C(CH_3)_3)_2-CH_2CH_2-COOCH_3+HO(CH_2)_{17}CH_3 \xrightarrow[105\sim130℃]{CH_3ONa}$$

$$HO-C_6H_2(C(CH_3)_3)_2-CH_2CH_2-COO(CH_2)_{17}CH_3+CH_3OH$$

该酯是优良的无毒抗氧剂，广泛用于塑料、橡胶和石油产品。

（2）酯-酸交换法

酯-酸交换法是通过酯与羧酸的交换反应合成另一种酯的方法。其反应通式如下：

$$RCOOR' + R''COOH \rightleftharpoons RCOOH + R''COOR'$$

酯-酸交换反应是可逆反应，一般常使某一原料过量，或将生成物不断地蒸出，以提高反应的收率。各种有机羧酸的反应活性相差并不大。酯-酸交换时一般采用酸催化。

例如，在浓盐酸催化下，己二酸二乙酯与己二酸在二丁醚中加热回流生成己二酸单乙酯。

$$H_5C_2OOC(CH_2)_4COOC_2H_5+HOOC(CH_2)_4COOH \rightleftharpoons 2HOOC(CH_2)_4COOC_2H_5$$

（3）醇酸互换

醇酸互换就是在两种不同酯之间发生的互换反应，生成另外两种新的酯。其反应通式如下：

$$RCOOR' + R''-\overset{O}{\overset{\|}{C}}-OR''' \rightleftharpoons R-\overset{O}{\overset{\|}{C}}-OR''' + R''-\overset{O}{\overset{\|}{C}}-OR'$$

由于反应处于可逆平衡中，必须不断将产物中的某一组分从反应区除去，使反应趋于完全。

例如，对于用其他方法不易制备的叔醇的酯，可以先制成甲酸的叔醇酯，再和指定羧酸的甲酯进行醇酸互换。

$$HCOOCR_3+R''COOCH_3 \xrightarrow{CH_3ONa} HCOOCH_3+R''COOCR_3$$

因为生成的两种酯的沸点相差较大，且沸点很低（31.8℃）的甲酸甲酯很容易从反应产物中不断蒸出，这样就能使醇酸互换反应得以进行完全。

第二节　对甲基苯乙酮的合成

对甲基苯乙酮又名对甲基苯乙酮、1-(4-甲基苯基)乙醇、对乙酰甲苯、4-甲基苯乙酮，具有类似山楂花的芳香，并有紫苜蓿、蜂蜜、草莓的混合香味，香味尖锐而带甜，可用于配制金合欢型皂用紫丁香型香精，亦可作果实食品香精，该合成在有机合成中应用较为广泛。

对甲基苯乙酮为无色针状晶体（或无色至淡黄色液体），分子式：$C_9H_{10}O$，分子量：134.18，沸点：225℃，熔点：28℃，折射率：1.5335（20℃），相对密度：1.0051（20/4℃），闪点：92℃，易溶于乙醇、乙醚、苯、氯仿和丙二醇，几乎不溶于水，分子结构式为：

一、制备方法分析

对甲基苯乙酮可由甲苯和乙酸酐在无水三氯化铝催化作用下制得，属于 C-酰基化反应。反应式为：

$$\text{C}_6\text{H}_5\text{CH}_3 \xrightarrow[\text{AlCl}_3]{(\text{CH}_3\text{CO})_2\text{O}} p\text{-CH}_3\text{C}_6\text{H}_4\text{COCH}_3$$

制备对甲基苯乙酮反应机理为：

$$(RCO)_2O + AlCl_3 \longrightarrow RCOCl + RCOOAlCl_2$$

$$RCOCl + AlCl_3 \rightleftharpoons R\overset{+}{C}(Cl)=O:AlCl_3 \longrightarrow R\overset{+}{C}=O + AlCl_4^-$$

$$R\overset{+}{C}(Cl)=O:AlCl_3 \rightleftharpoons R\overset{+}{C}(Cl)-O-AlCl_3^-$$

$$ArH + R\overset{+}{C}=O \longrightarrow \underset{\sigma\text{配合物}}{\overset{+}{Ar}H-C(=O)R} \xrightarrow{AlCl_4^-} ArC(R)=O\cdots AlCl_3 + HCl$$

或 $$ArH + R\overset{+}{C}(Cl)-O-AlCl_3^- \longrightarrow \underset{\sigma\text{-配合物}}{ArH^+-C(Cl)(R)-O-AlCl_3^-} \rightleftharpoons ArC(R)=O\cdots AlCl_3 + HCl$$

可能的副产物是邻甲基苯乙酮，它与主产物之比一般不超过 1∶20。

二、对甲基苯乙酮的实验室合成

（一）药品准备

无水甲苯（20+5）mL、醋酸酐 3.7mL（约 4.0g，0.039mol）、无水三氯化铝 13.0g❶（0.098mol）浓盐酸、苯、5%氢氧化钠溶液、无水氯化钙。

（二）实验步骤

1. 操作步骤

在 100mL 三口烧瓶上安装搅拌器，滴液漏斗和上口装有无水氯化钙干燥管❷的冷凝管，

---

❶ 无水三氯化铝的质量是实验成功的关键，称量、研细、投料都要迅速，避免长时间暴露在空气中。为此，可以在带塞的锥形瓶中称量。本实验三氯化铝的实际用量（摩尔比）约是酸酐的 2.5 倍。

❷ 仪器应充分干燥，并要防止潮气进入反应体系中，以免无水三氯化铝水解，降低其催化能力。

干燥管与一气体吸收装置❶相连。

快速称取 13.0g 无水三氯化铝，研碎放入三口烧瓶中，立即加入 20mL 无水甲苯，在搅拌下通过滴液漏斗缓慢滴加 3.7mL 醋酸酐与 5mL 无水甲苯的混合液❷，约需 15min 滴完。然后在 90~95℃ 水浴中加热 30min 至无氯化氢气体逸出为止。待反应液冷却❸后，将三颈烧瓶置于冷水浴中，在搅拌下缓慢滴入 30mL 浓盐酸与 30mL 冰水的混合液。刚滴入时，可观察到有固体产生，而后渐溶。当固体全部溶解后，用分液漏斗分出有机层，依次用水、5%氢氧化钠溶液、水各 15mL 洗涤，用无水硫酸镁干燥 15min。

将干燥后的粗品溶液滤入蒸馏烧瓶中，在油浴上蒸去甲苯❹，当馏分温度升至 140℃ 左右时，停止加热，移去油浴。稍冷后换用空气冷凝管，在石棉网上❺蒸馏收集 220~222℃ 的馏分。也可当蒸气的温度升至 140℃ 时，停止加热。稍冷后，把装置改为减压蒸馏装置，先用水泵减压进一步蒸除甲苯，然后用油泵减压，收集 112.5℃/1.46kPa（11mmHg）、93.5℃/0.93kPa（7mmHg）的馏分，可得对甲苯乙酮约 4~4.5g。

纯对甲苯乙酮为无色液体，沸点为 225℃/98.12kPa（736mmHg），熔点 28℃，n_D^{20} = 1.5353。本实验约需 6~8h。

2. 计算产率

按实际收率和理论值计算本次实验的产率。

3. 产物的检测和鉴定

观察产品外观和性状，测定折射率、熔点，红外光谱测定。

三、对甲基苯乙酮的工业生产

对甲基苯乙酮的工业生产工艺流程图如图 4-1 所示。

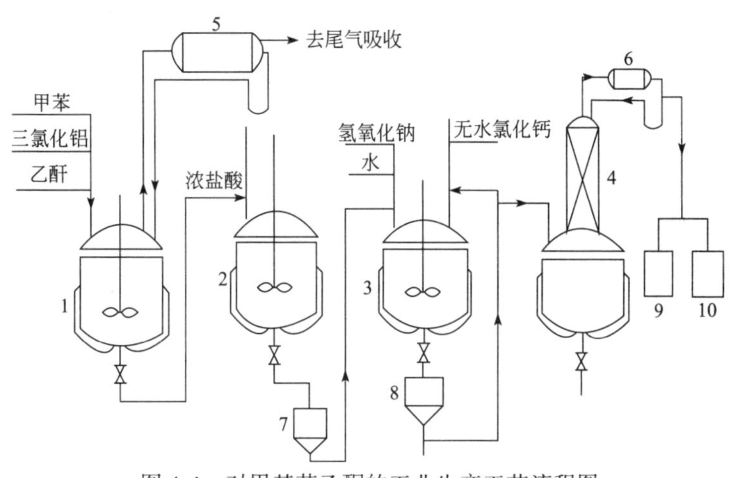

图 4-1　对甲基苯乙酮的工业生产工艺流程图

1—酰基化釜；2—溶解釜；3—洗涤干燥釜；4—精馏釜；5，6—冷凝器；7，8—油水分离器；9—前馏分罐；10—产品罐

将 500kg 干燥的甲苯和 20kg 干燥的三氯化铝加入干燥的搪玻璃反应釜中，搅拌并滴加

❶ 气体吸收装置末端应接一个倒置的漏斗，且把漏斗半浸入水中，这样既可防止在放热反应进行时反应液的暴沸，也可避免冷却时水的倒吸。

❷ 混合液滴加速率不可太快，否则会产生大量的氯化氢气体逸出，造成环境污染，并且还会增加副反应。

❸ 冷却前应撤去气体吸收装置，以防止冷却时气体吸收装置中的水倒吸至反应瓶中。

❹ 由于最终产物不多，宜选用较小的蒸馏烧瓶。干燥后的粗品可用分液漏斗分数次加入蒸馏烧瓶。

❺ 此谓空气浴，使用前应将烧瓶底部沾上的油渍抹净。

乙酐，升温至90℃左右，至无氯化氢气体放出。冷却至室温，将物料放入碎冰和浓盐酸的混合物中，将三氯化铝全部溶解。分出甲苯，用10%的氢氧化钠洗涤，再用水洗两次。用无水氯化钙干燥后，放入精馏釜进行精馏，以色谱仪跟踪分析，收集含量97%以上的产品，可得对甲基苯乙酮约550kg。

分析与讨论

1. 对甲基苯乙酮的合成任务实施中：

(1) 反应体系为什么要处于干燥的环境，为此你在实验中采取了哪些措施？

(2) 气体吸收装置的漏斗应如何放置？为什么要把漏斗半浸入水中？

(3) 反应完成后加入浓盐酸与冰水的混合液的作用何在？

(4) 在减压蒸馏中毛细管起什么作用？如果被蒸馏物对空气极为敏感将如何处置？

2. 下列试剂在无水三氯化铝存在下相互作用，应得到什么产物？

(1) 苯和1-氯丙烷　　(2) 苯和丙酸酐

(3) 甲苯和邻苯二甲酸酐　　(4) 过量苯和1,2-二氯乙烷

3. 什么是酰基化反应？常用的酰基化试剂有哪几类？

4. 写出由苯和苯酐为原料合成蒽醌的反应式。

5. 查阅相关资料，分析对甲基苯乙酮工业生产条件。

人物小知识

凯库勒（Friedrich August Kekule，1829—1896年），德国有机化学家，1829年9月7日出生于德国的达姆斯塔德市，中学时，就懂四门外语，从小热爱建筑，立志长大后要当一名优秀的建筑大师。1847年考入吉森大学学习建筑，当他听了李比希的化学课后，转而学习化学。1851年到法国、英国留学，与杜马、热拉尔、武慈、威廉逊等一流学者接触，并开始经典有机结构理论的研究。1860年9月组织召开了世界上第一次国际化学家会议，即卡尔斯鲁厄会议。1875年被选为伦敦皇家学会会员，并获该会考普利奖章。他还是法国科学院院士和国际化学学会的会员。1896年7月18日在伯恩逝世。

凯库勒在有机化学理论方面贡献很大。1857年左右提出有机化合物的甲烷类型；1858年提出碳链学说；1861年把有机化学定义为研究碳化合物的化学；1865年提出了苯的环状结构理论。苯环结构的诞生，是有机化学发展史上的一块里程碑，凯库勒认为苯环中六个碳原子是由单键与双键交替相连的，以保持碳原子为四价。1866年，他画出一个单、双键的空间模型，与现代结构式完全等价。这些成就为有机结构理论奠定了坚实的基础。主要著作有《苯衍生物化学》《有机化学教程》《有机化合物结构研究》等。

被誉为化学建筑师的凯库勒具有严谨的工作作风，同时又是一位平易近人和谦逊的人。他总是指出自己的全部思想和工作只不过是前人成就的继续。他志愿为科学而献身，他说："到达知识高峰的人，往往是以渴望求知为动力，用尽毕生精力进行探索的人，而绝不是那些以谋取私利为目的的人。"他也是一位杰出的化学教育家，培养出像拜耳、范霍夫等一批优秀化学家。1895年被德国皇帝威廉二世赐予贵族封号。

单元 5 氧化反应

【知识目标】 了解氧化反应的定义、产物和反应类型；理解空气液相氧化反应的基本理论、影响因素、反应器及常用的强化学氧化剂；掌握空气液相氧化、气固相接触催化氧化、化学氧化方法的特点及应用范围；了解氧化反应合成的产品以及工业化过程的特点。

【能力目标】 掌握氧化反应过程的控制方法；能应用氧化反应合成醇、醛、酮、羧酸、醌、酚、环氧化合物和过氧化合物产品；通过完成任务——氧化合成苯甲酸，掌握氧化反应方案的制订、反应小试装置的组装、反应的操作控制；通过第三节的学习，熟悉邻苯二甲酸酐工业生产工艺流程，了解邻苯二甲酸酐的工业生产。

第一节 氧化反应基础知识介绍

从广义上讲，凡是有机物分子中碳原子总的氧化态增高的反应均称为氧化反应。从狭义上讲，有机物分子中的氧原子数增加、氢原子数减小的反应称为氧化反应。

氧化剂的种类很多，其作用特点各异。一方面，一种氧化剂可以对多种不同的基团发生氧化反应；另一方面，同一种基团也可以因所用氧化剂和反应条件的不同而得到不同的氧化产物。由于氧化剂和氧化反应的多样性，氧化反应很难用一个通式来表示。有机物的氧化涉及一系列的平行反应和连串反应（包括过度氧化以及完全燃烧成二氧化碳和水），对于精细化工产品的生产来说，要求氧化反应按一定的方向进行，并且只氧化到一定的程度，使目的产物具有良好的选择性、收率和质量，另外，还要求成本低、工艺尽可能简单。这就要求选择合适的氧化剂、氧化方法和最佳反应条件，使氧化反应具有良好的选择性。

工业上最价廉易得而且应用最广的氧化剂是空气中的氧气。用空气作氧化剂时，反应可以在液相条件下进行，也可以在气相条件下进行。另外，也可用许多无机的和有机的含氧化合物作为氧化剂，常称为“化学氧化剂”。所以常见的氧化反应有三种类型，即催化氧化、化学试剂氧化和电解氧化。此外，利用微生物进行氧化反应在有机合成中也日益受到人们的重视，例如大米经乳酸菌发酵，合成乳酸；白薯干经黑曲霉发酵、氧化成柠檬酸等，这类反应具有选择性高，反应条件温和“三废”少等特点。

下面将根据氧化剂和氧化方法的不同进行介绍。

一、催化氧化

有些有机物在室温下与空气接触，就能发生氧化反应，但反应速率缓慢，产物复杂，此现象被称为自动氧化。为了提高氧化反应的选择性，并加快反应速率，在实际生产和科研中，常选用适当的催化剂。在催化剂存在下进行的氧化反应被称为催化氧化。

催化氧化不消耗化学氧化剂，且生产能力大，对环境污染小，故工业上大吨位的产品多数采用这种空气催化氧化法。例如石蜡经催化氧化制得高级脂肪酸，是制备肥皂和润滑脂的原料；苯和萘经催化氧化制得顺丁烯二酸酐、邻苯二甲酸酐等，都是有机合成工业中的重要原料。

催化氧化反应又可根据反应的温度和反应物的聚集状态，分为液相催化氧化和气相催化氧化。

(一) 液相催化氧化

空气液相催化氧化的实质是空气中的氧气由气相溶解进入液相，在催化剂（或引发剂）的作用下与液相中的有机物进行反应。空气液相氧化的适用范围很广。通过空气液相氧化可直接制得有机过氧化物、醇、酮、羧酸等。另外，有机过氧化物的进一步反应还可以制备酚类和环氧化合物等系列产品。

在实际生产中，为了提高自动氧化的速率，需要提高反应温度并加入引发剂或催化剂。自动氧化是自由基的链式反应，其反应历程包括链的引发、链的传递和链的终止三个步骤。

1. 反应历程

(1) 链的引发

这是指还原剂 R—H 在能量（热能、光辐射和放射线辐射）、可变价金属盐或自由基 X · 的作用下，发生 C—H 键的均裂而生成自由基 R · 的过程。例如：

$$\text{R—H} \xrightarrow{\text{能量}} \text{R} \cdot + \text{H} \cdot$$

$$\text{R—H} + Co^{3+} \longrightarrow \text{R} \cdot + H^+ + Co^{2+}$$

$$\text{R—H} + \text{X} \cdot \longrightarrow \text{R} \cdot + \text{HX}$$

式中，R 可以是各种类型的烃基。R · 的生成给自动氧化反应提供了链传递物。

(2) 链的传递

这是指自由基 R · 与空气中的氧相作用生成有机过氧化物的过程。反应为：

$$\text{R} \cdot + O_2 \longrightarrow \text{R—O—O} \cdot$$

$$\text{R—O—O} \cdot + \text{RH} \longrightarrow \text{R—O—O—H} + \text{R} \cdot$$

通过上面两反应式又可以使 R—H 持续地生成自由基 R ·，并被氧化成有机过氧化氢。它是自动氧化的最初产物。

(3) 链的终止

自由基 R · 和 R—O—O · 在一定条件下会结合成稳定的化合物，使自由基销毁。例如：

$$\text{R} \cdot + \text{R} \cdot \longrightarrow \text{R—R}$$

$$\text{R} \cdot + \text{R—O—O} \cdot \longrightarrow \text{R—O—O—R}$$

显然，有一个自由基销毁，就有一个链反应终止，使自动氧化的速率减慢。

2. 影响因素

(1) 引发剂和催化剂

烃类自动氧化是属于自由基反应。但在不加入引发剂（易产生自由基的物质）或催化剂的情况下，R—H 的自动氧化在反应初期进行得非常慢，通常要经过很长时间才能积累到一定浓度的自由基 R ·，使氧化反应能以较快的速率进行下去。这段积累一定浓度的自由基 R · 的时间称为“诱导期”。显然，加入引发剂或催化剂可以尽快地积累到一定浓度的自由基 R ·，从而缩短“诱导期”的时间。

(2) 被氧化物结构

在烃分子中 C—H 键均裂成自由基 R · 和 H · 的难易程度与烃分子的结构有关。一般是叔 C—H 键（即 R_3C—H）最易均裂，其次是仲 C—H 键（即 R_2CH_2），最弱的是伯 C—H 键（即 RCH_3 中的甲基）。因此反应优先发生在叔碳原子上。例如：

$$C_6H_5-\underset{CH_3}{\overset{CH_3}{\underset{|}{\overset{|}{C}}}}H \longrightarrow C_6H_5-\underset{CH_4}{\overset{CH_3}{\underset{|}{\overset{|}{C}}}}\cdot \quad +H\cdot$$

$$C_6H_5-CH_2CH_3 \longrightarrow C_6H_5-\dot{C}HCH_3+H\cdot$$

异丙苯在自动氧化时主要生成叔碳过氧化氢，而乙苯主要生成仲碳过氧化氢。叔碳过氧化氢和仲碳过氧化氢在一定条件下比较稳定，可以作为在自动氧化过程中的最终产物（在不加可变价金属盐催化剂时）。乙苯在自动氧化时，如果加入钴盐作催化剂，则主要产物是苯乙酮。

（3）阻化剂

阻化剂是能与自由基结合成稳定化合物的物质。少量阻化剂就能使自由基销毁，造成链终止，减缓自由基反应的速率。最强的阻化剂是酚类、胺类、醌类和烯烃等。如：

$$R-O-O\cdot+HO-C_6H_5 \longrightarrow R-O-O-H+\cdot O-C_6H_5$$

$$R\cdot+\cdot O-C_6H_5 \longrightarrow R-O-C_6H_5$$

因此，被氧化的原料中不应含有阻化剂。在异丙苯的自动氧化制备异丙苯过氧化氢时，回收套用的异丙苯中不应含有苯酚（来自异丙苯过氧化氢的酸性分解）和 α-苯乙烯（来自异丙苯过氧化氢的热分解）。而在甲苯的自动氧化制备甲苯酸时，原料甲苯中不应含有烯烃，否则都会延长诱导期。

$$C_6H_5-\underset{CH_3}{\overset{CH_3}{\underset{|}{\overset{|}{C}}}}-O-O-H \xrightarrow{\text{热分解}} C_6H_5-\overset{CH_3}{\overset{|}{C}}=CH_2+2OH\cdot$$

另外，在反应系统中，有时反应产物或副产物本身就有阻化作用，此类现象称为自阻现象。只有当阻化剂都转化为稳定化合物后，链反应才能正常传递。

（4）氧化深度

对于大多数自动氧化反应，特别是在制备不太稳定的有机过氧化物或醛、酮时，随着氧化反应转化率的提高，副反应生成的阻化物（包括焦油等复杂化合物）会逐渐积累起来，使反应速率逐渐变慢。另外，随着转化率的提高，还会增加目的产物的分解和过度氧化等副反应。因此，为了保持较高的反应速率和产率，常常需要在只有一小部分原料被氧化成目的产物时就停止下来，即将氧化深度保持在一个较低的水平。这样，虽然原料的单程转化率比较低，但是未反应的原料可以回收循环套用。按消耗的原料计算，总收率还是比较高的。

对于产物稳定的氧化反应，如羧酸，由于其产物进一步分解或氧化的可能性很小，连串副反应也不易发生，所以可采用较高转化率的深度氧化，从而大大减少物料的循环量，简化了后处理操作过程，降低了生产成本和生产能耗。

（二）空气气相催化氧化反应

将有机物的蒸气与空气的混合气体在高温（300~500℃）下通过固体催化剂，使有机物适度氧化，生成目的产物的反应叫做空气的“气固相接触催化氧化”，气固相接触催化氧化法都是连续化生产。在工业上主要用于制备某些醛类、羧酸、酸酐、醌类和腈类等产品。

气相催化氧化属于多相催化氧化，要求催化剂活性高、选择性好、负荷高、并能长期保持催化活性。而对于流化床反应器所用的催化剂还要求有足够的机械强度，使催化剂在相对运动中不易被磨损或粉碎。

气相催化氧化反应使用的固体催化剂主要由催化活性组分、助催化剂和载体组成。催化活性组分一般是过渡金属及其氧化物，根据催化原理，这些物质对氧具有一定的化学吸附能力。常用的过渡金属催化剂有 Ag、Pt、Pd 等；常用的氧化物催化剂有 V_2O_5、MoO_3、BiO_3、Fe_2O_3、WO_3、Sb_2O_3、SeO_2、TeO_2 和 Cu_2O 等。催化剂可以其中一种或数种氧化物复合使用。

V_2O_5 是最常用的氧化催化剂。纯 V_2O_5 的催化活性较小，还需要添加一些辅助成分。辅助成分本身没有催化活性或催化活性很小，但是它能提高催化活性组分的活性、选择性或稳定性等性能，这些成分主要为金属盐类，称为助催化剂。最常用的助催化剂是 K_2SO_4，其他碱金属如 K_2O、SO_3、P_2O_5 等氧化物也有助催化作用。在催化剂中，另外还采用硅胶、浮石、氧化铝、氧化钛、碳化硅等高熔点物质作为载体，以增加催化剂的催化活性组分的比表面积、空隙度、机械强度、热稳定性等，延长催化剂的寿命。

关于过度金属氧化物的作用，人们有不同的看法。有一种观点持续时间较长，认为是传递氧的媒介物。即：

$$\text{氧化态催化剂+原料} \longrightarrow \text{还原态催化剂+氧化产物}$$

$$\text{还原态催化剂+氧（空气）} \longrightarrow \text{氧化态催化剂}$$

气固相接触催化氧化反应是典型的气固非均相催化反应，包括扩散、吸附、表面反应、脱附和扩散五个步骤。由于反应需要的温度较高，又是强烈的放热反应，为抑制平行和连串副反应，提高气固相接触催化氧化反应的选择性，必须严格控制氧化反应的工艺条件。

二、化学试剂氧化

一般来说，把空气与氧气以外的氧化剂总称为化学氧化剂。并把使用化学氧化剂的氧化反应统称为“化学氧化”。在实际的生产中，为了提高氧化反应的选择性，常采用化学氧化法。

化学氧化剂大致分为以下几种类型。

① 金属元素的高价化合物，例如 $KMnO_4$、MnO_2、Mn_2O_3、$Mn_2(SO_4)_3$、CrO_3、$Na_2Cr_2O_7$、PbO_2、$Ce(SO_4)_2$、$Ce(NO_3)_4$、$SnCl_4$、$FeCl_3$ 和 $CuCl_2$ 等。

② 非金属元素的高价化合物，例如 HNO_3、N_2O_4、$NaNO_3$、$NaNO_2$、H_2SO_4、SO_3、NaClO、$NaClO_3$ 和 $NaClO_4$ 等。

③ 其他无机富氧化合物，例如臭氧、双氧水、过氧化钠、过碳酸钠和过硼酸钠等。

④ 有机富氧化合物，例如有机过氧化氢物、有机过氧酸、硝基苯、间硝基苯磺酸、2,4-二硝基氯苯等。

⑤ 非金属元素，例如卤素和硫黄。

各种化学氧化剂都有它们自己的特点。其中属于强氧化剂的有 $KMnO_4$、MnO_2、CrO_3、

$Na_2Cr_2O_7$、HNO_3，它们主要用于制备羧酸和醌类，但是在温和条件下也可用于制备醛和酮，以及在芳环上直接引入羟基。其他的化学氧化剂大部分属于温和氧化剂，而且局限于特定的应用范围。

化学试剂氧化法有其独特的优点，即低温反应、容易控制、操作简便、方法成熟。只要选择适宜的氧化剂就可以得到良好的结果。由于化学氧化剂的高度选择性，它不仅能用于芳酸和醌类的制备，还可用于芳醇、芳醛、芳酮和羟基化合物的制备，尤其是对于产量小、价格高的精细化工产品，化学试剂氧化法有着广泛的应用。

化学试剂氧化法的缺点是化学氧化剂费用较高。虽然某些氧化剂的还原产物可以回收，但仍有废水处理问题；另外，化学试剂氧化大部分是分批操作，设备生产能力低，有时对设备腐蚀严重。由于以上缺点，以前曾用化学试剂氧化法制备的某些中间体，例如苯甲酸、苯酐、蒽醌等，现在工业上都已改用空气催化氧化法了。

三、电解氧化

电解氧化具有与化学试剂氧化或催化氧化不同的特点，一是在适当的条件下容易得到较高的专一选择性和较高的收率；二是使用的化学药品较简单，产物比较容易分离并能得到高纯度的产品；三是反应条件一般较温和，“三废”较少。存在的问题是电解需要解决电极、电解槽和隔膜材料等问题，另外，电能消耗大。

电解氧化在阳极上发生，可分为直接电解和间接电解。下面分别对直接电解氧化和间接电解氧化进行简单介绍。

1. 直接电解氧化

直接电解氧化是在电解质存在下，选择适当的材料为阳极，并配合以辅助电极为阴极，化学反应直接在电解槽中发生。这种方法设备和工序都较简单，但不容易找到合适的电解条件。

苯经阳极氧化可以得到苯醌，苯醌再在阴极被电解还原生成对苯二酚。

阳极反应为：

$$C_6H_6 + 2H_2O \xrightarrow{H_2SO_4} O{=}C_6H_4{=}O + 6H^+ + 6e$$

阴极反应为：

$$O{=}C_6H_4{=}O + 2H_2O + 2e \xrightarrow{H_2SO_4} HO{-}C_6H_4{-}OH + 2OH^-$$

苯氧化以10%的 H_2SO_4 溶液为电解质、镀钛的二氧化铅为阳极、铅为阴极，在电极电压为4.5V、电流密度为4A/dm^2、电解温度为40℃、压力为0.2~0.5MPa、停留时间为5~10s的情况下，对苯二酚的收率可达80%，电流效率为44%。

2. 间接电解氧化

间接电解氧化指的是利用合适的变价离子作为传递电子的媒介，用高价的离子作为氧化剂，将有机物氧化。反应中生成的低价离子，在电解槽中被阳极氧化为高价离子，使得电解槽循环使用。在这种方法中，化学反应与电解反应不在同一设备中进行。

现已发现，用于间接电解氧化的离子对有 Ce^{4+}/Ce^{3+}、Co^{3+}/Co^{2+}、Mn^{3+}/Mn^{2+}、$Cr_2O_7^{2-}/Cr^{3+}$等。如：$Cr_2O_7^{2-}/Cr^{3+}$用于蒽的氧化，在氧化器中发生如下反应：

$$3\,\text{(蒽)} + Cr_2O_7^{2-} \longrightarrow 3\,\text{(蒽醌)} + 2Cr^{3+} + 7H_2O$$

在电解槽中可使 Cr^{3+} 氧化 $Cr_2O_7^{2-}$：

$$2Cr^{3+} + 7H_2O - 6e \longrightarrow Cr_2O_7^{2-} + 14H^+$$

Ce^{4+}/Ce^{3+}是近年来研究较多的离子对。烷基芳烃用 Ce^{4+}/Ce^{3+} 氧化时，可以在无机酸或有机酸的水溶液中进行。例如，甲苯在 6mol/L 的 $HClO_4$ 中，于 40℃进行氧化，苯甲酸收率为 92%；在 3.5mol/L 的 HNO_3 中，于 80℃进行氧化，也能得到近似的结果。

电解氧化的电极选择常会影响电解反应的方向和功率。因此，所用电极在正常工作条件下应该是稳定的；在介质中反应时阳极应该选择氧的超电位高的材料，以避免氧气释出，如铂、镍、银等，阴极则选用氢的超电位低的材料，以利于氢气释出，如镍、铁、碳、铝等。

第二节　氧化合成苯甲酸

苯甲酸是一种重要的精细有机化工产品，世界年产量达数十万吨。苯甲酸主要用于生产食品防腐剂苯甲酸钠、染料中间体、农药、增塑剂、媒染剂、医药、香料的中间体，可用作醇酸树脂和聚酰胺树脂的改性剂，还可用于生产涤纶的原料对苯二甲酸以及用作钢铁设备的防锈剂等。

苯甲酸又名安息香酸，为白色有荧光的鳞片状结晶、针状结晶或单斜棱晶，分子式：C_6H_5COOH，分子量：122.12，熔点：122.4℃，沸点：249.2℃，相对密度：1.2659，难溶于水，微溶于热水，溶于乙醇、氯仿、乙醚、丙酮、二硫化碳和挥发性、非挥发性油中，微溶于已烷，化学性质不太稳定，有吸湿性。CAS 号：65-85-0。

苯甲酸的分子结构式：

$$C_6H_5-COOH$$

其基本结构为苯的结构，在芳环上接有一个羧基。

一、合成苯甲酸方法分析

从文献资料中可以查出，制备苯甲酸的方法较多，有甲苯氧化、格氏试剂法、重氮盐法、同碳三卤代物水解法等，这些方法各有优缺点。如格氏试剂法为一忌水反应，空气中的水会对其产生影响；重氮盐法合成路线较长，操作麻烦且产率不高；同碳三卤代物水解法则需用到氯气，毒性较大。所以，综合比较以甲苯氧化法为佳，其合成路线较短，操作简单，产率较高。

(1) 甲苯氧化法

甲苯氧化法以甲苯为原料，以高锰酸钾为氧化剂进行氧化。

$$C_6H_5CH_3 + 2KMnO_4 \longrightarrow C_6H_5COOK + 2MnO_2\downarrow + KOH + H_2O$$

$$C_6H_5COOK + HCl \longrightarrow C_6H_5COOH + KCl$$

甲苯氧化法合成路线较短，操作简单，产率较高。

由于甲苯不溶于高锰酸钾水溶液中，故该反应为两相反应，因此反应需要较高温度和较长时间，反应常需采用加热回流装置。如果同时采用机械搅拌或在反应中加入相转移催化剂，则可缩短反应时间、提高反应产率、减少副反应、增大选择性和简化操作条件。

（2）格氏试剂法

$$C_6H_5Br + Mg \xrightarrow{\text{无水乙醚}} C_6H_5MgBr$$

$$C_6H_5MgBr + CO_2 \longrightarrow C_6H_5COOMgBr$$

$$C_6H_5COOMgBr + HCl \longrightarrow C_6H_5COOH + MgBrCl$$

格氏试剂法为一忌水反应，空气中的水会对其产生影响。

二、高锰酸钾氧化合成苯甲酸

本节主要介绍高锰酸钾氧化合成苯甲酸。

1. 反应机理

首先高锰酸钾分解产生原子态氧：

$$KMnO_4 \longrightarrow [O]$$

原子态氧再与甲苯发生反应：

$$C_6H_5CH_3 + 3[O] \longrightarrow C_6H_5COOH + H_2O$$

这是一个游离基反应。高锰酸钾分解释放出的［O］自由基越多，反应速率越快。

2. 高锰酸钾作氧化剂的反应配比及催化剂

以甲苯在碱性条件下氧化制备苯甲酸为例：

$$C_6H_5CH_3 + 2KMnO_4 \longrightarrow C_6H_5COOK + 2MnO_2\downarrow + KOH + H_2O$$

也就是说，1mol 甲苯需投入 2mol 的 $KMnO_4$。

除了丙酮、醋酸、叔丁醇等少数溶剂外，$KMnO_4$ 一般不溶于有机溶剂，其氧化反应多在水溶液中进行。以 $KMnO_4$ 水溶液对有机化合物进行氧化，反应发生在水相与有机相界面之间，反应速率比较慢，收率也比较低。

如果在反应物中加入相转移催化剂，将反应物之一由原来所在的一相穿过两相界面转移到另一个反应物所在的相中，使两种反应物在均相体系中反应，即采用相转移催化反应，就可以提高反应速率和产率，减少副反应的发生，增大选择性，简化操作条件。例如，在以甲苯为原料，以高锰酸钾为氧化剂制备苯甲酸的实验中，如果用相转移催化反应代替传统的非均相反应，则实验时间可由 8h 减少到 3h。

常用的相转移催化剂有：

① 鎓盐类：如季铵盐、季鏻盐、锍盐、钾盐等；

② 环醚类：冠醚及穴醚等；

③ 非环多醚类：如聚乙二醇醚、聚乙二醇烷基醚等；

④ 高聚物作载体的催化剂；

⑤ 有机金属盐类。

三、合成步骤

（一）仪器和试剂

仪器：250mL 三口烧瓶、250mL 三角烧瓶、球形冷凝管、表面皿、布氏漏斗、吸滤瓶、水循环式真空泵、电热套、铁架台。

试剂：甲苯、高锰酸钾、浓盐酸、亚硫酸氢钠、刚果红、试纸、活性炭。

（二）实验装置搭建

可参考图 5-1 装置搭建实验装置。

（三）实验步骤

1. 操作步骤

① 加料。在 250mL 三口烧瓶中加入 2. 7mL 甲苯和 100mL 水，加热至沸。

② 加氧化剂。从冷凝管上口分批加入 8. 5g 高锰酸钾，每次加料不宜多，整个加料过程约需 60min。最后用少量水（约 25mL）将粘在冷凝管内壁的高锰酸钾冲洗入烧瓶内。

③ 洗涤、酸化、结晶。

继续在搅拌下反应，直至甲苯层几乎消失，回流液不再出现油珠。将反应混合物趁热减压过滤❶，用少量热水洗涤滤渣二氧化锰。合并滤液和洗涤液，加入少量的亚硫酸氢钠还原未反应完的高锰酸钾，直至紫色褪去，成为无色透明的溶液。再进行减压过滤，将滤液置于冰水浴中冷却，然后加入浓盐酸酸化，边加入边搅拌，同时用 pH 试纸测试溶液的 pH 值，直至强酸性，这时有苯甲酸结晶析出。将析出的苯甲酸抽滤、压干，得到粗的苯甲酸。

抽滤装置参考图 5-2。

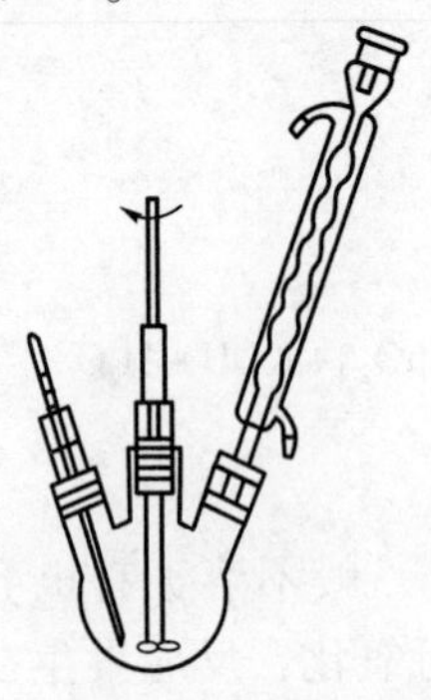

图 5-1　甲苯氧化制备苯甲酸反应装置图

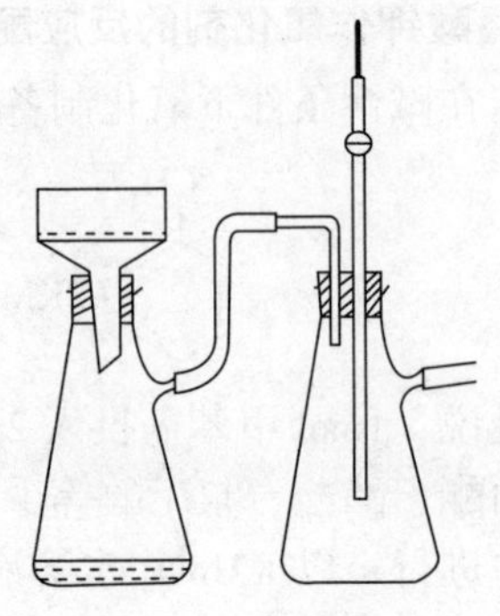

图 5-2　抽滤装置

❶ 滤液如果呈紫色，可加入少量亚硫酸氢钠使紫色褪去，重新减压过滤。

④ 重结晶（以对5g粗苯甲酸重结晶为例）。

若要得到纯净的苯甲酸，可在水中进行重结晶❶，必要时加少量活性炭脱色。重结晶的操作过程如下：

溶解→脱色→热过滤→冷却→抽滤、洗涤→干燥→称重。

操作步骤：称取5g粗苯甲酸，放在250mL三角烧瓶中，先加入适量水，加热至沸，后按少量多次的原则少量加水，直至苯甲酸在溶液沸腾时恰好溶解，再加约20%的水，重新加热至沸。稍冷后，加入适量（约0.5~1g，视杂质含量而定）活性炭于溶液中，煮沸5~10min。将布氏漏斗预热，趁热抽滤（一般再加少量蒸馏水抽滤），用烧杯收集滤液。滤液冷却（先放置冷却，再用冷水冷却，最后可用冰水冷却）后，尽量使苯甲酸晶体析出，抽滤，用玻璃瓶塞压挤晶体，尽量除去母液，然后进行晶体的洗涤工作。取出晶体，蒸汽浴或烘箱干燥，称量。

重结晶实验装置参考图5-3。

计算产率。最后，用测熔点的方法检查产品纯度是否达到要求。

图5-3　重结晶实验装置

2. 副产物的回收处理

① 二氧化锰的回收

方法一：将热过滤操作中得到的滤饼抽干、压平，用少量热水分批洗涤数次，直至滤液呈中性。取出滤饼烘干，即得黑色的二氧化锰粉末。

方法二：将热过滤操作中得到的滤饼取出，加入适量的热水，搅拌洗涤，静置澄清后，倾去溶液。如此倾析法洗涤数次，直至洗涤液呈中性。再抽滤，滤饼烘干即得。

② 氢氧化钾。反应中有副产物氢氧化钾生成，可采用加酸或加入硫酸镁（或硫酸锌）的方法将其除去，以保持反应在接近中性或弱碱性的介质中进行。

$$2KOH+MgSO_4 \longrightarrow K_2SO_4+Mg(OH)_2\downarrow$$

3. 注意事项

① 减压过滤时，要尽量将苯甲酸中的水分抽干。否则，沸水浴干燥耗时长。

② 高锰酸钾不能粘在管壁上。

③ 控制好反应速率。

④ 酸化要彻底。

⑤ 在重结晶苯甲酸时，为减少趁热过滤过程损失苯甲酸，一般再加少量蒸馏水。因为温度较高时苯甲酸在水中的溶解度较大，较小体积的一滴溶液中会溶解有较多的苯甲酸，如果有附着在容器壁上或溅出的液滴，会有较多的损失。加少量水稀释后等体积的液体中会含有较少量的苯甲酸，损失会减小。

⑥ 减压过滤操作

a. 滤纸应能盖住布氏漏斗的所有小孔并紧贴其上；

b. 在吸滤瓶与水泵间无缓冲瓶时，应特别注意过滤完成后先拔去抽气橡胶管，然后关掉水泵；

c. 趁热过滤前应先将布氏漏斗浸在水浴锅内充分加热，使热过滤快速进行，防止在过滤时溶液冷却，晶体提前析出，造成操作困难和产品损失。

---

❶ 苯甲酸在100g水中的溶解度为4℃，0.18g；18℃，0.27g；75℃，2.2g。

⑦ 搅拌浆离瓶底约5mm。

⑧ 注意控制实验过程中带入的水量，以利于结晶析出。

4. 产物的检测和鉴定

观察苯甲酸的产品外观和性状；测定苯甲酸的折射率；测定苯甲酸的熔点；红外光谱。

5. 数据记录

6. 计算产率

$$产率=\frac{实际产量}{理论产量}\times100\%=\frac{实际产量}{0.025}\times100\%$$

四、苯甲酸工业生产方法简介

工业上苯甲酸是在钴、锰等催化剂存在下，用甲苯液相空气氧化法制得的或由邻苯二甲酸酐水解脱羧制得的。

甲苯液相空气氧化法反应为：

$$\text{C}_6\text{H}_5\text{—CH}_3+1.5\text{O}_2\xrightarrow{\text{Co(Ac)}_2}\text{C}_6\text{H}_5\text{—COOH}+\text{H}_2\text{O}$$

液相空气氧化要用乙酸钴作催化剂，其用量约为：100~150mg/kg，反应温度为：150~170℃，压力为：1MPa。生产流程如图5-4所示。

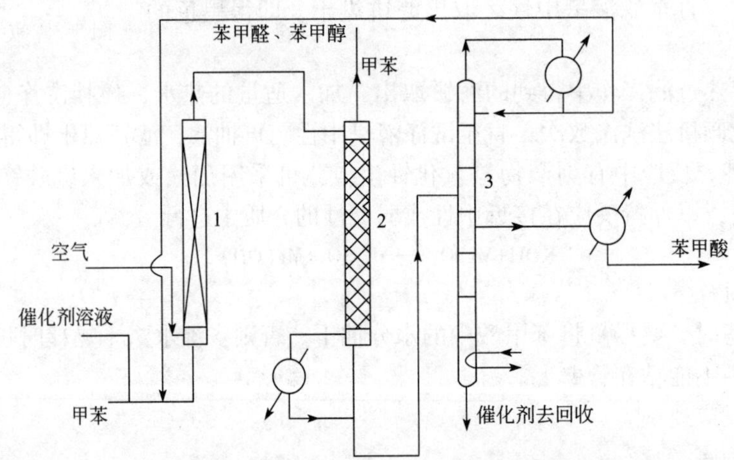

图5-4　甲苯液相空气氧化法制苯甲酸流程示意
1—氧化反应器；2—汽提塔；3—精馏塔

甲苯、乙酸钴（2%水溶液）和空气连续从氧化塔的底部进入。反应物间的两相混合，除了依靠空气鼓泡外，还借助于氧化塔中下部反应液的外循环冷却。从塔顶流出的氧化产物中约含有35%的苯甲酸。反应中未转化的甲苯由汽提塔回收，氧化的中间产物苯甲醇和苯甲醛可在汽提塔及精馏塔的顶部回收，与甲苯一样返回入氧化塔再反应。精制苯甲酸可由精馏塔的侧线出料收集。塔釜中残留的重组分主要是苯甲酸苄酯和焦油状物质，其中的钴盐可以再生使用。氧化尾气夹带的甲苯经冷却后用活性炭吸附，吸附在活性炭上的甲苯可用水蒸气吹出回收，活性炭同时得到再生。氧化产物也有采用四个精馏塔进行分离的，分别回收甲苯、轻组分、苯甲醛和苯甲酸。此法制取苯甲酸按消耗甲苯计算的收率可达97%~98%，产品纯度可达99%以上。

分析与讨论

1. 简述氧化的定义、氧化的目的。
2. 化学氧化的优缺点是什么？
3. 催化氧化的优缺点是什么？
4. 空气气固相接触催化氧化法中催化剂常用的活性组分有哪些？
5. 在氧化反应中，影响苯甲酸产量的主要因素是哪些？
6. 反应完毕后，如果滤液呈紫色，为什么要加亚硫酸氢钠？
7. 精制苯甲酸还有什么方法？
8. 加热溶解待重结晶的粗产物时，为什么加入溶剂的量要比计算量略少？然后逐渐添加至溶液沸腾时恰好溶解，最后再加入少量的溶剂？
9. 用活性炭脱色为什么要待固体物质完全溶解后才加入？为什么不能在溶液沸腾时加入？
10. 使用布氏漏斗过滤时，如果滤纸大于布氏漏斗内径，有什么不好？
11. 停止抽滤时，如不先打开安全瓶活塞就关闭水泵，会有什么现象产生？为什么？
12. 在布氏漏斗上用溶剂洗涤滤饼时应注意什么？
13. 如何鉴定经重结晶纯化后产物的纯度？

第三节　邻苯二甲酸酐的工业生产

一、邻苯二甲酸酐概述

邻苯二甲酸酐，俗称苯酐。邻苯二甲酸酐既具有羧酸的反应特性和一部分苯环的反应特性，又具有酸酐的反应特性，能发生酯化、卤化、磺化、缩合等化学反应。

苯酐是有机化学工业的重要产品和二次加工原料，应用广泛。邻苯二甲酸酐可发生水解、醇解和氨解反应。它与芳烃进行傅-克反应，可以合成蒽醌衍生物。

二、邻苯二甲酸酐的工业生产方法

将萘氧化可生产苯酐，但煤焦油产量的减少使萘的来源不足。随着石油工业的发展，20世纪60年代出现的石油萘成为更有吸引力的原料，同时由于石油化工的发展，提供了更加廉价的邻二甲苯，进一步扩大了苯酐生产原料来源。

我国苯酐生产所用原料在20世纪80年代以前以萘为主。随着石油化工的发展，萘氧化法生产逐渐被淘汰。随着邻二甲苯供应增加，现以邻二甲苯为原料生产苯酐的方法已取代用萘氧化法生产苯酐的方法。

邻二甲苯氧化法生产苯酐反应为：

$$C_6H_4(CH_3)_2 + 3O_2 \longrightarrow C_6H_4(CO)_2O + 3H_2O$$

邻二甲苯氧化生产苯酐的催化剂一般采用 V-Ti-O 体系，添加微量 P、K、Mo、Sb 等元素，以改善催化剂的性能。常用催化剂有 V_2O_5-TiO_2-刚玉、V_2O_5-TiO_2-$K_2S_2O_3$-载体和 V_2O_5-TiO_2-Sb_2O_3 载体等。例如，德国 BASF 公司研究开发的 V-Ti 系表面涂层催化剂，采用喷涂法制备。活性组分含量为 $V_2O_5$1%~15%，$TiO_2$85%~99%，同时添加 P、Sb、Ti、Cr、Mo、W、Nb、Zn、碱金属氧化物以及稀土氧化物为助催化剂，采用滑石球为载体。

邻二甲苯固定床气相氧化生产苯酐的工艺流程，虽然因采用的催化剂和工艺条件不同而有多种样式，但流程的基本构成不变，都由邻二甲苯氧化、反应产物冷凝和苯酐精制三部分组成。

三、邻二甲苯固定床气相氧化法生产邻苯二甲酸酐

现以 BASF 法“60 克工艺”为例，介绍邻二甲苯固定床气相氧化法制邻苯二甲酸酐的生产方法，其工艺流程如图 5-5 所示：

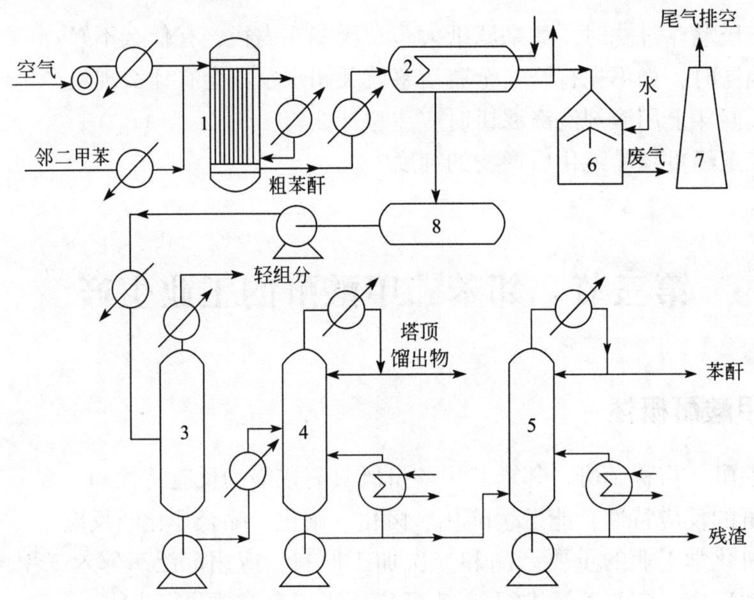

图 5-5　邻二甲苯氧化生产苯酐工艺流程

1—氧化反应器；2—转换冷凝器；3—预分解器；
4—第一精馏塔；5—第二精馏塔；6—涤气塔；7—烟囱；8—粗酐储槽

将过滤空气经压缩、预热后，与经预热并借助向热空气流喷射而汽化的邻二甲苯混合，进入氧化反应器 1 进行氧化反应。反应器为列管式，管内装有环型载体高负荷催化剂（催化剂活性组分主要为 V_2O_5 及 TiO_2），管外用熔盐循环，以移出反应热并副产高压蒸汽。氧化反应条件是：邻二甲苯浓度为 60g/m^3，熔盐温度为 370~375℃，床层反应温度为 375~410℃。

自反应器出来的反应气体经预冷，进入切换使用的高效转换冷凝器 2，使粗苯酐冷凝和热熔。从转换冷凝器出来的苯酐送至粗苯酐储槽，以备精制。从热熔冷凝器出来的不凝气体为废气，经涤气塔 6（或水洗涤器）洗涤（或通过焚烧）后排空。洗涤液循环使用，直到循环液中有机酸浓度达 30%后送装置外进行处理或回收顺酐（顺丁烯二酸酐）。

粗苯酐从粗苯酐储槽泵送至预分解器 3 进行预处理，使其中少量邻苯二甲酸脱水转化为邻苯二甲酸酐，水蒸气自预分解器顶排出。预处理后的粗苯酐送入第一精馏塔 4（脱轻组分塔），塔顶蒸出轻组分顺酐和苯甲酸等。塔釜液进入第二精馏塔 5，塔顶蒸出产品苯酐，纯

度大于95%，塔釜排出残液送去燃烧。为降低分离操作温度、减少分离过程中产品的损失，精馏塔均在真空下操作。

四、空气气相催化氧化反应器

气相催化氧化都是连续化工艺，催化剂一次装入反应器中长期使用。根据物料和催化剂的运动状态，可分为固定床和流化床两类。这两种反应器除了要满足稳定流动和传质要求之外，都需要有足够的传热表面。例如，萘氧化为邻苯二甲酸酐的放热量为13977kJ/kg；由于各种副反应的出现放热量更大，实际放热量为23000~25100kJ/kg，生产上可利用它发生0.4~0.5MPa的水蒸气。

为了使烃类与空气均匀混合，以及将生成物从空气混合物中分离出来，还需要有特殊的混合器和冷凝器。

1. 固定床氧化器

固定床氧化器与列管式换热器的结构相似，列管内装有圆柱型或球型催化剂颗粒，管外为高温载热体，它的成分是 $NaNO_2$ 和 KNO_3 的混合物，或 $NaNO_2$、KNO_3 和 $NaNO_3$ 的混合物，成为熔盐。前一种熔盐的熔点为140℃左右，可在500℃以下使用。为保持催化剂表层和内层、反应管各个部位以及各反应管之间的温差不是太大，催化剂的颗粒和反应管内径都不能太大，一般为25cm左右，管长2~3m。反应器的生产能力决定于列管的数目。目前，管数已由几千根增至几万根。为保持床层温度均匀，熔盐浴可采用机械搅拌，也可用泵强制循环。熔盐的热量在特制的锅炉内用于发生高压蒸汽。

列管式固定床反应器的结构类型很多，最简单的结构类似于单程列管式换热器，如图5-6所示。

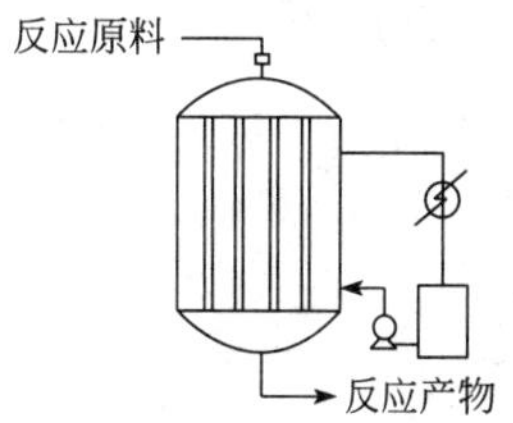

图5-6　列管式固定床反应器

列管式固定床反应器主要用于热效应大、对温度比较敏感、要求转化率高、选择性好、必须使用粒状催化剂、催化剂使用寿命长、不需要经常更换催化剂的反应过程。它的应用广泛，许多气固相接触催化氧化过程都采用列管式固定床反应器。

列管式反应器的主要优点是：催化剂磨损小，流体在管内接近活塞流，推动力大，催化剂的生产能力高。但它也有缺点：结构复杂，加工制造不方便，而且造价高，特别是对大型反应器，需要安装几万根管子。对于邻二甲苯的氧化制邻苯二甲酸酐，现在已经制造出直径为6m、列管束为21600根的反应器，可年产3.6万吨苯酐。

2. 流化床反应器

流化床氧化器是塔型设备。塔内可分为三个区，下部为反应区，中部为沉降区，上部为分离区。物料由反应区下部进入，热空气通过分布板上的泡罩吹入反应器。分布板上装填催化剂，靠空气流速将催化剂吹起，使之处于“沸腾”状态。由于催化剂与气体物料处于动态，可避免局部过热。换热器安装在反应塔内，采用蛇管式或笼型列管式，类似于水管锅炉，在管内发生蒸汽。为了改进流化状态，反应塔内可装一些挡板。有机原料先汽化并与空气混合后进入氧化器；也可用喷嘴直接喷入反应区内。虽然喷嘴附近的有机物浓度较高，处于爆炸限范围内，但由于立即与贫氧空气及催化剂接触并发生反应，因此不致发生爆炸。反应器的中部是沉降区，在这里大颗粒已下沉，催化剂逐渐稀薄。塔的顶部是扩大的圆筒，少量的催化剂粉末被旋风分离器或管式过滤器捕集下来，反应产物由上口离开反应塔。

流化床反应器主要有以下优点：① 催化剂与气体接触面积大，气固相间传热速率快，床层温度均匀，可控制在 1～3℃的温度差范围内，反应温度易于控制，操作稳定性好；② 催化剂床层与冷却管间传热系数大，所需传热面积小，且载热体与反应物料的温差可以很大；③ 操作安全；④ 合金钢材消耗少，制造费比列管式固定床低得多；⑤ 便于催化剂的装卸。

但是流化床反应器也存在以下一些缺点：① 催化剂容易磨损，损耗流失大；② 返混程度较大，连串副反应增多，反应选择性下降；③ 当流化质量不良时，原料气与催化剂接触不充分，传质恶化，使转化率下降。

选择氧化反应器时，可根据反应及催化剂的性质进行确定。若催化剂耐磨强度不高，反应热效应不很大，可采用固定床反应器；若能找到耐磨的催化剂，可采用流化床反应器。

分析与讨论

查阅相关资料，以小组为单位，分析讨论邻二甲苯固定床气相氧化法生产苯酐工艺流程，并指出主要工艺控制指标。

人物小知识

康尼查罗（Stanislao Cannizzaro，1826—1910 年），意大利化学家。1826 年 7 月 26 日出生在意大利西西里岛一个行政官员的家庭。1841 年进入巴勒莫大学医学系学习，1845 年秋前往比萨，并在著名实验家上皮利亚的实验室里当助手。后来，他到法国巴黎，在舍夫勒实验室从事科研。1850 年，他发表了关于氨基氰的论文，次年又发表了关于氨基氰受热后发生转化的论文。1851 年他返回意大利，先后任亚历山大里亚学院的物理和化学教授、热那亚大学的化学教授、巴勒莫大学化学教授，最后在罗马主持化学讲座。1910 年 5 月 10 日在罗马逝世。

他研究了苯甲醛及其特征反应，发现把苯甲醛与碳酸钾一起加热时，生成苯甲酸和苯甲醇，而碳酸钾只起催化剂的作用。1853 年，康尼查罗公布了他的研究成果，人们把这类反应称为康尼查罗反应。1855 年，39 岁的康尼查罗在热亚大学任教授，他与贝塔尼尼等一起完成了对苯甲醇衍生物的研究。其后，他也一直关注化学的基本理论问题，并写成了“化学哲学发展纲要”的论文。用新的观点说明了什么是原子、分子、原子量和分子量。为此，他被特邀参加了 1860 年国际化学家代表大会并发表了独特的见解，他的思想对化学领域中的原子-分子学说的发展产生了决定性影响，得到与会代表的高度评价。

虽然康尼查罗并没有发现什么新物质，也没有提出什么特别新的学说。但是他所做的工作使近代化学走上了正确轨道，从此化学逐步进入研究原子和分子的阶段。由于他在化学上的杰出贡献，先后当选为伦敦皇家学会会员和法国科学院院士，1873 年他做了纪念法拉弟的演讲并被推举为德国化学学会名誉会员，1891 年获得科普勒奖章。

单元6　还原反应

【知识目标】了解液相催化氢化反应的特点及其催化剂的制备和应用情况、电解还原过程及影响因素；理解各种还原反应的反应历程及影响反应的主要因素；掌握催化加氢和化学还原的基本原理、应用范围及典型应用实例；能熟知各种还原剂的反应情况，尤其各种还原剂在不同条件下的还原产物。

【能力目标】通过完成工作任务二苯甲醇的合成，掌握还原反应方案的制订、反应装置的组装、反应的操作控制；能应用各种还原反应制备胺类、联苯胺等有机化合物，了解还原反应的典型工业生产。

第一节　还原反应基础知识介绍

还原反应在精细有机合成中占有重要的地位。广义地讲，在还原剂的作用下，能使某原子得到电子或电子云密度增加的反应称为还原反应。狭义地讲，能使有机物分子中增加氢原子、减少氧原子，或两者兼而有之的反应称为还原反应。

按照使用的还原剂不同和操作方法不同，还原方法可以分为以下几种。

① 化学还原法。使用化学物质作为还原剂的还原方法。

② 催化氢化法。在催化剂存在下，有机化合物与氢发生的还原反应。

③ 电解还原法。有机化合物从电解槽的阴极上获得电子而完成的还原反应。

下面按照还原方法和还原剂的不同进行讨论。

一、化学还原法

化学还原剂包括无机还原剂和有机还原剂。目前使用较多的是无机还原剂。

常用的无机还原剂有以下三类：

① 活泼金属及其合金，如 Fe、Zn、Na、Zn-Hg、Na-Hg 等；

② 低价元素的化合物，如 NaHS、Na_2S、NaS_x、Na_2SO_3、$FeCl_2$、$SnCl_2$、$Na_2S_2O_4$ 等；

③ 金属复氢化合物，如 $NaBH_4$、KBH_4、$LiAlH_4$、$LiBH_4$ 等。

常用的有机还原剂有：乙醇、甲醛、甲酸、烷基铝、葡萄糖等。

同一个化学还原剂可以用于多种不同的还原反应。同一类还原反应也可以选用不同的还原方法或不同的化学还原剂，这时应根据技术上的难易、投资、成本、环保、产品质量和产量等多方面的因素进行综合考虑，选用最切合实际的还原方法或化学还原剂。

化学还原剂品种繁多，这里介绍几种在工业上有广泛应用的化学还原剂。

（一）铁粉还原

金属铁在酸（如盐酸、硫酸、乙酸等）中，或在盐类电解质（如 $FeCl_2$、NH_4Cl 等）的水溶液中，可以将芳香族硝基、脂肪族硝基或其他含氮的基团（如亚硝基、羟胺基）还原成相应的氨基。铁粉还原法一般对被还原物中所含的卤素、烯基、羰基等基团无影响，所以它是一种选择性还原剂。

1. 铁粉还原过程

铁粉在 $FeCl_2$、NH_4Cl 等盐类电解质存在下，在水介质中使硝基化合物还原为氨基化合物，由下列两个基本反应来完成：

$$ArNO_2+3Fe+4H_2O \xrightarrow{FeCl_2} ArNH_2+3Fe(OH)_2$$

$$ArNO_2+6Fe(OH)_2+4H_2O \longrightarrow ArNH_2+6Fe(OH)_3$$

所生成的二价铁和三价铁按下式转变成黑色的磁性氧化铁（Fe_3O_4）：

$$Fe(OH)_2+2Fe(OH)_3 \longrightarrow Fe_3O_4+4H_2O$$

$$Fe+8Fe(OH)_3 \longrightarrow 3Fe_3O_4+12H_2O$$

由上述反应式得到总还原方程式：

$$4ArNO_2+9Fe+4H_2O \longrightarrow 4ArNH_2+3Fe_3O_4$$

2. 适用范围

（1）芳环上的硝基还原成氨基

用铁粉还原的方法是一种较早使用的方法。此法工艺简单、适用范围广、副反应少、对反应设备要求低，且铁粉价格低廉，因此，仍有不少硝基化合物的还原成胺采用这种方法。例如，二甲苯胺、间氨基苯磺酸以及一些萘系胺类中间体的生产。铁屑还原法的最大缺点是生成大量含芳胺的铁泥（Fe_3O_4）和废水，如果不及时处理会对环境造成很大的污染。因此发达国家已不再使用，一些产量较高或毒性较大的芳胺正逐步改为加氢还原法生产。目前仍有不少芳胺采用铁屑还原方法生产，如甲苯胺、间苯二胺、对苯二胺、氨基萘磺酸等。

（2）环羰基还原成环羟基

环羰基还原成环羟基通常采用铁粉还原法，如对苯醌还原制对苯二酚：

$$\text{对苯醌} \xrightarrow[\substack{70\sim100℃\\(\text{不加电解质})}]{Fe/H_2O，\text{中性}} \text{对苯二酚}$$

对苯二酚是重要的化工原料，主要用于显影剂、蒽醌染料、偶氮染料、合成氨助溶剂、橡胶防老剂、阻聚剂、涂料和香精的稳定剂、抗氧剂。我国目前主要采用将苯胺在硫酸介质中用二氧化锰氧化成对苯醌，然后将对苯醌用铁粉还原成对苯二酚的方法。

（3）醛基还原成醇羟基

醛基还原成醇羟基的反应一般采用氢气还原法，但也有个别实例采用铁粉还原法。例如正庚醛还原成正庚醇。

$$C_6H_{13}—CHO \xrightarrow[\text{约 }100℃]{Fe，\text{过量稀盐酸}} C_6H_{13}—CH_2OH$$

（4）芳磺酰氯还原成硫酚

芳磺酸相当稳定，不易被还原成硫酚，所以硫酚主要是由芳磺酰氯还原制得的。铁粉-硫酸还原法的实例列举如下。

$$p\text{-}ClC_6H_4SO_2Cl \xrightarrow[105\sim110℃]{\text{Fe，过量稀硫酸}} p\text{-}ClC_6H_4SH$$

硫酚收率约50%。硫酚容易被空气氧化成二硫化物，在存放或作为商品出售时应加有抗氧剂。

（5）二芳基二硫化物还原成硫酚

当不易制得相应的芳磺酰氯时，可以改用以下合成路线，例如2-羧基苯硫酚的制备。

$$o\text{-}HOOCC_6H_4NH_2 \xrightarrow[\text{0～5℃ 重氮化}]{NaNO_2+HCl,\ H_2O} 2\ o\text{-}HOOCC_6H_4N_2^+Cl^- \xrightarrow[\text{0～15℃ 重氮基被置换}]{Na_2S_2,\ H_2O} (o\text{-}HOOCC_6H_4S\text{—})_2 \xrightarrow[\text{pH<4.5；95℃还原（或}H_2/Ni,\ pH13.5；80℃）]{Fe+HCl,\ H_2O}$$

$$o\text{-}HOOCC_6H_4SH \xrightarrow[\text{36～90℃ }S\text{–烷基化}]{ClCH_2COOH,\ NaOH\text{水溶液}} o\text{-}HOOCC_6H_4SCH_2COOH$$

还原时生成的2-羧基苯硫酚可以不从反应液中分离出来，中和后直接与氯乙酸反应制得2-羧基苯基巯基乙酸。

（6）还原脱溴

当需要将已经引入的与碳原子相连的卤原子脱去时，主要采用氢气还原法。但有个别实例采用铁粉还原法，例如3，6-二溴-2-甲氧基萘。

$$\text{2-甲氧基萘} \xrightarrow[40\sim50℃]{Br_2\text{，冰乙酸}} \text{1,6-二溴-2-甲氧基萘} \xrightarrow[40\sim50℃]{\text{Fe，冰乙酸}} \text{6-溴-2-甲氧基萘}$$

用上述方法还可以从2-萘酚的溴化-还原脱溴制6-溴-2-萘酚。应该指出，6-氯-2-萘酚的制备并不能采用上述合成路线，而需要采用相当复杂的合成路线。

（二）锌粉还原

锌粉还原也是电子转移还原。锌粉容易被空气氧化，使锌粉的表面被氧化锌膜所覆盖而降低锌粉的活性，导致有时锌粉不能达到使用效果。特别是在强碱性介质中还原时必须使用刚刚制得的新鲜锌粉，锌粉不宜存放时间过久，以免失效。

锌粉还原大都是在酸性介质中进行的，最常用的酸是稀硫酸。当被还原物或还原产物难溶于水时，可以加入乙醇或乙酸以增加其溶解度。有时也可以加入甲苯等非水溶性溶剂。锌粉容易与酸反应放出氢气，故一般要用过量较多的锌粉。

但在个别情况下，则需要用锌粉在强碱性介质中还原。

锌粉的还原能力比铁粉强一些，它的应用范围比铁粉广。但锌粉的价格比铁粉贵得多，因此它的使用受到很大限制，下面仅介绍锌粉还原的一些重要实例。

（1）芳磺酰氯还原成芳亚磺酸

芳环上的磺酸基很难还原，因此芳亚磺酸通常都由芳磺酰氯还原而得。芳磺酰氯分子中的氯相当活泼，容易被还原。用锌粉还原的实例如下：

$$\text{(2-}OCH_3\text{-3-}NHCOCH_3\text{-苯基)}SO_2Cl \xrightarrow[\text{4℃ 收率约90\%}]{Zn,\ H_2O} \text{(2-}OCH_3\text{-3-}NHCOCH_3\text{-苯基)}SO_2H$$

用类似的温和反应条件还可以制备 3-羧基-4-羟基苯亚磺酸等有机中间体。芳亚磺酸不稳定，容易被空气氧化，制得后应立即用于下一步反应。

（2）芳磺酰氯还原成硫酚

芳磺酰氯在较强的还原条件下，可以被还原为硫酚。如：

$$\text{8-Cl-1-}SO_2Cl\text{-萘} \xrightarrow[\text{8～70℃ 收率约90\%}]{Zn，稀H_2SO_4} \text{8-Cl-1-SH-萘}$$

用类似的反应条件还可以制备 2-氰基-5-甲氧基本硫酚等有机中间体。但制备苯硫酚更经济的方法是将氯苯和硫化氢在 580~600℃条件下进行气相反应。

（3）碳硫双键还原-脱硫成亚甲基

碳硫双键比碳氧双键容易还原，用锌粉还原时可以选择性地只还原碳硫双键而不影响碳氧双键。例如：

$$(H_5C_2)(H_5C_6)C(COOC_2H_5)_2 + (H_2N)_2C{=}S \xrightarrow[\text{脱醇环合}]{-2C_2H_5OH} (H_5C_2)(H_5C_6)C(CO\text{—}N)_2C{=}S$$

如果环合时不用硫脲而用尿素，则在还原时就要求只还原两个氮原子之间的碳氧双键而不还原另外两个碳氧双键，这是很困难的。

（4）羰基还原成羟基

当羰基容易还原时也可以用锌粉作还原剂，例如：

$$\text{2-}CH_3\text{-1,4-萘醌} \xrightarrow[\text{还原}]{Zn,CH_3COOH} \text{2-}CH_3\text{-1,4-二羟基萘} \xrightarrow[\text{催化乙酰化}]{(CH_3CO)_2O,\ CH_3COONa} \text{2-}CH_3\text{-1,4-二(}O\text{—}CO\text{—}CH_3\text{)萘}$$

在这里锌粉还原法的优点是羰基还原成羟基和羟基的乙酰化可以在同一个反应器中完成，不必分离出还原产物。

（5）羰基还原成亚甲基

在一定条件下，锌粉可以选择性地只将指定的羰基还原成亚甲基，而不影响其他羰基。例如：

吲哚布芬（抗凝血药）

所用原料2-(4-硝基苯基)-2-乙基乙酸是由苯乙腈先用溴乙烷进行*C*-乙基化，然后用混酸进行硝化，最后用硫酸使氰基水解而得。

(6) 硝基化合物还原成氧化偶氮、偶氮和氢化偶氮化合物

锌粉在氢氧化钠水溶液的强碱性条件下，可以使硝基苯发生双分子还原反应，依次生成氧化偶氮苯、偶氮苯和氢化偶氮苯。

上述产物都是有用的中间体。氢化偶氮苯在强碱性介质中发生内分子重排反应而生成联苯胺。

$$C_6H_5-NH-NH-C_6H_5 \xrightarrow[\text{分子重排}]{H_2SO_4\text{或}HCl} H_2N-C_6H_4-C_6H_4-NH_2$$

联苯胺曾经是重要的染料中间体，因发现它有强致癌性，世界各国已禁止生产和使用。但是对于联苯胺衍生物的致癌性仍有异议，并未禁用。利用上述方法可以从相应的硝基化合物制得一系列联苯胺衍生物，其中重要的有：

3,3′-二氯联苯胺是重要的有机颜料中间体，现在锌粉还原法已被新的还原法所代替。新开发的还原法有：H_2-Pd/C法、水合肼法、葡萄糖（先还原至氧化偶氮化合物）-锌粉法、

甲醛（先还原至氧化偶氮化合物）-锌粉法、甲醛（先还原至氧化偶氮化合物）-电解法和电解法等。

（三）含硫化合物的还原

含硫化合物多为较缓和的还原剂，它包括两大类：一类是硫化物：简单硫化物［如 Na_2S、$(NH_4)_2S$］、硫氢化物（如 NaHS）和多硫化物（如 Na_2S_x）；另一类是含氧硫化物：亚硫酸盐、亚硫酸氢盐和连二亚硫酸钠。

1. 硫化物还原

在硫化物还原中，硫化物是电子供给者，水或醇是质子供给者，还原反应后硫化物被氧化成硫代硫酸盐。

硫化钠在水-乙醇介质中还原硝基化合物时，反应中生成的活泼硫原子将快速与 S^{2-} 生成更活泼的 S_2^{2-}，使反应大大加速，因此，这是一个自动催化反应。其反应历程为：

$$ArNO_2+3S^{2-}+4H_2O \longrightarrow ArNH_2+3S+6OH^-$$

$$S+S^{2-} \longrightarrow S_2^{2-}$$

$$4S+6OH^- \longrightarrow S_2O_3^{2-}+2S^{2-}+3H_2O$$

还原总反应式为：

$$4ArNO_2+6S^{2-}+7H_2O \longrightarrow 4ArNH_2+3S_2O_3^{2-}+6OH^-$$

硫化物还原的特点是反应比较缓和，主要用于硝基化合物的还原，可使多硝基化合物中的硝基选择性地部分还原，或只还原硝基偶氮化合物中的硝基而不影响偶氮基，并应用于从硝基化合物获得不溶于水的胺类，含有醚、硫醚等对酸敏感基团的硝基化合物，不宜用铁粉还原时，可应用硫化物还原。采用硫化物还原，产物分离比较方便，但收率一般较低，废水处理比较麻烦。目前此法在工业上仍有一定应用，不过有的产物的合成已逐步为加氢法所代替。

（1）多硝基化合物的部分还原

还原剂选用 NaHS 或 Na_2S_2，为控制碱性有时还要加入其他无机盐，还原剂一般过量 5%~10%，还原温度为 40~80℃，一般不超过 100℃，以防止硝基的完全还原。例如：

$$4\ \text{2,4-二硝基苯甲醚}(OCH_3, NO_2, NO_2) + 6NaHS + H_2O \xrightarrow[70℃]{10\%乙醇} 4\ \text{2-氨基-4-硝基苯甲醚}(OCH_3, NH_2, NO_2) + 3Na_2S_2O_3$$

(88%)

$$\text{间二硝基苯}(NO_2, NO_2) + NaHS \xrightarrow[90℃]{MgSO_4} \text{间硝基苯胺}(NH_2, NO_2)$$

（2）硝基化合物的完全还原

还原剂选用 Na_2S 或 Na_2S_2，过量 10%~20%，温度在 60~100℃。

例如 1-氨基蒽醌的制备。它是合成蒽醌系染料的重要中间体。国内采用蒽醌的硝化-还原法来制备，硝化产物用硫化物还原。采用 Na_2S 还原的反应式为：

$$4\ \text{(1-硝基蒽醌)} + 6Na_2S + H_2O \xrightarrow{95\sim100℃} 4\ \text{(1-氨基蒽醌)} + 3Na_2S_2O_3 + 6NaOH$$

采用过量10%~20%的 Na_2S 水溶液，在90~100℃下还原，反应完全后趁热过滤即得纯度为90%左右的粗制品1-氨基蒽醌。副产物二硝基蒽醌的还原产物二氨基蒽醌可通过升华法、硫酸处理法、保险粉处理法或精馏法进行精制。

（3）对硝基甲苯的还原-氧化制对氨基苯甲醛

对氨基苯甲醛是重要的医药中间体，它最初是由对硝基甲苯先氧化成对硝基苯甲醛，然后再还原成对氨基苯甲醛。后来发现，对硝基甲苯在特定条件下与多硫化钠反应可直接制得对氨基苯甲醛，收率良好。

$$CH_3C_6H_4NO_2 \xrightarrow[\text{约80℃, 0.5~2h}]{Na_2S_x,\ NaOH \quad \text{水-乙醇}} OHCC_6H_4NH_2$$

这个反应既不是先还原成对氨基甲苯，也不是先氧化成对硝基苯甲醛，其反应历程比较复杂，说法不一，但有一点是肯定的，即多硫化钠分子中的硫结合比较松散，是零价硫起氧化剂的作用，自身被还原成负二价硫，并与氢氧化钠结合成硫化钠。这个反应不能用一个简单的总反应式来表示，多硫化钠的用量和硫指数都是根据最佳化实验确定的。

2. 含氧硫化物还原

（1）亚硫酸盐和亚硫酸氢盐还原

亚硫酸盐和亚硫酸氢盐还原剂能将硝基、亚硝基、羟胺基、偶氮基还原成氨基，将重氮盐还原成肼，还原过程是对上述基团中的不饱和键进行加成反应，生成加成还原产物 *N*-氨基磺酸，经酸水解制得氨基化合物或肼。

亚硫酸氢钠将芳伯胺重氮盐还原为芳肼的过程可用下式表示：

$$ArN_2^+HSO_4^- \xrightarrow[-H_2SO_4]{+NaHSO_3} Ar{-}N(SO_3Na){-}NH(SO_3Na) \xrightarrow[+H_2O,\ -NaHSO_4]{\text{酸性水解}} ArNHNH_2$$

亚硫酸盐与芳香硝基化合物反应，可制得氨基磺酸化合物，在硝基被还原的同时，还会发生环上磺化反应，在工业上有一定的实用价值。而亚硫酸氢钠与硝基化合物的摩尔比为（4.5~6）∶1，为了加快反应速率，常加入溶剂乙醇或吡啶。例如：

$$C_6H_4(NO_2)_2\ (\text{间二硝基苯}) + 3Na_2SO_3 + H_2O \longrightarrow \text{(3-硝基-4-磺酸钠基苯胺, }NH_2, NO_2, SO_3Na) + 2Na_2SO_4 + NaOH$$

（2）连二亚硫酸钠（俗称保险粉）还原

它在稀碱溶液中是一种强还原剂，反应速率快，产品纯度高，但价格高，不宜保存，在精细合成中很少采用。例如，1-氨基蒽醌的制备：

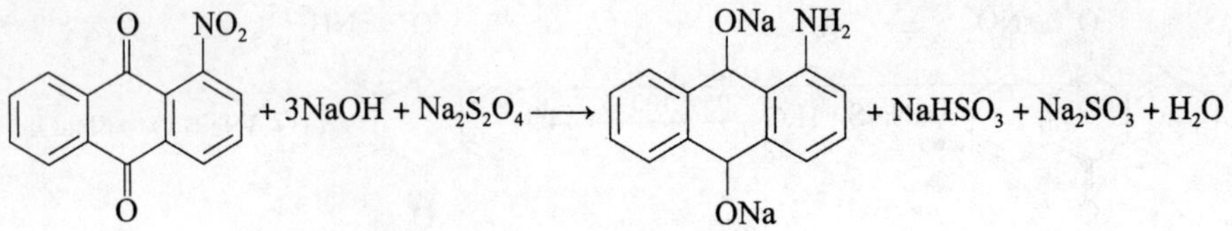

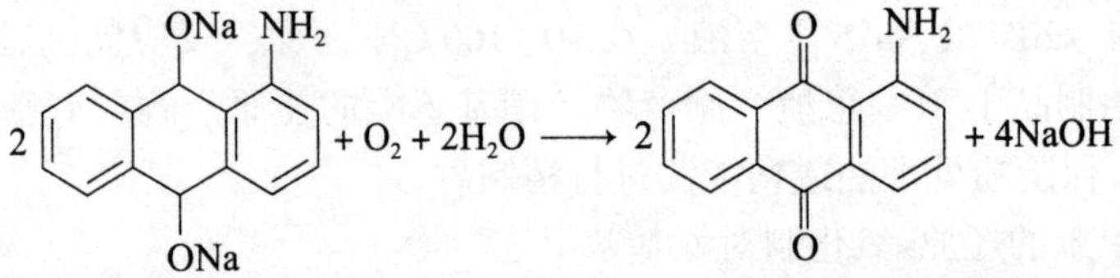

$$1\text{-硝基蒽醌} + 3NaOH + Na_2S_2O_4 \longrightarrow \text{1-氨基-9,10-二(ONa)蒽} + NaHSO_3 + Na_2SO_3 + H_2O$$

$$2\,\text{1-氨基-9,10-二(ONa)蒽} + O_2 + 2H_2O \longrightarrow 2\,\text{1-氨基蒽醌} + 4NaOH$$

控制还原剂用量可使 1-硝基蒽醌还原成相应的 1-氨基蒽氢醌而进入溶液中，大部分二氨基蒽醌则不溶。过滤，并向溶液中通入空气氧化，便析出精制的 1-氨基蒽醌。

还原剂保险粉还可用于如下反应。还原染料不溶于水，染色时先要在碱性介质中用保险粉将其还原成可溶于水的隐色体，当染料进入纤维后，再在纤维上使其氧化成不溶性的染料。例如，靛蓝的还原反应式如下：

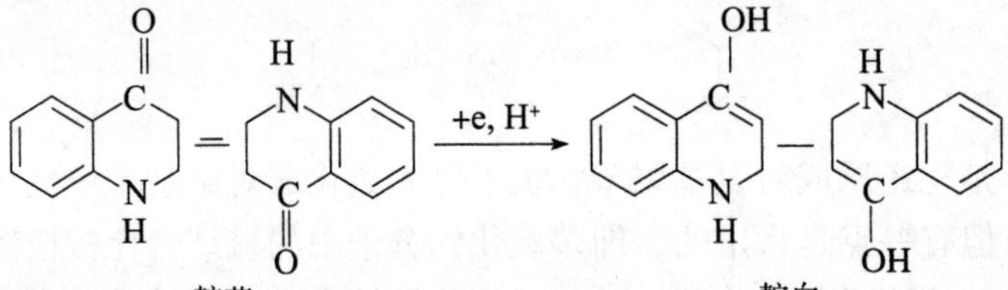

$$\text{靛蓝} \xrightarrow{+e,\ H^+} \text{靛白}$$

靛蓝　　　　靛白

(四) 其他化学还原

1. 水合肼还原

肼的水溶液呈弱碱性，它与水组成的水合肼是较强的还原剂。

$$N_2H_4+4OH^- \longrightarrow N_2\uparrow+4H_2O+4e$$

水合肼作为还原剂的显著特点是还原过程中自身被氧化成氮气而逸出反应体系，不会给反应产物带来杂质。同时水合肼能使羰基还原成亚甲基。在催化剂作用下，可发生催化还原。

(1) Wolff-Kishner-黄鸣龙还原

水合肼对羰基化合物的还原称为 Wolff-Kishner 还原。

$$\rangle C=O \xrightarrow{NH_2NH_2} \rangle C=N-NH_2 \xrightarrow{OH^-} \rangle CH_2 + N_2$$

此反应是在高温下于管式反应器或高压釜内进行的，这使其应用范围受到限制。我国有机化学家黄鸣龙对该反应方法进行了改进，采用高沸点的溶剂如乙二醇替代乙醇，使该还原反应可以在常压下进行。此方法简便、经济、安全、收率高，在工业上的应用十分广泛，因而称为 Wolff-Kishner-黄鸣龙还原法。例如：

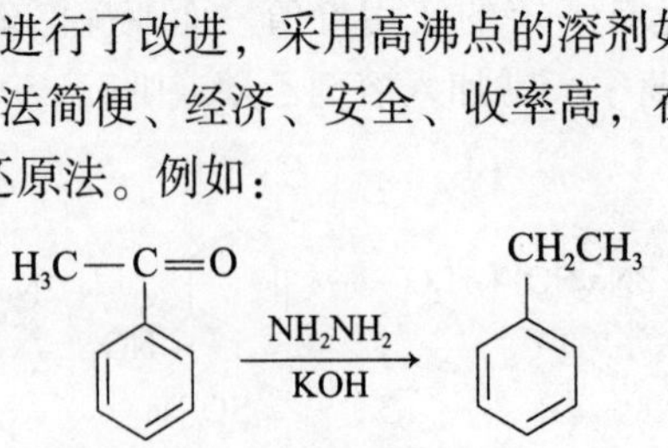

$$C_6H_5-C(CH_3)=O \xrightarrow[KOH]{NH_2NH_2} C_6H_5CH_2CH_3$$

Wolff-Kishner-黄鸣龙还原法是直链烷基芳烃的一种合成方法。

(2) 水合肼催化还原

水合肼在 Pd-C、Pt-C 或骨架镍等催化剂的作用下，可以发生催化还原，能使硝基和亚硝基化合物还原成相应的氨基化合物，而对硝基化合物中所含羰基、氰基、非活化碳-碳双键不具备还原能力。该方法只需将硝基化合物与过量水合肼溶于甲醇或乙醇中，然后在催化剂存在下加热，还原反应即可进行，无须加压，操作方便，反应速率快且温和，选择性好。

水合肼在不同贵金属催化剂上的分解过程取决于介质的 pH 值，1mol 肼所产生的氢随着介质 pH 值的升高而增加，在弱碱性或中性条件下可以产生 1mol 氢。

$$3N_2H_4 \xrightarrow{Pt,\ Pd,\ Ni} 2NH_3+2N_2+3H_2$$

在碱性条件下如果加入氢氧化钡或碳酸钙则可以产生 2mol 氢。

$$N_2H_4 \xrightarrow{Pt,\ Pd} N_2+2H_2$$

芳香族硝基化合物用水合肼还原时可以用三价铁盐和活性炭作为催化剂，反应条件较为温和。

$$2ArNO_2+3N_2H_4 \xrightarrow{Fe^{3+}\text{与活性炭}} 2ArNH_2+4H_2O+3N_2$$

间硝基苯甲腈在三氯化铁和活性炭催化作用下，用水合肼还原制得间氨基苯甲腈。

$$\text{(CN, }NO_2\text{ 取代苯)} \xrightarrow{NH_2NH_2\cdot H_2O/Fe^{3+}\text{与活性炭}} \text{(CN, }NH_2\text{ 取代苯)}$$

2. 金属氢化物还原

金属氢化物还原剂在精细化工中的应用发展十分迅速，其中使用最广的有氢化铝锂（$LiAlH_4$）和硼氢化钠（$NaBH_4$）。这类还原剂的特点是选择性好、反应速率快、副产物少、反应条件温和、产品收率高。但是，这类还原剂价格昂贵，目前只用于制药工业和香料工业。

不同的金属氢化物还原剂具有不同的反应特性。其中 $LiAlH_4$ 是最强的还原剂。主要用于将含氧不饱和基团还原成相应的醇。如：

$$>C{=}O、-\overset{O}{\overset{\|}{C}}-Cl、-\overset{O}{\overset{\|}{C}}-OH、-\overset{O}{\overset{\|}{C}}-OR'、-\overset{\quad O}{CH{-}CH}-\ \text{等。}$$

将脂肪族含氮的不饱和基团还原成相应的胺。如：

$$-\overset{O}{\overset{\|}{C}}-N<、-C{\equiv}N、-C-NO_2、-C{=}NOH、-C-N-\ \text{等。}$$

还用于将芳香族硝基化合物、氧化偶氮化合物和亚硝基化合物等还原成相应的偶氮化合物；将二硫化物和磺酸衍生物还原成硫醇；将亚砜还原成硫醚。一般不能还原碳-碳双键和三键。

3. 醇铝还原

醇铝一般称为烷氧基铝，是一类重要的有机还原剂，它的优点是选择性高、反应速率快、作用缓和、副反应少、收率高。它是将羰基化合物还原成为相应醇的专一性很高的试剂。只能够使羰基还原成羟基，对于硝基、碳-碳双键和三键等均没有还原能力。工业上常用的还原剂是异丙醇铝和乙基铝。

4. 硼烷还原

二硼烷（B_2H_6）是硼烷的二聚体，是有毒气体，一般溶于四氢呋喃中使用。它是还原能力相当强的一种还原剂，具有很高的选择性。在很温和的反应条件下，可以迅速还原羧酸、醛、酮和酰胺并得到相应的醇和胺，而对于硝基、酯基、氰基和酰氯基则没有还原能力。同时，硼烷还原羧酸的速率比还原其他基团的速率快，因此，硼烷是选择性地还原羧酸为醇的优良还原剂。

二、催化加氢还原

(一) 催化加氢的基本原理

非均相催化加氢反应具有多相催化反应的特征。包括五个步骤：① 反应物分子扩散到催化剂表面；② 反应物分子吸附在催化剂表面；③ 吸附的反应物发生化学反应形成吸附的产物分子；④ 吸附的产物分子从催化剂表面解吸；⑤ 产物分子通过扩散离开催化剂表面。其中①和⑤为物理过程，②和④为化学吸附现象，③为化学反应过程，即吸附-反应-解吸。

(二) 加氢催化剂

为了使反应速率加快，同时使反应向着目的产物方向进行，加氢反应通常要采用催化剂。不同类型的加氢反应选用的催化剂不同；同一类反应选用的催化剂不同，反应条件也有很大差异。为了获得经济的加氢产物，选用的催化反应条件应尽量缓和，催化剂的寿命要长，价格要尽可能便宜，避免高温、高压等苛刻条件。

用于加氢的催化剂种类较多，以催化剂的形态来分，常用的加氢催化剂既有金属及骨架催化剂、金属氧化物催化剂，也有复合氧化物或硫化物催化剂及金属配合物催化剂等。

1. 金属及骨架催化剂

加氢常用的金属催化剂有 Ni、Pd、Pt 等，由于 Ni 价格比较便宜，所以使用量最大。

金属催化剂是把金属载于载体上，载体通常是多孔性材料，如 Al_2O_3、硅胶等。这样既能节约金属又能提高加工效率，并能使催化剂具有较高的热稳定性和机械强度。而且由于多孔性载体比表面积巨大，传质速率快，所以催化活性也得到提高。金属催化剂的特点是活性高，尤其是贵金属催化剂（如 Pd、Pt 等），在低温下即可进行加氢反应，而且几乎可以用于所有官能团的加氢反应。金属催化剂的缺点是易中毒，对原料中杂质要求严格。

骨架催化剂与金属催化剂的特征基本相近，但其活性较高，常用于低温液相加氢反应。常见的有骨架镍、骨架铜、骨架钴等，一般是将活性金属与铝制成合金材料，然后用氢氧化钠溶出合金中的铝，即可得到海绵状的骨架催化剂。骨架催化剂具有足够的机械强度及良好的导热性能。但是由于其活性非常高，骨架镍在空气中裸露会产生自燃现象。

2. 金属氧化物催化剂

常用的氧化物加氢催化剂有 MoO_3、Cr_2O_3、ZnO、CuO 和 NiO 等。这类催化剂与金属催化剂相比其活性较低，反应在高温、高压下才能保证足够的反应速率，但其抗毒性较强，适用于 CO 加氢反应。由于反应温度高，需要在催化剂中添加高熔点的组分，以提高其耐热性。

3. 复合氧化物和硫化物催化剂

为了改善金属氧化物催化剂的性能，通常采用多种氧化物混合使用，以使各组分发挥各自的特性，相互配合，提高催化效率。金属硫化物主要有 MoS_2、NiS_3、WS_2、Co-Mo-S、Fe-Mo-S 等，其抗毒性强，可用于含硫化合物的加氢、氢解等反应，这类催化剂的活性较差，所需的反应温度也比较高。

4. 金属配合物催化剂

此类加氢催化剂的活性中心原子主要为贵金属，如 Ru、Rh、Pd 等的配合物。另外也有部分非贵金属，如 Ni、Co、Fe、Cu 等的配合物。其主要特点是活性高、选择性好、反应条件比较温和、适用性比较广泛、抗毒性较强，但由于这类配合物是均相催化剂，溶解在反应液中，因此催化剂的分离相对较困难，而且这类催化剂多使用贵金属，所以金属配合物催化剂应用的关键在于催化剂的分离和回收。

5. 钯-炭（Pd-C）

将钯盐水溶液浸渍在或吸附于载体活性炭上，再经还原剂处理，使其形成金属微粒，经洗涤、干燥即得到 Pd-C 催化剂。

Pd-C 催化剂使用时不需经活化处理，作用温和，选择性较好，是一类性能优良的催化剂，适用于多种有机物的选择性氢化反应。Pd-C 催化剂是烯烃、炔烃最好的氢化催化剂。它能在室温和较低的氢压下还原很多官能团。它既可在酸性溶液中起催化作用又可在碱性溶液中起作用（在碱性溶液中活性略有降低）。对毒物的敏感性差，故不宜中毒。Pd-C 催化剂是一种应用范围较广的催化剂。

使用过的 Pd-C 催化剂通过处理可回收套用 4～5 次，失去活性的 Pd-C 催化剂要回收处理。

从以上的论述可以看出，加氢反应所用的催化剂，通常活性大的容易中毒而且热稳定性较差，为了增加稳定性可以适当地加入一些助催化剂和选用合适的载体，有些场合下用稳定性好而活性低的催化剂为宜。通常反应温度在 150℃以下时，多使用 Pd、Pt 等贵金属催化剂以及用活性很高的骨架镍催化剂；而在 150～200℃下反应时，常用 Ni、Cu 以及它们的合金催化剂；当反应温度高于 250℃时，大多使用金属氧化物催化剂。为了防止硫中毒，常采用金属硫化物催化剂，通常是在高温下进行加氢反应。

（三）催化加氢反应类型

1. 含氧化合物的催化加氢

含氧化合物主要指醇、醛、酮、酸和酯。在这些化合物的分子结构中也可能含有不饱和双键或芳环，因此，对含氧化物的加氢可能有两种情况，或是将含氧官能团还原但不影响其他不饱和结构，或是只对不饱和部分进行加氢。对上述两种情况来说，催化剂的选择性就显得十分重要。

（1）脂肪醛、酮的加氢

饱和脂肪醛或酮加氢只发生在羰基部分，生成与醛或酮相应的伯醇或仲醇。例如：

$$RCHO + H_2 \longrightarrow RCH_2OH$$

$$R-\overset{\overset{\displaystyle O}{\|}}{C}-R' + H_2 \longrightarrow R-\overset{\overset{\displaystyle OH}{|}}{C}H-R'$$

上述反应中常用负载型镍、铜、铜-铬催化剂。如果原料中含硫，则需采用镍、钨或钴的氧化物或硫化物作催化剂。

（2）脂肪酸及其酯的加氢

工业生产中脂肪酸加氢是由天然油脂生产直链高级脂肪醇的重要工艺，具有广泛的应用价值。而直链高级脂肪醇是合成表面活性剂的主要原料。

$$RCOOH \xrightarrow[-H_2O]{+H_2} RCOH \xrightarrow{+H_2} RCH_2OH$$

脂肪酸直接加氢条件不如相应的酯缓和，因此目前工业生产中常用脂肪酸甲酯加氢制备脂肪醇。

$$RCOOH+CH_3OH \xrightarrow{-H_2O} RCOOCH_3 \xrightarrow{+2H_2} RCH_2OH+CH_3OH$$

羧基加氢的催化剂通常采用 Cu、Zn、Cr 的氧化物。如 $CuO-Cr_2O_3$、$ZnO-Cr_2O_3$ 和 $CuO-ZnO-Cr_2O_3$。

这类反应的条件比较苛刻，通常为 250~350℃、25~30MPa。

羧基加氢可采用脂肪酸直接加氢，利用产物醇与原料酯化来降低反应条件。通常只需在反应初期加入少量产品脂肪酸即可。工业上常用于生产十二醇和十八醇。如：

$$C_{11}H_{23}COOH \xrightarrow[-H_2O]{+2H_2} C_{12}H_{25}OH$$

$$C_{17}H_{35}COOH \xrightarrow[-H_2O]{+2H_2} C_{18}H_{37}OH$$

不饱和脂肪酸及其酯的加氢反应有如下三种。

① 不饱和键加氢。采用负载型镍催化剂，其反应条件比烯烃加氢稍高，工业生产中主要用于硬化油脂的生产。将液体不饱和油脂加氢制成固体酯，即人造奶油。

$$\begin{array}{l} CH_2—OCO—C_{17}H_{33} \\ | \\ CH—OCO—C_{17}H_{33} \\ | \\ CH_2—OCO—C_{17}H_{33} \end{array} + 3H_2 \xrightarrow{Ni} \begin{array}{l} CH_2—OCO—C_{17}H_{35} \\ | \\ CH—OCO—C_{17}H_{35} \\ | \\ CH_2—OCO—C_{17}H_{35} \end{array}$$

② 羧基加氢。采用与饱和酸加氢相同的催化剂。常用 $ZnO-Cr_2O_3$，主要用于制备不饱和醇。

$$C_{17}H_{33}—COOCH_3+2H_2 \xrightarrow{ZnO-Cr_2O} C_{17}H_{33}—CH_2OH+CH_3OH$$

③ 同时加氢。可采用金属催化剂，通常为分步加氢。如顺丁烯二酸酐的加氢：

$$\begin{array}{l} HC—CO \\ \| \quad\quad \rangle O \\ HC—CO \end{array} \xrightarrow[-H_2O]{+3H_2} \begin{array}{l} H_2C—CO \\ | \quad\quad \rangle O \\ H_2C—CO \end{array} \xrightarrow[-H_2O]{+2H_2} \begin{array}{l} H_2C—CH_2 \\ | \quad\quad \rangle O \\ H_2C—CH_2 \end{array}$$

γ-丁内酯　　四氢呋喃

该反应可以通过改变反应条件以获得不同的产物。γ-丁内酯的用途是合成吡咯烷酮，而四氢呋喃则是良好的溶剂。

(3) 芳香族含氧化合物的加氢

芳香族含氧化合物包括酚类、芳醛、芳酮及芳基羧酸。其加氢反应包括芳环的加氢和含氧基团的加氢两类。

苯酚在镍催化下，在 130~150℃、0.5~2MPa 下芳环加氢转化为环己醇。

$$C_6H_5—OH + 3H_2 \rightleftharpoons C_6H_{11}—OH$$

$$C_6H_{11}—OH \begin{cases} \xrightarrow{-H_2O} C_6H_{10} \text{（环己烯）} \\ \xrightarrow[+H_2]{-H_2O} C_6H_{12} \longrightarrow 6CH_4 \end{cases}$$

苯酚在加氢时也可以保持芳环不被破坏，而使含氧基团还原。

$$C_6H_5—OH \xrightarrow[-H_2O]{+H_2} C_6H_6$$

芳醛的加氢只限于制备相应的醇。如：

$$C_6H_5-CHO + H_2 \longrightarrow C_6H_5-CH_2OH$$

芳醛、芳酮和芳醇只有对含氧基团进行保护后才能进行环上加氢。但是芳基羧酸可以进行以下两种反应：

$$C_6H_5-COOH \xrightarrow[-H_2O]{+2H_2} C_6H_5-CH_2OH$$

$$C_6H_5-COOH \xrightarrow[160\sim200℃]{+3H_2} C_6H_{11}-COOH$$

2. 含氮化合物的催化加氢

含氮化合物加氢的主要目的是制备胺类，常用的原料有酰胺、腈、硝基化合物等。有机胺类在精细化工中有着广泛的用途，如高级脂肪胺用于清洗剂中作为缓蚀剂；合成阳离子表面活性剂季铵盐；胺类还可作为环氧树脂的固化剂等。

（1）硝基化合物的加氢

硝基化合物的加氢还原较易进行，主要用于硝基苯气相加氢制备苯胺。

$$C_6H_5-NO_2 + 3H_2 \xrightarrow{Cu} C_6H_5-NH_2 + 2H_2O$$

还可以用二硝基甲苯还原制取混合二氨基甲苯。

$$CH_3C_6H_3(NO_2)_2 + 6H_2 \xrightarrow{骨架镍} CH_3C_6H_3(NH_2)_2 + 4H_2O$$

（2）腈的加氢

腈加氢是制备胺类化合物的重要方法，常用 Ni、Co、Cu 作为催化剂在加压下进行反应。

$$RCN+2H_2 \xrightarrow{催化剂} RCH_2NH_2$$

腈类加氢制备胺的过程中，有中间产物亚胺生成，并有二胺、仲胺和叔胺等副产物生成。

$$RCN \xrightarrow{H_2} RCH{=}NH \xrightarrow{H_2} RCH_2NH_2$$

$$RCH{=}NH+RCH_2NH_2 \rightleftharpoons \begin{matrix} HNCH_2R \\ | \\ HNCH_2R \end{matrix} \rightleftharpoons RCH{=}NCH_2R+NH_3$$

$$RCH{=}NCH_2R+H_2 \longrightarrow RCH_2NHCH_2R$$

氨过量可抑制仲胺和叔胺的产生。

$$m\text{-}C_6H_4(CH_3)_2 \xrightarrow[-6H_2O]{+2NH_3,\ +3O_2} m\text{-}C_6H_4(CN)_2 \xrightarrow{+4H_2} m\text{-}C_6H_4(CH_2NH_2)_2$$

$$C_6H_5-CN \xrightarrow[80\sim120℃]{H_2,\ NH_3,\ 骨架镍} C_6H_5-CH_2NH_2$$

3. 碳-碳双键及芳环的催化加氢

（1）碳-碳双键加氢

烯烃加氢常用的催化剂有铂、骨架镍、载体镍和铬的众多金属催化剂（铜-铬、锌-铬等）。在催化剂存在、100~200℃、1~2MPa 下加氢反应很快。若原料中含有硫化物，则会使催化剂中毒，因此必须对原料进行精制。否则需要采用抗硫催化剂，通常为金属硫化物，如硫化镍、钨、钼等。但是这类催化剂的活性较低，所需要的反应条件为 300~320℃、25~30MPa。

不饱和烃的加氢非常容易，选择性很高，而且副产物少。加氢的活性与分子结构有关，分子越简单，即双键碳原子上取代基越少、越小，则活性越高，乙烯的加氢反应活性最高。其活性顺序如下：

$$CH_2{=}CH_2 > RCH{=}CH_2 > RCH{=}CHR > R_2C{=}CH_2 > R_2C{=}CHR > R_2C{=}CR_2$$

直链双烯烃较单烯烃更容易加氢，加氢的位置与双烯烃的结构有关。双烯烃的加氢可停留在单烯烃。

多烯烃的加氢也有类似过程。即每一个双键可吸收一分子氢，直至饱和。如果选择合适的催化剂和反应条件，就可以对多烯烃进行部分加氢，保留一部分双键。

$$C{=}C{-}C{=}C + H_2 \longrightarrow \begin{cases} CH{-}C{=}C{-}CH \\ CH{-}CH{-}C{=}C \end{cases}$$

环烯烃与直链烯烃的加氢反应采用相同的催化剂，双键上有取代基时可减慢加氢反应速率。另外，环烯烃的加氢有发生开环副反应的可能，因此要得到环状产物则需要控制反应条件。通常五元环和六元环较稳定。

$$\text{环辛四烯} \xrightarrow{H_2} \text{环辛烷} \xrightarrow{H_2} \begin{cases} \text{环-}C_6H_{10}(CH_3)_2 \\ \text{环-}C_5H_7(CH_3)_2 \\ C_8H_{18} \end{cases}$$

由此可见，在烯烃，特别是环烯烃加氢时，操作条件的确定非常重要，它对反应结果具有决定性的作用，即可以通过不同的反应条件得到不同的反应产物。

碳-碳双键的加氢反应主要用于汽油的加工和精制中。另外，一些重要的中间体的制备也是其重要的应用。

$$\text{环戊二烯} \xrightarrow{H_2} \text{环戊烯} \xrightarrow{H_2} \text{环戊烷}$$

$$\text{环辛四烯} \xrightarrow{H_2} \text{环辛烯} \xrightarrow{H_2} \text{环辛烷}$$

$$\text{环十二碳三烯} \xrightarrow{H_2} \text{环十二烯} \xrightarrow{H_2} \text{环十二烷}$$

在以上反应中，当产物为环状单烯-环戊烯、环辛烯和环十二烯时需要控制加氢程度，使其停留在生成单烯的反应阶段。环烯烃加氢催化剂常用负载型镍、钴。

（2）芳烃加氢

工业上常用的芳烃加氢催化剂为负载型镍催化剂或金属氧化物催化剂。加氢反应条件要比烯烃高。如 Cr_2O_3 为催化剂时，温度 120~200℃，压力 2~7MPa。提高压力有利于平衡向加氢方向移动。芳烃加氢前需对其进行精制以除去杂质硫化物，避免催化剂中毒而失去活性。

由于芳烃的稳定性，使得其加氢速率较慢。其相对速率为：

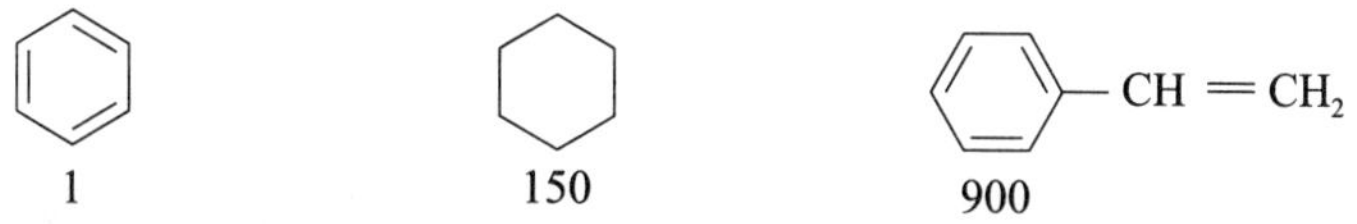

1　　150　　900

因此，苯加氢很难形成分步加氢的中间产物，即苯加氢通常只能得到环己烯。

苯的同系物加氢速率比苯慢，说明含有取代基会对加氢反应产生活性降低的影响。

稠环芳烃在加氢时会分步发生反应，如萘加氢时会有多种中间产物。

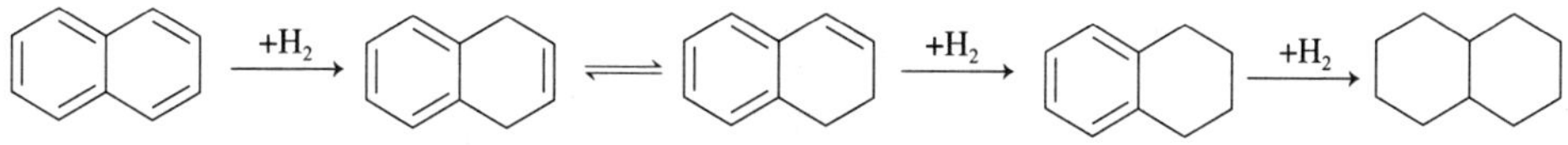

芳烃加氢时也有可能发生氢解，产生侧键或芳环断裂。

工业生产中最常用的芳烃加氢是环己烷的生产。生产环己烷的主要生产工艺是苯的催化加氢。

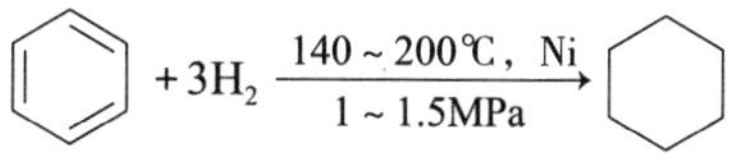

由于苯与环己烷的沸点十分相近，分离比较困难，因此该生产工艺对苯转化率要求很高，通常采用氢过量循环、增加预反应器等措施。

三、电解还原

电解还原一般是在水或水-醇溶液中进行的，可得到不同的还原产物，如将硝基化合物还原成亚硝基合物或氨基化合物。芳香族硝基化合物可按下式还原成胺：改变电极电位或溶液的 pH 值能分别得到羟氨基化合物、氧化偶氮化合物、偶氮化合物等。

$$ArNO_2+6H^++6e \longrightarrow ArNH_2+2H_2O$$

影响产品质量和收率的因素很多，其中包括电流密度、温度、电极组成、溶剂等。常用的阴极电解液是无机酸的水溶液或水-乙醇溶液，常用的溶液有氯化铜、盐酸等，阴极材料有铜、铁、铅、碳等。

第二节　二苯甲醇的合成

二苯甲醇为白色片状或白色针状结晶，分子式为 $C_{13}H_{12}O$，分子量为 184.24，CAS 号为 91-01-0，熔点为 63.0~69.0℃。二苯甲醇为重要的医药中间体，用于合成苯甲托品、苯海拉明等药。

二苯甲醇可通过还原二苯甲酮而制得，实验室中进行少量合成，用硼氢化钠和氢化锂铝是较理想的试剂，它们均是能提供负氢离子的金属氢化物，具有一定的选择性，能还原羰基而不还原碳-碳双键。氢化锂铝还原能力较强，能将醛、酮、酰卤、酸、酯等还原成相应的醇，还能将酰胺、硝基苯等化合物还原成苯胺。但它能与水和醇作用，放出氢气，必须在无羟基的溶剂中进行。硼氢化钠的还原能力比较弱，只能还原醛、酮、酰卤，但是由于硼氢化钠可以在醇溶液中进行，操作方便，更受到人们的青睐。理论上 1mol 负氢试剂能还原 4mol 羰基化合物，实际操作中，考虑到氢化物的纯度以及 4 个负氢离子的活性差别，通常使用过量还原试剂，使还原反应尽量完全。对于中等规模的制备，则常常在碱性溶液中用锌粉还原。

一、二苯甲醇的合成方法分析

方法一：硼氢化钠还原

$$(C_6H_5)_2CO+NaBH_4 \longrightarrow Na^+B[OCH(C_6H_4)_2]_4 \xrightarrow{H_3O^+} 4(C_6H_5)_2CHOH$$

方法二：锌粉还原

锌粉在氢氧化钠水溶液的强碱性介质中可将二苯甲酮还原成二苯甲醇。

$$(C_6H_5)_2C{=}O \xrightarrow[\text{12h}]{\text{Zn, NaOH, }100\sim105^\circ C} (C_6H_5)_2CH{-}OH$$

医药中间体

二苯甲酮可由氯苄与苯在氯化锌存在下反应生成二苯甲烷，然后用硝酸氧化而得，另外也可以由苯甲酰氯与苯在无水三氯化铝存在下反应制得。

二、合成操作

1. 硼氢化钠还原法合成二苯甲醇

（1）试剂

二苯酮 1.5g(0.008mol)、硼氢化钠 0.4g(0.01mol)、95%乙醇、10%盐酸溶液、石油醚(60~90℃)。

（2）步骤

在 50mL 圆底烧瓶中加入 1.5g 二苯酮和 20mL95%乙醇，摇动烧瓶使之完全溶解，然后小心分批加入 0.4g 硼氢化钠❶，混匀后在室温下放置 3min，并时加摇动。接上回流冷凝管在用水浴回流加热 8~10min，然后改成蒸馏装置，水浴蒸去大部分乙醇。冷却后，加入 9mL 水，逐滴滴入 10%盐酸溶液❷至无大量气泡放出。冷水浴冷却，抽滤，并用少量水洗涤析出的白色固体，干燥后得粗产物。

用 15mL 石油醚（60~90℃）重结晶，得二苯甲醇结晶。

2. 锌粉还原合成二苯甲醇

（1）试剂

二苯甲酮 4.5g(0.024mol)、锌粉 4.5g(0.069mol)、氢氧化钠 4.5g(0.113mol)、95%乙醇、浓盐酸、石油醚（60~90℃）。

（2）步骤

依次加入 4.5g 氢氧化钠、4.5g 二苯甲酮、4.5g 锌粉及 45mL 95%乙醇至 100mL 圆底烧瓶中，充分摇荡。此时氢氧化钠和二苯甲酮逐渐溶解，约 5~10min 后，反应液微热。约 20min 后，装上冷凝管，在 80℃水浴上加热。此后每隔 15min 用毛细管取样一次，用薄层色谱法监测反应进程。

取一块自制的 GF_{254} 荧光硅胶薄层板，在薄层板上点样，再取二苯甲酮乙醇溶液在间隔

---

❶ 硼氢化钠是强碱性试剂，有腐蚀性，操作时勿与皮肤接触。

❷ 加 10%盐酸的作用如下。

① 分解过量的硼氢化钠：$NaBH_4+HCl+3H_2O \longrightarrow H_3BO_3+NaCl+4H_2\uparrow$。

② 水解硼酸酯的配合物（见方法一反应式）。

1cm 处点样进行对照，在盛有甲苯的展开槽中展开，晾干后，在 254nm 紫外灯下显色观察反应情况，约在 2h 后反应基本完成。冷却后抽滤，用少量乙醇洗涤固体。滤液倒入盛有 20mL 冰水混合物的烧杯中，摇荡混匀后，用浓盐酸小心酸化至 pH5～6❶。抽滤，干燥后得粗产品，用石油醚（60～90℃）重结晶，于红外灯下干燥后得二苯甲醇晶体。

3. 计算产率

4. 产物的检测和鉴定

观察产品外观和性状；测定折射率；测定熔点；红外光谱测定。

三、还原反应典型工业生产

对氨基苯甲酸是染料和医药中间体。用于生产活性红 M-80、M-10B、活性红紫 X-2P 等染料以及制取氰基苯甲酸、生产药物对羧基苄胺，也用于制造各类酯类、防晒剂。

$$p\text{-}CH_3C_6H_4NO_2 \xrightarrow[\text{催化剂}]{O_2} p\text{-}HOOCC_6H_4NO_2 \xrightarrow[\text{HCl, NaCl}]{\text{Fe}} p\text{-}HOOCC_6H_4NH_2$$

首先将 400kg 冰乙酸、350kg 对硝基甲苯、溴化钴 1.5kg 加入压力反应釜中，升温至 120℃时，开始通入空气，保持压力在 600kPa 以下，温度在 135～165℃。反应 5h 后冷却过滤，再用乙酸和热水洗涤至中性，干燥后可得对硝基苯甲酸约 250kg。该反应装置压力釜内衬钛，通气管为钛材质。

在反应釜内依次加入水、氯化钠、盐酸。开动搅拌并升温至 50～65℃。加入铁粉，继续升温到 100℃，保温 1h。停止加热，于 95℃下慢慢加入对硝基苯甲酸，加完后补加铁粉，在 100℃下保温 1～2h。待反应结束后，冷却至 80℃，用 30%液碱调节 pH 值为 8.5～9，压滤，用少量水洗涤。滤液洗液合并，投入酸析釜中，冷却到 30～35℃，加入保险粉脱色，过滤。滤液加酸调节 pH 值为 3.5～4，继续冷至 10℃以下，甩水，干燥，即得成品。

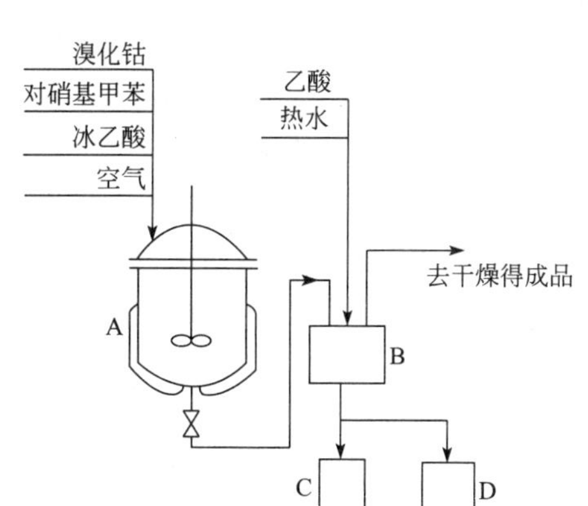

图 6-1　对硝基苯甲酸工艺流程图

A—压力反应釜；B—洗涤过滤器；

C—废酸槽；D—废水槽

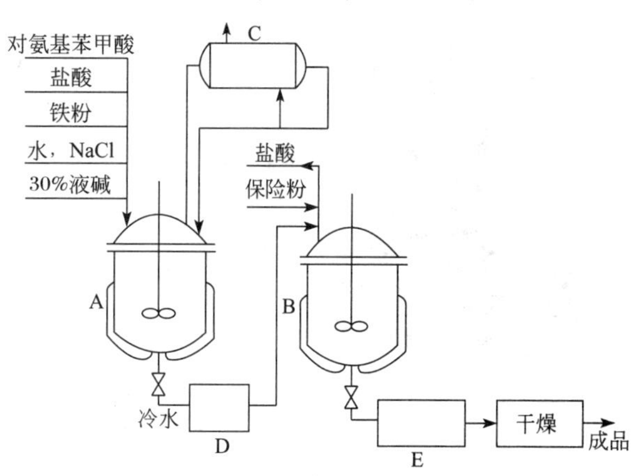

图 6-2　对氨基苯甲酸工艺流程图

A—还原釜；B—酸洗釜；

C—冷凝器；D，E—过滤机

❶ 酸化时溶液酸性不宜太强，以免晶体难以析出。

分析与讨论

1. 请说出催化氢化的优缺点。
2. 催化氢化反应的影响因素是什么？
3. 用铁屑进行还原反应的影响因素是什么？
4. 为什么工业上在催化氢化时，常用载体钯而很少用钯黑或胶体钯？
5. 硝基苯液相催化氢化制苯胺时，为何用骨架镍催化剂而不用钯/碳催化剂？
6. 写出由（对位带 NO_2 的苯环结构式）制备（对位带 NH_2 与 OH 的苯环结构式）的合成路线。
7. 写出由（对硝基苯基 CH_2COOH 结构式）生成（对硝基苯基 CH_2CH_2OH 结构式）的反应条件。
8. $NaBH_4$ 与氢化锂铝（$LiAlH_4$）都是负氢还原试剂，在还原能力以及操作上有何不同？
9. 在二苯甲醇的合成任务实施方法一中，反应完成后加入 10%盐酸的作用是什么？
10. 在二苯甲醇的合成任务实施方法二中，为什么要进行二次抽滤？写出后处理提纯产物的流程。
11. 试提出合成二苯甲醇的其他方法。

人物小知识

黄鸣龙（1898—1979 年），有机化学家，1898 年 8 月 6 日生于江苏省扬州市，1979 年 7 月 1 日逝世于上海。1920 年浙江医药专科学校毕业，即赴瑞士，在苏黎世大学学习。1922 年去德国柏林大学深造，1924 年获博士学位。同年回国后，历任浙江省卫生试验所化验室主任、卫生署技术与化学科主任、浙江省立医药专科学校药科教授等职。1934 年，再度赴德国，先在柏林用了一年时间补做有机合成和分析方面的实验，并学习有关的新技术，后于 1935 年入德国维次堡大学化学研究所进修，在著名生物碱化学专家 Bruchausen 教授指导下，研究中药延胡索、细辛的有效化学成分。1938—1940 年，黄鸣龙先在德国先灵药厂研究甾体化学合成，后又在英国密得塞斯医院的医学院生物化学研究所研究女性激素。在改造胆甾醇结构合成女性激素时，他们首先发现了甾体化合物中双烯酮-酚的移位反应。1940 年，黄鸣龙取道英国返回祖国，在昆明中央研究院化学研究所任研究员，并在西南联合大学兼任教授。在当时科研条件极差的情况下，进行了山道年及其一类物的立体化学的研究，发现了变质山道年的四个立体异构体可在酸碱作用下成圈地转变，并由此推断出山道年和四个变质山道年的相对构型。这一发现为以后解决山道年及其一类物的绝对构型和全合成提供了理论依据。1945 年在美国

从事 Wolff-Kishner 还原法的研究时取得突破性成果，国际上称之为黄鸣龙还原法。他领导了用七步法合成可的松的研究，并协助工业部门投入了生产；领导研制了甲地孕酮等计划生育药物，为建立甾体药物工业作出了重大贡献。

黄鸣龙 1952 年回国后，历任中国人民解放军医学科学院化学系主任、中国科学院有机化学研究所研究员。1955 年，他当选为中国科学院数理化学部委员。黄鸣龙数十年如一日忘我奋斗在科研第一线，为中国社会主义建设事业做出了重大贡献，并培养了大批科研骨干。他发表研究论文近百篇，综述和专论近 40 篇。

单元7　缩合反应

【知识目标】掌握缩合反应的定义、类型和特点；熟悉酯缩合、烯键参与的缩合和成环缩合反应的条件和产物；理解各类缩合反应的反应机理，以便更好地确定反应所需要的条件。

【能力目标】通过工作任务的完成，掌握醛酮缩合、醛酮与羧酸及其衍生物的缩合、醛酮与醇的缩合的反应特点、反应条件及其应用。

第一节　缩合反应基础知识介绍

缩合反应能提供由简单有机物分子合成复杂有机化合物的许多方法，缩合反应的含意非常广泛，凡是两个或多个有机化合物分子通过反应脱去小分子而形成一个新的较大的分子的反应；或同一个分子发生分子内的反应形成新的分子都可称为缩合反应。脱去的小分子可以是卤素、水、氨、卤化氢、醇等。还有一类是加成缩合，反应时不脱去小分子，连接成大分子。就化学键的连接方式而言，缩合反应包括碳-碳键和碳-杂键的形成。

缩合反应的类型繁多，有下列分类方法：① 按参与缩合反应的分子异同分类；② 按缩合反应发生于分子内或分子间分类；③ 按缩合反应产物是否成环分类；④ 按缩合反应的历程分类；⑤ 按缩合反应中脱去的小分子分类等。

其中具有代表性的反应有：能形成碳-碳键的具有活泼氢的化合物与羰基化合物（醛、酮、酯等）之间的缩合及成环缩合；形成碳-杂键的成环缩合及非成环缩合。此外，还有成环加成反应等。

许多缩合反应需在缩合剂或催化剂的存在下才能顺利进行，如酸、碱、盐、金属、醇钠等，缩合剂的选择与缩合反应中脱去的小分子有密切关系，某些重要缩合剂及其应用范围见表7-1，表内符号“+”表示该缩合剂可以应用。

表7-1　重要缩合剂的运用

缩合剂	脱去分子						
	X_2	H_2O	H_2	HX	EtOH	NH_3	N_2
$AlCl_3$		+	+	+			
$ZnCl_2$		-		+	+	+	
H_2SO_4		+		+	+	+	
HCl		+				+	
NaOH		-		+			
Na	+				+		
Mg	+						
Cu	+						+

续表

缩合剂	脱去分子						
	X_2	H_2O	H_2	HX	EtOH	NH_3	N_2
EtONa	+	+		+	+		
Pt/C			+				
$NaNH_2$				+	+		
HF		−		+			

缩合反应是形成分子骨架的重要反应方式之一，在精细化工产品及有机中间体合成中应用非常广泛。

例如，乙酰乙酸乙酯是重要的有机中间体，它是由两分子乙酸乙酯在乙醇钠催化下缩合而成的。

$$2CH_3\overset{\overset{\displaystyle O}{\|}}{C}—OC_2H_5 \xrightarrow[\text{② } H^+]{\text{① EtONa}} CH_3\overset{\overset{\displaystyle O}{\|}}{C}CH_2\overset{\overset{\displaystyle O}{\|}}{C}OC_2H_5 + C_2H_5OH$$

乙酰丙酮酸乙酯是磺胺药物的中间体，是由丙酮和草酸二乙酯在醇钠催化下缩合而成的。

$$CH_3\overset{\overset{\displaystyle O}{\|}}{C}CH_3 + \begin{array}{l}COOC_2H_5\\ |\\ COOC_2H_5\end{array} \xrightarrow[\text{② } H_2SO_4\text{，}20℃]{\text{① } CH_3ONa} CH_3COCH_2—\begin{array}{l}CO\\ |\\ COOC_2H_5\end{array} + C_2H_5OH$$

2-甲基-2-戊烯醛为镇静催眠药物中间体，由两分子丙醛在稀碱中缩合而成：将丙醛滴入稀的氢氧化钠水溶液中，并控制温度在40℃左右。否则，易发生副反应。

$$2CH_3CH_2CHO \xrightarrow[40℃\text{，}15min]{\text{稀 NaOH}} CH_3CH_2CH=\underset{\underset{\displaystyle CH_3}{|}}{C}—CHO$$

(89%)

一、醛酮缩合反应

醛、酮在一定条件下可发生缩合反应。缩合反应分两种情况：一种是相同的醛或酮分子间的缩合，称为自身缩合；另一种是不同的醛或酮分子之间的缩合，称为交叉缩合。

含有活泼 α-氢的醛或酮，在碱或酸的催化下生成 β-羟基醛或酮的反应统称为羟醛或醇醛缩合反应。它包括醛、醛缩合，酮、酮缩合和醛、酮交叉缩合三种反应类型。

生成物 β-羟基醛或酮经脱水消除便成为 α，β 不饱和醛或酮，经加氢处理可得到碳链长度增加一倍的醇，工业上常利用这种缩合反应来制备高级醇。例如，以丙烯为起始原料首先经羰基合成为正丁醛，再在氢氧化钠溶液或碱性离子交换树脂催化下成为 β-羟基醛，它便具有2倍于原料醛的碳原子数，再经脱水和加氢还原可转化成2-乙基己醇。

1. 羟醛缩合催化剂的影响和反应特征

（1）催化剂的影响

羟醛缩合反应可被酸或碱催化且影响较大。通常以碱催化应用较多，碱可以是弱碱，如 Na_3PO_4、NaOAc、Na_2CO_3、K_2CO_3、$NaHCO_3$ 等；也可以是强碱，如 NaOH、KOH、NaOEt、$Al(t\text{-}BuO)_3$ 等；以及碱性更强的 NaH 和 $NaNH_2$ 等。强碱一般用于活性差、位阻大的反应物之间的缩合，如酮、酮缩合，并在非质子溶剂中进行。碱的用量和浓度对产物的收率、质量均有影响。浓度太小，反应慢；浓度过大或用量太多，易引起树脂化反应。

羟醛缩合反应所用的酸催化剂有盐酸、硫酸、对甲苯磺酸、阳离子交换树脂、三氟化硼等路易斯酸。但其应用不如碱广泛。

(2) 羟醛缩合反应的特征

羟醛缩合反应是含活泼 α-H 的醛或酮在碱或酸的催化下生成β-羟基醛或酮（加成），并可经脱水生成 α-不饱和醛或酮与 β-不饱和醛或酮（消除）的反应。通式如下：

$$2RCH_2\overset{\overset{\large O}{\|}}{C}{-}R' \underset{\text{加成}}{\overset{HA\text{ 或 }B^-}{\rightleftharpoons}} RCH_2{-}\underset{R'}{\overset{OH}{C}}{-}\underset{R}{\overset{H}{C}}{-}\underset{R'}{\overset{\overset{O}{\|}}{C}} \xrightarrow[\text{消除}]{\triangle/-H_2O} RCH_2{-}\underset{R'}{C}{=}\underset{R}{C}{-}\overset{\overset{O}{\|}}{C}{-}R'$$

可见在酸或碱的催化下，羟醛缩合反应的加成阶段都是可逆的，反应包括一系列平衡过程。如欲获得高收率的稳定加成产物，需设法打破平衡。

在碱性催化的羟醛缩合中，转变为碳负离子的醛或酮，称为亚甲基组分；另一个提供羰基的醛或酮称为羰基组分。

2. 同分子醛、酮自身缩合

(1) 碱催化醛、酮自身缩合反应历程

含有活泼 α-H 的醛或酮可发生自身缩合：在碱催化剂的作用下，醛或酮的 α-H 被碱夺取，形成碳负离子，或烯醇负离子（亚甲基部分），作为亲核试剂，其亲核活性被提高，很快与另一分子醛或酮中的羰基（羰基组分）发生亲核加成，经质子转移得到加成产物（β-羟基醛或酮），脱水后可得到消除产物（α-不饱和醛或酮与 β-不饱和醛或酮）。反应历程如下：

$$RCH_2{-}\overset{\overset{O}{\|}}{C}R' + B^- \rightleftharpoons R\bar{C}H{-}\overset{\overset{O}{\|}}{C}R' + BH \;\longleftrightarrow\; RCH{=}\overset{O^-}{\overset{|}{C}}R'$$

$$\overset{H}{\overset{|}{RCH}}{-}\overset{\overset{O}{\|}}{C}R' + RCH{=}\overset{O^-}{\overset{|}{C}}R' \rightleftharpoons RCH_2{-}\underset{R'}{\overset{O^-}{C}}{-}\underset{R}{CH}\overset{\overset{O}{\|}}{C}R$$

$$RCH_2{-}\underset{R'}{\overset{O^-}{C}}{-}\underset{R}{CH}\overset{\overset{O}{\|}}{C}R' + BH \rightleftharpoons RCH_2{-}\underset{R'}{\overset{OH}{C}}{-}\underset{R}{CH}\overset{\overset{O}{\|}}{C}R' + B^-$$

$$RCH_2{-}\underset{R'}{\overset{OH}{C}}{-}\underset{R}{\overset{H}{C}}{-}\overset{\overset{O}{\|}}{C}R' + B^- \xrightarrow{-H_2O} RCH_2{-}\underset{R'}{C}{=}\underset{R}{C}\overset{\overset{O}{\|}}{C}R' + BH + OH^-$$

由反应历程可见，前三步均为平衡反应，而碱催化的脱水反应是反应能够进行的关键步骤。

对含一个活泼 α-H 的醛自身缩合，得到单一的 β-羟基醛加成产物。含有两个或三个活泼 α-H 的醛自身缩合时，若在稀碱溶液、较低温度下反应，得到 β-羟基醛；温度较高或用酸催化反应，均得到 α-不饱和醛与 β-不饱和醛。例如：

$$2CH_3CH_2CH_2CHO \xrightarrow[25℃]{NaOH} CH_3CH_2\underset{H}{CH}-\underset{OH}{CH}-\overset{CH_2CH_3}{\underset{H}{C}}-CHO$$
(75%)

$$CH_3CH_2\underset{H}{CH}-\underset{OH}{CH}-\overset{CH_2CH_3}{\underset{H}{C}}-CHO \xrightarrow[\text{或 } H_2SO_4]{NaOH,\ 80℃,\ 1h} CH_3CH_2CH{=}CH\overset{CH_2CH_3}{\underset{H}{C}}-CHO$$
(85%)

对于具有活泼 α-H 的酮分子间的自身缩合，因其反应活性较低，自身缩合的速率较慢，其加成产物结构更加拥挤，稳定性更差，反应的平衡偏向逆反应方向。要设法打破平衡或用碱性较强的催化剂（如醇钠）才可以提高 β-羟基或其脱水产物的收率。例如，当丙酮的自身缩合反应达到平衡时，加成缩合物 a 的浓度仅为丙酮的 0.01%，为了打破这种平衡，可利用索氏抽提器将氢氧化钡放在上面抽提器内，丙酮反复回流并与催化剂接触发生自身缩合反应。而脱水产物 b 留在下面烧瓶中，避免了可逆反应的进行，从而提高了收率。

$$CH_3\overset{O}{\overset{\|}{C}}CH_3 \xrightleftharpoons{Ba(OH)_2} CH_3\underset{OH}{\overset{CH_3}{C}}-\underset{H}{CH}-\overset{O}{\overset{\|}{C}}CH_3 \xrightarrow{I_2\text{ 或 }H_3PO_4} CH_3-\overset{CH_3}{C}-CH-\overset{O}{\overset{\|}{C}}CH_3$$

a　　　　b（71%）

除了利用索氏抽提器外，还可利用碱性 Al_2O_3 进行酮分子自身缩合反应。

（2）酸催化醛、酮自身缩合反应历程

酸催化作用首先是使醛、酮分子中羰基质子化并转成烯醇式，其与质子化羰基发生亲核加成，然后经质子转移，脱水得到产物。反应历程为：

$$RCH_2\underset{O}{\underset{\|}{C}}R' + HA \rightleftharpoons RCH_2\underset{^+OH}{\underset{\|}{C}}R' + A^-$$

$$RCH_2\underset{^+OH}{\underset{\|}{C}}R' \rightleftharpoons RCH{=}\underset{OH}{C}R' + H^+$$

$$RCH_2\underset{^+OH}{\underset{\|}{C}}R' + RCH{=}\underset{OH}{C}R' \rightleftharpoons RCH_2\overset{R'}{\underset{OH}{C}}-\underset{R}{CH}\overset{^+OH}{\overset{\|}{C}}R'$$

$$RCH_2\overset{R'}{\underset{OH}{C}}-\underset{R}{CH}\overset{^+OH}{\overset{\|}{C}}R' \rightleftharpoons RCH_2\overset{R'}{\underset{OH}{C}}-\underset{R}{CH}\overset{O}{\overset{\|}{C}}R' + H^+$$

$$RCH_2\overset{R'}{\underset{OH}{C}}-\underset{R}{CH}\overset{O}{\overset{\|}{C}}R' + H^+ \rightleftharpoons \left[RCH_2\overset{R'}{\underset{^+OH_2}{C}}-\underset{R}{CH}\overset{O}{\overset{\|}{C}}R'\right] \xrightarrow[-H^+]{-H_2O} RCH_2\overset{R'}{C}{=}\underset{R}{C}\overset{O}{\overset{\|}{C}}R'$$

在酸催化中，决定反应速率的步骤是亲核加成。除脱水反应外，其余各步反应都是可逆反应。在丙酮自身缩合反应中，若采用弱酸性阳离子交换树脂 dowex-50 为催化剂，可以直接得到脱水产物 b，收率达 90%，且操作简便，不需抽提装置。

在酮的自身缩合中，若是对称酮，产品较单一，若为不对称酮，不论酸还是碱催化，反应主要发生在羟基α-位取代基较少的碳原子上，得β-羟基酮或其脱水产物。

$$2CH_3CH_2\overset{O}{\overset{\|}{C}}CH_3 \xrightarrow{C_6H_5N(CH_3)\ MgBr/PbH/Et_2O} CH_3CH_2\overset{O}{\overset{\|}{C}}CH_2\underset{OH}{\underset{|}{\overset{CH_3}{\overset{|}{C}}}}—CH_2CH_3 \quad (60\%\sim67\%)$$

（3）芳醛的自身缩合

由于芳醛不含活泼α-H，故不能像含活泼α-H的醛、酮那样在酸或碱催化下缩合。但芳醛在含水乙醇中，以氰化钠（钾）为催化剂，加热可以发生自身缩合，生成α-羟基酮。该反应称为安息香缩合。反应如下：

$$2Ar—\overset{O}{\overset{\|}{C}}H \xrightarrow[\text{或 KCN}]{NaCN} Ar—\overset{O}{\overset{\|}{C}}—\underset{H}{\underset{|}{\overset{OH}{\overset{|}{C}}}}—Ar$$

该反应的反应历程为：氰负离子对羰基进行亲核加成，形成氰醛负离子，然后酸性氢转移得氰醇负离子。该负离子向另一分子芳醛的羰基进行亲核加成，得到的加成产物经质子转移后脱去氰基，生成α-羟基酮。

$$Ar—\overset{O}{\overset{\|}{C}}—H + CN^- \rightleftharpoons Ar—\underset{CN}{\underset{|}{\overset{O^-}{\overset{|}{C}}}}—H \rightleftharpoons Ar—\underset{CN}{\underset{|}{\overset{OH}{\overset{|}{C^-}}}}$$

$$Ar—\underset{CN}{\underset{|}{\overset{OH}{\overset{|}{C^-}}}} + \underset{H}{\underset{|}{\overset{O}{\overset{\|}{C}}}}—Ar \overset{\text{慢}}{\rightleftharpoons} Ar—\underset{CN}{\underset{|}{\overset{OH}{\overset{|}{C}}}}—\underset{H}{\underset{|}{\overset{O^-}{\overset{|}{C}}}}—Ar \overset{H_2O}{\rightleftharpoons} Ar—\underset{CN}{\underset{|}{\overset{\ddot{O}}{\overset{|}{C}}}}—\underset{H}{\underset{|}{\overset{OH}{\overset{|}{C}}}}—Ar \xrightarrow{-CN^-} Ar—\overset{O}{\overset{\|}{C}}—\underset{H}{\underset{|}{\overset{OH}{\overset{|}{C}}}}—Ar$$

3. 异分子醛、酮交叉缩合

含有活泼α-H的不同醛酮分子之间的缩合，情况比较复杂，可以发生交叉的羟醛缩合和自身缩合，往往生成四种产物，根据原料的结构和反应条件的不同，所得产物仍有主次之分，甚至因可逆平衡过程而主要给出一种产物。得到单一产物的最好的办法还是使用无活泼α-H的醛与含活泼α-H的醛、酮缩合或使用含活泼α-H的不同醛、酮分子间的区域选择及主体选择手段进行定向羟醛缩合。

由于甲醛和其他不含α-H的醛（如芳醛）分子中没有活泼的α-H，自身也不能发生羟醛缩合，但它们的羰基可以与含α-H的醛、酮发生羟醛缩合。甲醛或芳醛仅能作为羰基组分，而不能给出α-H生成亚甲基组分。所以此类反应产物较单纯，应用也较广泛。

（1）芳醛与含活泼α-H的醛、酮的缩合

芳醛与含活泼α-H的醛、酮在碱催化下缩合生成β-不饱和醛、酮。该反应就是克莱森-斯密特反应。通式如下：

$$ArCHO + RCH_2\overset{O}{\overset{\|}{C}}R' \rightleftharpoons Ar\overset{OH}{\overset{|}{C}}H\underset{R}{\underset{|}{C}}H\overset{O}{\overset{\|}{C}}R' \xrightarrow{-H_2O} ArCH=\underset{R}{\underset{|}{C}}\overset{O}{\overset{\|}{C}}R'$$

反应先生成中间产物β-羟基芳丙醛（酮），该产物极不稳定，在强酸催化下立即脱水生成稳定的芳丙烯醛（酮）。类似的反应有：

$$O_2N-C_6H_4-CHO + CH_3\overset{O}{\overset{\|}{C}}-C_6H_5 \xrightarrow[\text{(或}H_2SO_4\text{, HAc)}]{NaOH,\ H_2O} O_2N-C_6H_4-CH=CH\overset{O}{\overset{\|}{C}}-C_6H_5$$

94%（99%）

如果芳醛与不对称酮缩合，不对称酮中仅有一个 α-位有活泼氢原子，则产品单一，不论酸催化还是碱催化均得一种产品。若两个 α-位均有活泼氢原子，则可能得到两种不同的产品。例如：

$$C_6H_5-CHO + CH_3\overset{O}{\overset{\|}{C}}CH_2CH_3 \xrightarrow{NaOH} C_6H_5-CH=CH\overset{O}{\overset{\|}{C}}CH_2CH_3$$

$$C_6H_5-CHO + CH_3\overset{O}{\overset{\|}{C}}CH_2CH_3 \xrightarrow{HCl} C_6H_5-CH=\underset{CH_3}{\underset{|}{C}}-\overset{O}{\overset{\|}{C}}CH_3$$

（2）甲醛与含活泼 α-H 的醛、酮的缩合

甲醛本身不含活泼 α-H，难以自身缩合，但在碱催化下，可与含活泼 α-H 的醛、酮进行羟醛缩合，并在醛、酮的 α-碳原子上引入羟甲基，此反应称为羟甲基化反应（Tollens 缩合），其产物是 β-羟基醛（酮）或其脱水产物（α-不饱和醛、酮与 β-不饱和醛、酮），例如：

$$HCHO+CH_3COCH_3 \xrightarrow[40\sim45℃]{稀\ NaOH} H_2\underset{OH}{\underset{|}{C}}-\underset{H}{\underset{|}{CH}}-COCH_3 \xrightarrow{-H_2O} \underset{(45\%)}{H_2C=CH-COCH_3}$$

利用这种特点，还可以用甲醛与其他醛缩合生成一系列羟甲基醛，如果采用过量甲醛，则可能在脂肪醛上引入多个羟甲基。例如：

$$2HCHO+CH_3CH_2CH_2CHO \xrightarrow[14\sim20℃,\ 3h]{K_2CO_3} CH_3CH_2-\overset{CH_2OH}{\overset{|}{\underset{CH_2OH}{\underset{|}{C}}}}-CHO$$

生成的多羟基醛又会与过量的甲醛发生康尼查罗反应，即歧化反应。因此，甲醛的羟甲基化反应和康尼查罗反应往往是同时发生的，最后产物为多羟基化合物。例如：

$$CH_3CH_2-\overset{CH_2OH}{\overset{|}{\underset{CH_2OH}{\underset{|}{C}}}}-CHO + HCHO + H_2O \longrightarrow CH_3CH_2-\overset{CH_2OH}{\overset{|}{\underset{CH_2OH}{\underset{|}{C}}}}-CH_2OH + HCOOH$$

由此可见，当甲醛与有活泼 α-H 的脂肪醛在浓碱液中作用时，首先发生羟醛缩合反应，然后进行歧化反应。这是制备多羟基化合物的有效方法。

近年来，使用特殊的催化剂，使含活泼 α-H 的醛、酮分子间区域选择及立体选择的羟醛缩合反应发展很快，已成为一类形成新碳-碳键的重要反应。这种方法被称为定向羟醛缩合。有关定向羟醛缩合的基本原理及方法，读者可参阅其他相关文献。

二、氨甲基化反应

1. 氨甲基化反应概述

含活泼氢原子的化合物与甲醛（或其他醛）和具有氢原子的伯胺、仲胺或季铵盐在酸（或碱）性条件下进行脱水缩合，生成氨甲基衍生物的反应称为氨甲基化反应，就是曼尼希反应，其产物常称为曼尼希碱或曼尼希盐。反应通式如下：

$$R'CH_2\overset{O}{\overset{\|}{C}}R'' + HCHO + R_2NH \longrightarrow R_2NCH_2\underset{R''}{\underset{|}{C}}H\overset{O}{\overset{\|}{C}}R''$$

酸催化反应历程为：亲核性较强的胺与甲醛反应，生成 *N*-羟甲基加成产物，并在酸催化下脱水生成亚甲基胺离子，进而向烯醇式的酮作亲电进攻而得到产物。

$$H-\overset{O}{\overset{\|}{C}}-H + R_2NH \longrightarrow H-\underset{OH}{\underset{|}{\overset{NR_2}{\overset{|}{C}}}}-H \xrightarrow[-H_2O]{+H^+} H-\underset{+}{\overset{NR_2}{\overset{|}{C}}}-H \longleftrightarrow H-\overset{^+NR_2}{\overset{\|}{C}}-H \xrightarrow{H_2C=\overset{OH}{\overset{|}{C}}-R'}$$

$$R_2NCH_2CH_2-\underset{+}{\overset{OH}{\overset{|}{C}}}-R' \xrightarrow{-H^+} R_2NCH_2CH_2-\overset{O}{\overset{\|}{C}}-R'$$

碱催化反应历程为：由加成产物 *N*-羟甲基胺在碱性条件下，与酮的碳负离子进行缩合而得。

$$H-\overset{O}{\overset{\|}{C}}-H + R_2NH \longrightarrow H-\underset{OH}{\underset{|}{\overset{NR_2}{\overset{|}{C}}}}-H \xrightarrow{^-CH_2\overset{O}{\overset{\|}{C}}R'} R_2NCH_2CH_2\overset{O}{\overset{\|}{C}}R' + OH^-$$

2. 反应主要影响因素

(1) 含活泼 α-H 的化合物

用于氨甲基化反应的含活泼 α-H 的化合物包括酮、醛、羧酸及其脂类、腈、硝基烷、炔、酚及某些杂环化合物。其中以酮类应用最为广泛。这些化合物分子中若仅有一个活泼 α-H，则产品比较单纯；若有两个或多个活泼 α-H，则可以逐个被氨甲基所取代。例如甲基酮在甲醛和氨（胺）过量时，易发生下述反应：

$$R\overset{O}{\overset{\|}{C}}CH_3 \xrightarrow[NH_4Cl]{HCHO} R\overset{O}{\overset{\|}{C}}CH_2CH_2NH_2 \cdot HCl \xrightarrow[NH_4Cl]{HCHO}$$

$$R\overset{O}{\overset{\|}{C}}CH(CH_2NH_2)_2 \cdot 2HCl \xrightarrow[NH_4Cl]{HCHO} R\overset{O}{\overset{\|}{C}}C(CH_2NH_2)_3 \cdot 3HCl$$

(2) 胺类化合物

在氨甲基化反应中，参加反应的甲醛是亲电性的，反应时，胺类的亲核活性应大于含活泼 α-H 化合物的亲核性，这样才能形成氨甲基碳正离子；否则，反应趋于失败。所以，一般使用碱性较强的脂肪胺。因仲胺氮原子上仅有一个氢原子，产物单纯，故被广泛采用。当胺的碱性很强时，可以用其盐酸盐。芳胺的碱性较弱，亲核活性小，产物收率低，一般不采用。

(3) 酸度

氨甲基化反应通常需在酸性催化剂的弱酸性（pH = 3~7）条件下进行。通常采用盐酸作反应介质，酸的主要作用有三：一是起催化作用，为反应提供质子，加速反应的进行，条件是反应液的 pH 值应控制在 3~7 之间，否则对反应有抑制作用；二是起解聚作用，当采用三聚或多聚甲醛时，在酸性条件下加热时更易发生解聚反应，生成甲醛，确保反应正常进行；三是起稳定作用，在酸性条件下，酸能使生成的曼尼希碱很快生成盐，稳定性增强。

一些对盐酸不稳定的杂环化合物，进行氨甲基化反应时，可用乙酸作催化剂。另外，自身具有酸性的某些含活泼 α-H 的化合物，因其本身就能提供质子，可直接与游离胺和甲醛反应。

此外，在氨甲基化反应中，不同的原料配比对反应产物及其结构影响很大。如采用胺进行反应，在甲醛和含活泼 α-H 化合物过量时，生成的曼尼希盐进一步反应，生成的仲胺或叔胺的曼尼希盐。例如：

$$NH_3 \cdot HCl \xrightarrow[HCHO]{RCOCH_3} RCOCH_2CH_2NH_2 \cdot HCl \xrightarrow[HCHO]{RCOCH_3}$$

$$(RCOCH_2CH_2)_2NH \cdot HCl \xrightarrow[HCHO]{RCOCH_3} (RCOCH_2CH_2)_3N \cdot HCl$$

因此，氨甲基化反应必须严格控制配料和反应条件。

3. 曼尼希碱的反应

氨甲基化反应在精细有机合成反应方法上的意义，不仅在于制备众多的 *C*-氨甲基化产物，而且可以作为合成中间体，通过消除、加成/氢解和置换等反应制备一般方法难以合成的产物。

曼尼希碱或其盐不太稳定，加热可消除胺分子形成烯键而生成烯烃。例如，药物利尿酸的合成：

$$\text{2,3-}Cl_2\text{-4-}(OCH_2COOH)C_6H_2\text{-}COCH_2CH_2CH_3 \xrightarrow[HAc,\ MeOH,\ \triangle]{(HCHO)_n,(CH_3)_2NH \cdot HCl} \text{2,3-}Cl_2\text{-4-}(OCH_2COOH)C_6H_2\text{-}COCH(CH_2N(CH_3)_2 \cdot HCl)CH_2CH_3 \xrightarrow[pH = 9 \sim 10,\ 8h]{10\%NaHCO_3,\ 65℃} \xrightarrow{HCl} \text{2,3-}Cl_2\text{-4-}(OCH_2COOH)C_6H_2\text{-}COC(=CH_2)CH_2CH_3\ (54\%)$$

曼尼希盐酸盐在活泼镍催化下可以发生氢解反应，从而制得比原反应物多一个碳原子的同系物。例如，合成维生素 K 的中间体 2-甲基萘醌的制备：

$$\text{1-萘酚} \xrightarrow[(CH_3)_2NH]{HCHO} \text{2-}CH_2N(CH_3)_2\text{-1-萘酚} \xrightarrow[EtOH]{H_2/Ni} \text{2-}CH_3\text{-1-萘酚}\ (42\%) \xrightarrow[HAc]{CrO_3} \text{2-甲基-1,4-萘醌}\ (75\%)$$

曼尼希碱还可被强的亲核试剂置换而发生取代反应，例如，植物生长素 β-吲哚乙酸的制备：

$$\text{3-}CH_2N(CH_3)_2\text{-吲哚} \xrightarrow[EtOH]{NaCN/H_2O} \text{3-}CH_2CN\text{-吲哚} \xrightarrow[\triangle]{HCl/H_2O} \text{3-}CH_2COOH\text{-吲哚}\ (70\%)$$

三、醛酮与羧酸的缩合

1. 珀金反应

(1) 珀金反应及其反应历程

芳香醛、脂肪酸酐在碱性催化剂作用下发生缩合，生成β-芳基丙烯酸类化合物的反应称为珀金缩合反应。珀金反应适用于芳醛或不含α-氢的脂肪醛，反应通式为：

$$ArCHO + (RCH_2CO)_2O \xrightarrow[\text{② } H_3O^+]{\text{① } RCH_2COK} ArCH{=}\underset{\substack{|\\R}}{C}{-}COOH + RCH_2COOH$$

如果芳醛的芳环上含有吸电子基团，如X、NO_2，则反应容易进行，收率高；相反，若含有给电子基团，如CH_3等，则反应难于进行，收率低。这些现象表明珀金反应为亲核加成反应。反应实质是酸酐的亚甲基与醛进行羟醛缩合，反应历程如下：

$$(CH_3CO)_2O + CH_3COO^- \rightleftharpoons \left[{}^-CH_2{-}C(=O){-}O{-}C(=O)CH_3 \longleftrightarrow CH_2{=}C(O^-){-}O{-}C(=O)CH_3 \right] \xrightleftharpoons{PhCHO}$$

$$Ph{-}HC(O^-){-}CH_2{-}C(=O){-}O{-}C(=O)CH_3 \rightleftharpoons Ph{-}HC(O{-}C(=O)CH_3){-}CH_2{-}C(=O){-}O^- \xrightarrow{(CH_3CO)_2O} Ph{-}HC(O{-}C(=O)CH_3){-}CH(H){-}C(=O){-}OCOCH_3 \xrightarrow[-H^+]{-CH_3COO^-}$$

$$Ph{-}C(H){=}C(H){-}C(=O){-}OCOCH_3 \xrightarrow[-CH_3COOH]{+H_2O} \underset{H}{\overset{Ph}{}}C{=}C\underset{COOH}{\overset{H}{}}$$

(2) 反应条件和影响因素

反应中的脂肪酸酐是活性较弱的次甲基化合物，催化剂脂肪酸盐又是弱碱，所以要求较高的反应温度（150~200℃）和较长的反应时间。所以，珀金反应所用的催化剂多为与羧酸酐相应的羧酸钾盐或钠盐，无水羧酸钾盐的效果比钠盐好，反应速率快、收率高；三乙胺等叔胺也可以催化此反应。

参加珀金反应的酸酐一般是具有两个或三个活泼α-H的低级单酸酐，高级单酸酐的制备较困难，来源亦少，可以采用该羧酸的盐和乙酐混合代替，先使其生成相应的混合酸酐，再参与缩合反应。例如：

$$PhCH_2COOH + (CH_3CO)_2O \xrightarrow[\Delta]{Et_3N} PhCH_2COOCOCH_3 \xrightarrow[\text{② } H_3O^+]{\text{① } PhCHO} PhCH{=}\underset{\substack{|\\Ph}}{C}COOH \quad (83\%)$$

珀金反应的收率和芳醛的结构有关，芳环上连有的吸电子基团越多，吸电子能力越强，反应越容易进行，收率也越高；芳环上连有给电子基团时，反应较困难，收率一般较低，甚至不发生反应。但醛基邻位有羟基或烷氧基时，一样有利于反应的进行。

杂环芳醛也能发生类似的反应，如糠醛与乙酐缩合，得呋喃丙烯酸：

$$\text{(2-furyl)CHO} + (CH_3CO)_2O \xrightarrow[\text{②}H_3O^+]{\text{①KAc, 150℃}} \text{(2-furyl)}-CH{=}CHCOOH$$

一般说来，珀金反应需要较高的反应温度（150~200℃）和较长的反应时间，但反应温度过高会发生脱羧和消除副反应，最终生成烯烃。例如：

$$PhCHO + (CH_3CO)_2O \xrightarrow{\text{温度过高}} Ph{-}CH{=}CH_2 + CH_3COO^- + CO_2$$

此外，珀金反应还需在无水条件下进行，如苯甲醛与乙酐反应时，苯甲醛需要作除水蒸馏处理；乙酸钾需要焙烧后研细使用。

（3）珀金反应的应用

珀金反应可用于β-芳丙烯酸类化合物的制备。尽管与诺文葛耳-多布纳反应相比，产物收率不高，但制备芳环上有吸电子基团的β-芳丙烯酸时，两种方法收率接近。而珀金反应采用的原料比较容易获得。例如，胆囊照影剂中间体碘番酸（Iopanic Acid）的制备：

$$\text{3-}NO_2C_6H_4CHO + (CH_3CH_2CH_2CO)_2O \xrightarrow[\text{②}H_3O^+]{\text{①}CH_3CH_2CH_2COONa,\ 135\sim140℃,\ 7h} \text{3-}NO_2C_6H_4CH{=}C(C_2H_5)COOH \quad (70\%\sim75\%)$$

2. 诺文葛耳-多布纳反应

（1）诺文葛耳-多布纳反应

醛、酮与含活泼亚甲基的化合物在氨、胺或它们的羧酸盐催化下，发生羟醛型缩合，脱水而形成α-不饱和化合物与β-不饱和化合物的反应称为诺文葛耳-多布纳反应。其反应结果是在羰基α-碳上引入了亚甲基，反应通式为：

$$(X)(Y)CH_2 + O{=}C(R(H))(R') \xrightarrow{\text{催化剂}} (X)(Y)C{=}C(R(H))(R') + H_2O$$

$(X)(Y)CH_2$ 中的X、Y为吸电子基，如—CN、—NO_2、—COR、—COOR、—CONHR等。

诺文葛耳-多布纳缩合中，常见的亚甲基化合物有丙二酸及其酯类、乙酰乙酸及其酯类、氰乙酰胺类、丙二氰、丙二酰胺、芳酮类、脂肪族硝基化合物等。其中所含基团的吸电子能力越强，反应活性越高。

（2）反应条件和影响因素

参加诺文葛耳-多布纳缩合的醛、酮（羰基组分）结构不同，反应结果亦不尽相同。芳醛、脂肪醛均可顺利进行本反应，其中以芳醛的反应效果更好。例如：

$$PhCHO + CH_2(COOC_2H_5)_2 \xrightarrow[\text{苯回流带水}]{\text{苯甲酸/哌啶}} PhCH{=}C(COOC_2H_5)_2 \quad (89\%\sim91\%)$$

空间位阻小的酮（如丙酮、甲乙酮、脂环酮等）与活性较高的活泼亚甲基化合物（如丙二腈、氰乙酸、脂肪族硝基化合物等）可顺利进行诺文葛耳-多布纳缩合，收率也较高；但与丙二酸酯、β-酮酸酯、β-二酮反应的收率不高。而位阻大的酮反应较困难，收率也低。

例如：

$$CH_3COCH_3+CH_2(CN)_2 \xrightarrow[\text{苯回流带水}]{H_2NCH_2CH_2COOH} (CH_3)_2C{=}C(CN)_2 \ (92\%)$$

$$\text{环己酮}{=}O + CNCH_2COOH \xrightarrow[\text{苯回流带水}]{NH_4Ac} \text{环己亚基}{=}C(CN)COOH \ (65\%\sim76\%)$$

$$(CH_3)_3C\underset{\displaystyle CH_3}{\underset{|}{C}}{=}O + CH_2(CN)_2 \xrightarrow[\text{苯回流带水}]{H_2NCH_2CH_2COOH} (CH_3)_3C\underset{\displaystyle CH_3}{\underset{|}{C}}{=}C(CN)_2 \ (48\%)$$

反应常用的催化剂有氨-乙醇、丁胺、乙酸胺、吡啶、甘氨酸、β-氨基丙酸、碱性离子交换树脂羧酸盐、氢氧化钠、碳酸钠等。对活性较大的反应物也可以不用催化剂。反应时，可以用苯、甲苯等有机溶剂共沸脱水，促使反应进行完全；同时又可防止含活泼亚甲基的酯类等化合物水解。

(3) 诺文葛耳-多布纳反应的应用

诺文葛耳-多布纳缩合在精细有机合成及中间体合成中应用很多。主要用于制备 α-不饱和酸和 β-不饱和酸及其衍生物、不饱和腈和 β-不饱和腈及硝基化合物。其构型一般为 E 型。例如防腐、防霉剂山梨酸的合成：

$$CH_3CH{=}CHCHO + CH_2(COOH)_2 \xrightarrow[100℃,\ 4h]{\text{吡啶}} CH_3CH{=}CHCH{=}CHCOOH$$

又如，升压药多巴胺中间体的合成：

$$\text{3-}CH_3O\text{-4-}HO\text{-}C_6H_3\text{-}CHO + CH_3NO_2 \xrightarrow[3\sim4h]{CH_3NH_2/HCl/EtOH} \text{3-}CH_3O\text{-4-}HO\text{-}C_6H_3\text{-}CH{=}CHNO_2 \ (90\%\sim93\%)$$

此外，在醇盐等强碱性催化剂作用下，芳醛与含有一个吸电子基的羧酸衍生物也可发生类似的诺文葛耳-多布纳缩合。例如 β-苯丙烯酸乙酯的制备：

$$PhCHO+CH_3COOC_2H_5 \xrightarrow{NaOEt} PhCH{=}CHCOOC_2H_5$$

3. 达曾斯反应

(1) 达曾斯缩合

醛或酮与 α-卤代酸酯在强碱催化下缩合，生成 α-环氧酸酯与 β-环氧酸酯（缩水甘油酸酯）的反应称为达曾斯缩合反应，反应通式如下：

$$\begin{matrix}R' \\ R\end{matrix}\!\!>C{=}O + \begin{matrix}R'' \\ X\end{matrix}\!\!>CH{-}COOH \xrightarrow{RONa} \begin{matrix}R' \\ R\end{matrix}\!\!>\underset{\diagdown O \diagup}{C{-}C}\!\!<\begin{matrix}R'' \\ COOR\end{matrix} +ROH+NaX$$

反应所用的 α-卤代酸酯，一般以 α-氯代酸酯最适合。α-溴代酸酯和 α-碘代酸酯虽然活性强，但因易发生烃化副反应、使产品变得复杂，而很少采用。

参加达曾斯缩合反应的羰基化合物中，除脂肪醛收率不高外，脂肪酮、芳酮、芳酯酮、酯环酮、不饱和酮及芳醛等均可获得较高收率。例如：

$$PhCOCH_3+ClCH_2COOC_2H_5 \xrightarrow[15\sim20℃,\ 4h]{NaNH_2} \begin{matrix}Ph \\ CH_3\end{matrix}\!\!>\underset{\diagdown O \diagup}{C{-}C}\!\!<\begin{matrix}H \\ COOC_2H_5\end{matrix} \ (62\%\sim64\%)$$

$$(CH_3O)_2CHCH_2\underset{CH_3}{\underset{|}{C}}{=}O + ClCH_2COOCH_3 \xrightarrow[Et_2O]{MeONa} \begin{matrix}(CH_3O)_2CHCH_2 & & H \\ & C\text{—}C & \\ CH_3 & O & COOC_2H_5\end{matrix}$$

(77%～80%)

$$\text{环己酮}{=}O + ClCH_2COOC_2H_5 \xrightarrow[10\sim15℃,\ 3h]{t\text{-BuOH},\ t\text{-BuOK}} \text{环己基}{>}C\overset{O}{\text{—}}C{<}^{H}_{COOC_2H_5}$$

(83%～95%)

（2）反应条件和影响因素

达曾斯反应常用的强碱性催化剂有醇钠、氨基钠、叔丁醇钾等，前者应用最广，后者碱性强，效果好。产品收率比使用其他催化剂高。对于活性较低的反应物，用叔丁基醇钾和氨基钠催化，反应较快。

由于 α-卤代酸酯和催化剂均易水解，达曾斯反应需在无水条件下进行，反应温度也不高。

此外，还可以用 α-卤代酮、对硝基苄氯、α-卤代酰胺等反应物代替 α-卤代酸酯，生成相应的 α-环氧取代衍生物与 β-环氧取代衍生物。例如：

$$PhCHO + ClCH_2\overset{O}{\overset{\|}{C}}Ph \xrightarrow[\text{二氧六环},\ 0℃]{NaOH,\ H_2O} Ph\text{—}CH\overset{O}{\text{——}}CH\text{—}\overset{O}{\overset{\|}{C}}\text{—}Ph$$

(95%)

$$PhCHO + ClCH_2\text{—}C_6H_4\text{—}NO_2 \xrightarrow[\triangle]{NaOH,\ EtOH} Ph\text{—}CH\overset{O}{\text{—}}CH\text{—}C_6H_4\text{—}NO_2$$

(94%)

（3）达曾斯反应的应用

由达曾斯缩合所得的 α-环氧酸酯和 β-环氧酸酯有顺、反两种构型，一般以酯基与邻位碳原子上的大基团处于反式的异构体占优势。达曾斯缩合反应的主要意义还在于其缩合产物经水解、脱羧等反应，可以转化为比原反应物醛或酮至少多一个碳原子的醛或酮。通常是将 α-环氧酸酯和 β-环氧酸酯用碱水解后，继续加热脱羧；也可以将碱水解物用酸中和，然后加热脱羧制得醛或酮。例如，维生素 A 中间体十四碳醛的制备：

$$\text{(}\beta\text{-紫罗兰酮)} + ClCH_2COHOCH_3 \xrightarrow[5\sim25℃,\ 5h]{MeONa} \text{(环氧酸酯，}\overset{O}{C}\text{—CHCOOCH}_3\text{)} \xrightarrow[38\sim42℃,\ 15\sim20min]{OH^-,\ H_2O}$$

$$\text{(烯醇盐，}O^-\text{)} \xrightarrow[H^+]{pH=6\sim7} \text{(十四碳醛，CHO)}$$

(87%)

四、醛酮与醇的缩合

醛或酮在酸性催化剂存在下能与一分子醇发生反应，生成半缩醛或酮。半缩醛、酮不稳定，一般很难分离出来，并很快和另一分子醇再次缩合，脱水后形成缩醛或缩酮。

$$\begin{matrix}R\\ \ \ \ \ C{=}O\\R'\end{matrix} + HOR'' \underset{}{\overset{H^+}{\rightleftharpoons}} \begin{matrix}R\ \ \ OR''\\ C\\ R'\ \ \ OH\end{matrix} \xrightarrow[H^+/-H_2O]{HOR''} \begin{matrix}R\ \ \ OR''\\ C\\ R'\ \ \ OR''\end{matrix}$$

当R′为氢原子时称缩醛，R′为烃基时称缩酮；若选用二醇进行缩合，则生成环状缩醛或缩酮。缩醛、缩酮反应历程如下：

$$\begin{matrix}R\\ \ \ \ \ C{=}O\\R'\end{matrix} + \overset{H^+}{\rightleftharpoons} \begin{matrix}R\\ \ \ \ \ C{=}\overset{+}{O}H\\R'\end{matrix} \overset{HOR''}{\rightleftharpoons} \begin{matrix}R\ \ \ \overset{+}{H}OR''\\ C\\ R'\ \ \ OH\end{matrix} \rightleftharpoons \begin{matrix}R\ \ \ OR''\\ C\\ R'\ \ \ OH_2^+\end{matrix} \overset{-H_2O}{\rightleftharpoons}$$

$$\begin{matrix}R\\ \ \ \ \ \overset{+}{C}{-}OR''\\R'\end{matrix} \overset{HOR''}{\rightleftharpoons} \begin{matrix}R\ \ \ \overset{+}{H}OR''\\ C\\ R'\ \ \ OR\end{matrix} \overset{-H^+}{\rightleftharpoons} \begin{matrix}R\ \ \ OR''\\ C\\ R'\ \ \ OR''\end{matrix}$$

半缩醛、半缩酮的生成是对醛、酮羰基的亲核加成，酸对反应起催化作用。羰基的质子化增加了羰基碳原子的正电性，使羰基更容易受亲核试剂进攻。半缩醛、半缩酮在酸化下失去一个水分子，形成碳正离子，然后再与一分子醇发生亲核取代反应，生成缩醛、缩酮。

缩醛、缩酮具有胞二醚的结构，对碱和氧化剂都相当稳定。但由于缩醛、缩酮的生成是可逆的，故其在稀酸溶液和较高的温度下水解为原来的醛、酮和醇，而低温除水有利于缩醛、缩酮的生成，因此制备缩醛、缩酮，需要在干燥的氯化氢气体或浓硫酸（脱水）存在下进行。也可以利用共沸除水的方法除去反应中生成的水来制备缩醛、缩酮。

缩酮较缩醛难于生成，反应困难，常用原甲酸酯在酸催化下与酮反应来制备缩酮。例如：

$$\begin{matrix}CH_3\\ \ \ \ \ C{=}O\\CH_3\end{matrix} + HC(OC_2H_5)_3 \xrightarrow{H^+} \begin{matrix}CH_3\ \ \ OC_2H_5\\ C\\ CH_3\ \ \ OC_2H_5\end{matrix} + H\overset{O}{\overset{\|}{C}}OC_2H_5$$

但酮与1,2-二醇或1,3-二醇可顺利生成环状缩酮：

$$\text{环己酮}{=}O + \begin{matrix}HO{-}CH_2\\ |\\ HO{-}CH_2\end{matrix} \xrightarrow{H^+} \text{（环己酮乙二醇缩酮）} + H_2O \quad (80\%)$$

环状缩酮、缩醛在酸催化下水解，又可生成原来的酮、醛和二醇，因此，在精细有机合成中环状缩酮或缩醛常被用来作为羰基的保护基团。例如：

$$CH_3\overset{O}{\overset{\|}{C}}{-}C_6H_4{-}CO_2H \xrightarrow[H^+]{HOCH_2CH_2OH} \text{（2-甲基-1,3-二氧戊环-2-基）}{-}C_6H_4{-}CO_2H \xrightarrow[H_2O]{LiAlH_4}$$

$$\text{（2-甲基-1,3-二氧戊环-2-基）}{-}C_6H_4{-}CH_2OH \xrightarrow[HCl]{H_2O} CH_3\overset{O}{\overset{\|}{C}}{-}C_6H_4{-}CH_2OH$$

用环状缩酮将酮羰基保护起来，从而可使酮羰基保留下来，否则酮羰基可能被同时还原。

如果一个分子中同时含有羟基和醛基，只要两者位置适当，通常可自动生成环状半缩醛，并且能够稳定存在。例如：

$$HOCH_2CH_2CH_2CHO \longrightarrow \text{(2-羟基四氢呋喃：五元环 O，C 上连 OH 与 H)}$$

缩醛、缩酮除作为保护基不仅常用于实验室合成，工业生产中也有着广泛的应用。许多精细化学品或中间体均具有缩醛、酮的结构，反应过程中常需要保护。例如聚乙烯醇缩醛黏合剂的合成，聚乙烯醇与醛进行缩醛化反应即可得到聚乙烯醇缩醛，反应如下：

$$\sim CH_2—\underset{\displaystyle OH}{\underset{|}{CH}}—CH_2—\underset{\displaystyle OH}{\underset{|}{CH}} \sim + RCHO \xrightarrow{H^+} \sim CH_2—\underset{O}{\underset{|}{CH}}—CH_2—\underset{O}{\underset{|}{CH}} \sim \quad (\text{两个 O 与 } \underset{H\quad R}{C} \text{ 相连成环})$$

工业上应用最多的缩醛产品是聚乙烯醇缩丁醛，另外，聚乙烯醇缩甲醛的用量也很大。市售的106黏合剂和107黏合剂就属此类产品。聚乙烯醇缩醛类产品的溶解性由分子中羟基的数量决定，缩合时醛的用量越多，羟基的数量就越小。缩醛度为50%时，可溶于水，并能配制成水溶性黏合剂；缩醛度很高时则不溶于水而溶于有机溶剂中。用于安全玻璃黏合剂的乙烯醇缩丁醛缩醛度为70%~80%，自由羟基占17%~18%。

又如合成香料苹果酯的生产：合成香料苹果酯（2-甲基-2-乙酸乙酯-1,3-二氧茂烷）是由乙酰乙酸乙酯和乙二醇在柠檬酸催化下，用苯作溶剂和脱水剂缩合而成的。反应如下：

$$CH_3COCH_2COOC_2H_5 + HOCCH_3OH \xrightarrow[\text{苯}]{\text{柠檬酸}} \text{(1,3-二氧茂烷环，2-位连甲基与 }CH_2C(=O)OC_2H_5\text{)} + H_2O$$

产物经减压分馏精制，收率可达60%，产品具有新鲜苹果香气。

五、酯的缩合

具有活泼亚甲基的酯，在碱性催化剂作用下，脱去质子形成碳负离子，与另一分子酯的羰基碳原子发生亲核加成，并进一步脱醇缩合，形成β-羰基类化合物的反应称为酯缩合反应。又叫 Claison 缩合。含有活泼亚甲基的化合物可以是酯、酮、腈。其中以酯与酯的缩合较为常见，应用也较为广泛。

1. 酯-酯缩合

酯与酯的缩合大致可分为三种类型，一种是相同的酯分子间的缩合，称为同酯缩合；另一种是不同的酯分子间的缩合，称为异酯缩合；还有一种是二元酸分子内进行的缩合，称为狄克曼反应，该反应将在成环缩合反应中进行讨论。

（1）酯的自身缩合

酯分子中活泼α-H的酸性不如醛、酮大，酯羰基上的正电荷也比醛、酮小，加上酯易发生水解的特点，故在一般羟醛缩合反应条件下，酯不能发生类似的缩合。然而，在无水条件下，使用活性更强的碱（如 RONa、$NaNH_2$ 等）作催化剂，两分子的酯就会通过消除一分子的醇缩合在一起。总反应式如下：

$$RCH_2—\overset{\displaystyle O}{\overset{\|}{C}}—OC_2H_5 + H—\underset{\displaystyle R}{\underset{|}{CH}}—COOC_2H_5 \xrightarrow[\text{② } H^+]{\text{① NaOEt}} RCH_2—\overset{\displaystyle O}{\overset{\|}{C}}—\underset{\displaystyle R}{\underset{|}{CH}}—COOC_2H_5 + C_2H_5OH$$

其反应历程为：在催化剂乙醇钠的作用下，酯先生成碳负离子，并向另一分子酯的羰基碳原子进行亲核进攻，得初始加成产物；初始加成产物再经消除烷氧负离子，生成β-酮酸酯：

$$RCH_2-\overset{O}{\overset{\|}{C}}-OC_2H_5 + C_2H_5ONa \rightleftharpoons \left[\underset{R}{\underset{|}{\bar{C}H}}-\overset{O}{\overset{\|}{\underset{OC_2H_5}{\underset{|}{C}}}} \longleftrightarrow \underset{R}{\underset{|}{CH}}=\overset{O^-}{\overset{|}{\underset{OC_2H_5}{\underset{|}{C}}}} \right] Na^+ + C_2H_5OH$$

$$RCH_2-\overset{O}{\overset{\|}{\underset{OC_2H_5}{\underset{|}{C}}}} + \left[\underset{R}{\underset{|}{\bar{C}H}}-\overset{O}{\overset{\|}{\underset{OC_2H_5}{\underset{|}{C}}}} \right] Na^+ \rightleftharpoons RCH_2-\overset{O^-Na^+}{\overset{|}{\underset{OC_2H_5}{\underset{|}{C}}}}-\underset{R}{\underset{|}{CH}}COOC_2H_5 \rightleftharpoons$$

$$RCH_2-\overset{O}{\overset{\|}{C}}-\underset{R}{\underset{|}{CH}}-COOC_2H_5 + C_2H_5ONa$$

一般来说，含有活泼α-H的酯均可以发生缩合反应。当含两个或三个活泼α-H的酯缩合时，产物β-酮酸酯的酸性比醇大得多，在有足够量的醇钠等碱性催化剂作用下，产物几乎可以全部转化成稳定的β-酮酸酯钠盐，从而使反应平衡向正反应方向移动。例如乙酸乙酯在乙醇钠催化下缩合，可得到较好收率的乙酰乙酸乙酯。当含一个活泼α-H的酯缩合时，因其缩合产物不能与醇钠等碱性催化剂成盐，不能使平衡右移，因此，必须使用比醇钠更强的碱（如 $NaNH_2$、NaH、Ph_3CNa 等），以促使反应顺利进行。例如，异丁酸乙酯用乙醇钠催化，则不能缩合，改用三苯甲基钠催化缩合反应，收率高达60%：

$$2CH_3COOC_2H_5 \xrightarrow[\text{② 33\%HAc 水溶液}]{\text{① NaOEt, 78℃, 8h}} \underset{(76\%)}{CH_3COCH_2COOC_2H_5}$$

$$(CH_3)_2CHCOOC_2H_5 \xrightarrow{Ph_3CNa} (CH_3)_2C=\overset{ONa}{\overset{|}{C}}-OC_2H_5 \xrightarrow{(CH_3)_2CHCOOC_2H_5}$$

$$\underset{(60\%)}{(CH_3)_2CH\overset{O}{\overset{\|}{C}}-\overset{CH_3}{\overset{|}{\underset{CH_3}{\underset{|}{C}}}}COOC_2H_5}$$

酯缩合反应需用强碱作催化剂，催化剂的碱性越强，越有利于酯形成碳负离子而使平衡向正反应方向移动。常用的碱性催化剂有醇钠、氨基钠、氢化钠和三苯甲基钠（碱性依次渐强）。催化剂的选择和用量，随酯分子内所含活泼α-H酸度的大小而定。若活泼α-H酸性较强，则选用碱性相对较弱的醇钠作催化剂，用量相对也较小；若活泼α-H酸性较弱，可选用强碱三苯甲基钠作催化剂，用量也要增大。

酯缩合反应在非质子溶剂中进行比较顺利。常用的溶剂有乙醚、四氢呋喃（THF）、乙二醇二甲醚、苯及其同系物、二甲亚砜（DMSO）、*N,N*-二甲基甲酰胺（DMF）等。有些也可以不用溶剂。

酯缩合反应需在无水条件下完成，这是由于催化剂遇水容易分解，生成物氢氧化钠（游离碱）可使酯水解皂化，从而影响到酯缩合反应的顺利进行。

(2) 酯的交叉缩合

酯交叉缩合时分两种情况：① 参加反应的两种酯均含活泼α-H且活性差别较小，此时，除发生交叉缩合外，还可以发生自身缩合，其结果是得到四种不同产物，反应混合物难以分离与纯化，缺少实用价值；② 两种酯，其中一种不含活泼 α-H 或两种酯的 α-H 活性差别较大，此时的缩合可能得到品种单一的产物，或可设法尽量避免自身缩合副反应的发生，使产品趋向单一。

生产上往往先将这两种酯混合均匀后，迅速投入碱性催化剂中，立即使之发生交叉缩合，这时，α-H 活性较大的酯首先与碱作用形成碳负离子，之后再与另一种酯进行缩合反应。这样就有效地减少了自身缩合的机会，提高了主反应的收率。例如：

$$CH_3\overset{O}{\overset{\|}{C}}—OC_6H_5 + H—\underset{C_6H_5}{\underset{|}{C}}HCOOC_2H_5 \xrightarrow[\text{② }H^+]{\text{① }NaNH_2} CH_3\overset{O}{\overset{\|}{C}}—\underset{C_6H_5}{\underset{|}{C}}HCOOC_2H_5 + C_6H_5OH$$

交叉酯缩合中应用最多的是用含活泼 α-H 的酯与不含活泼 α-H 的酯在碱催化下缩合，生成 β-酮酸酯，收率也高。常用的不含活泼 α-H 的酯有：甲酸乙酯、草酸二乙酯、碳酸二乙酯、芳香羧酸酯等。如抗肿瘤药氟尿嘧啶中间体的合成：

$$H\overset{O}{\overset{\|}{C}}—OC_6H_5 + H—\underset{F}{\underset{|}{C}}HCOOC_2H_5 \xrightarrow[10\sim30℃]{MeONa} H\overset{ONa}{\overset{|}{C}}=\underset{F}{\underset{|}{C}}COOC_2H_5 + C_2H_5OH$$

又如镇静催眠药苯巴比妥中间体的制备：

$$C_6H_5\overset{COOC_2H_5}{\overset{|}{C}H_2} + C_2H_5O—\underset{O}{\underset{\|}{C}}—\overset{OC_2H_5}{\overset{|}{C}}=O \xrightarrow[\text{② 回流 10h}]{\text{① NaOEt, 85}\sim\text{90℃}}$$

$$C_6H_5\overset{COOC_2H_5}{\overset{|}{C}H}—\underset{O}{\underset{\|}{C}}—\overset{OC_2H_5}{\overset{|}{C}}=O \xrightarrow[-CO]{160\sim180℃/10.7kPa} C_6H_5\overset{COOC_2H_5}{\overset{|}{C}H}—COOC_2H_5 \ (98\%)$$

在上述反应条件下，含活泼 α-H 的酯也会发生自身酯缩合副反应。但若将含活泼 α-H 的酯滴加到碱和不含活泼 α-H 的酯混合物中或采用碱与含活泼 α-H 的酯交替加料方式，则可以降低该副反应的发生机会。

2. 酯-酮缩合

酯与酮在碱性条件下缩合，生成具有两个羰基的 β-二酮类化合物。其反应与酯-酯缩合反应类似。由于酮的 α-H 活性比酯大，在碱性条件下，酮比酯更易脱去质子，酮形成的碳负离子向酯羰基进行亲核加成而生成产物。如丙酮、草酸二乙酯和甲醇钠的甲醇溶液按 1∶1∶1 的摩尔比反应，经酸化得 2,4-二酮戊酸乙酯：

$$CH_3\overset{O}{\overset{\|}{C}}CH_3 + C_2H_5O—\overset{O}{\overset{\|}{C}}—\overset{O}{\overset{\|}{C}}—OC_2H_5 \xrightarrow{PhMe,\ 40℃,\ 2h} CH_3\overset{O}{\overset{\|}{C}}CH_2\overset{O}{\overset{\|}{C}}—COC_2H_5$$

通常，酮的结构越复杂，反应活性越弱。含活泼 α-H 的不对称酮与酯缩合时，取代基较少的 α-碳形成负离子，向酯进行亲核加成。若酮分子中仅一个 α-碳上有氢原子或酯不含活泼 α-H，产物都比较单纯，例如：

$$CH_3CH_2\overset{O}{\overset{\|}{C}}—OC_2H_5 + CH_3\overset{O}{\overset{\|}{C}}CH_2CH_3 \xrightarrow[\text{② }H^+]{\text{① }NaH} CH_3CH_2\overset{O}{\overset{\|}{C}}CH_2\overset{O}{\overset{\|}{C}}—C_2H_5 \ (51\%)$$

$$Ph\overset{O}{\overset{\|}{C}}—OC_2H_5 + H—CH_2—\overset{O}{\overset{\|}{C}}—Ph \xrightarrow[\text{② }H^+]{\text{① }EtONa} Ph\overset{O}{\overset{\|}{C}}CH_2\overset{O}{\overset{\|}{C}}Ph \ (62\%\sim71\%)$$

如果酯的反应活性太低，则可能发生酮-酮自身缩合副反应，若酯的 α-H 酸性较酮的高，则可能发生酯-酯自身缩合和诺文葛耳-多布纳副反应。

此外，酯与腈也能发生类似酯-酮缩合的反应，得 α-氰基羰基化合物。

六、烯键参与的缩合

1. 普林斯缩合

烯烃与甲醛（或其他醛）在酸催化下，加成而得 1,3-二醇或其环状缩醛 1,3-二氧六环及 α-烯醇的反应称为普林斯缩合反应。反应通式如下：

$$\overset{O}{\overset{\|}{HCH}} + RCH{=}CH_2 \xrightarrow[H^+]{H_2O} R\overset{OH}{\overset{|}{C}}HCH_2CH_2OH \left[或RCH{=}CHCH_2OH或 \text{(4-R-1,3-二氧六环)} \right]$$

其反应历程是甲醛在酸催化下被质子化形成碳正离子，然后与烯烃进行亲电加成。根据反应条件不同，加成产物脱氢得 α-烯醇或与水反应得 1,3-二醇，后者可与另一分子甲醛缩醛化得 1,3-二氧六环产物。此反应可看作不饱和烃经加成引入一个 α-羟甲基的反应：

$$H-\overset{O}{\overset{\|}{C}}-H \xrightarrow{H^+} H-\overset{OH}{\overset{|}{\underset{+}{C}}}-H \xrightarrow{RCH{=}CH_2} R\overset{+}{C}HCH_2CH_2OH \xrightarrow{-H^+}$$

$$RCH{=}CHCH_2OH \xrightarrow{H_2O} \underset{OH}{\underset{|}{RCH}}-CH_2-CH_2OH \xrightarrow[-H_2O]{\overset{O}{\overset{\|}{HCH}}} \text{(4-R-1,3-二氧六环)}$$

反应通常用稀硫酸催化，亦可用磷酸、强酸性离子交换树脂以及 BF_3、$ZnCl_2$ 等路易斯酸作催化剂。如用盐酸催化，则可能产生 γ-氯代醇的副反应。例如：

$$\text{(4-R-5-R'-1,3-二氧六环)} + HCl \longrightarrow \underset{Cl}{\underset{|}{RCH}}-\overset{R'}{\overset{|}{CH}}-CH_2OH \left[或\underset{Cl}{\underset{|}{RCH}}-\overset{R'}{\overset{|}{CH}}-CH_2Cl \right]$$

也能使生成的环状缩醛转化为 γ-氯代醇：

$$\text{(环己烯)} + HCHO \xrightarrow{HCl/ZnCl_2} \text{(2-氯环己基甲醇)}\ (23\%)$$

生成 1,3-二醇和环状缩醛的比例取决于烯烃的结构、催化剂的浓度以及反应温度等因素。乙烯本身参加反应需要相当剧烈的条件，反应较难进行，而烃基取代的烯烃反应比较容易，RCH=CHR 型烯烃反应主要得到 1,3-二醇，但收率低；而 $(R)_2C{=}CH_2$ 或 $RCH{=}CH_2$ 型烯烃反应后主要得到环状缩醛，收率较高。此外，反应条件也有一定影响，如果缩合反应在 25~26℃和质量分数为 20%~65%的硫酸溶液中进行，主要生成环状缩醛及少量 1,3-二醇副产物；若提高反应温度，产物则以 1,3-二醇为主。例如异丁烯与甲醛缩合，采用 25%的硫酸催化，配比（摩尔比）为异丁烯：甲醛=0.73：1；硫酸：甲醛=0.073：1，其主要产物为 1,3-二醇：

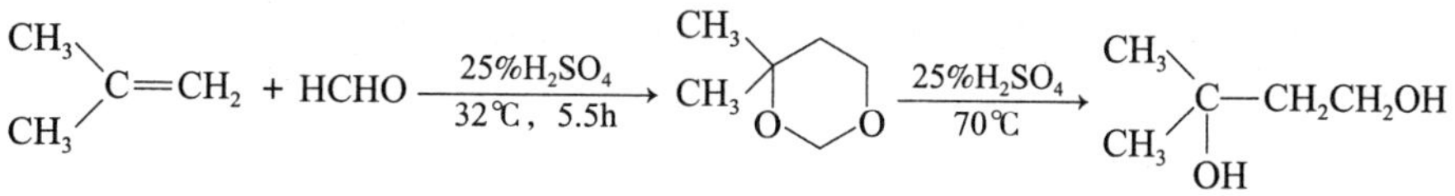

$$(CH_3)_2C{=}CH_2 + HCHO \xrightarrow[32^\circ C,\ 5.5h]{25\%H_2SO_4} \text{4,4-二甲基-1,3-二氧六环} \xrightarrow[70^\circ C]{25\%H_2SO_4} (CH_3)_2C(OH){-}CH_2CH_2OH$$

某些环状缩醛，特别是由 $RCH{=}CH_2$ 或 $RCH{=}CHR'$ 形成的环状缩醛，在酸溶液中较高温度下水解或在浓硫酸中与甲醇一起回流醇解均可得到 1,3-二醇：

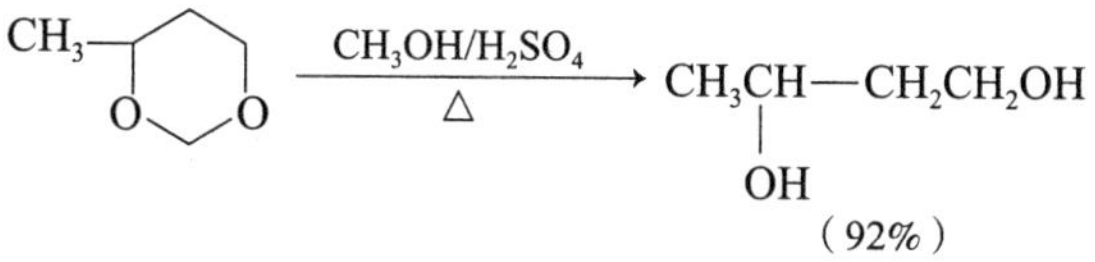

$$\text{4-甲基-1,3-二氧六环} \xrightarrow[\triangle]{CH_3OH/H_2SO_4} CH_3CH(OH){-}CH_2CH_2OH \quad (92\%)$$

在普林斯缩合中，除使用甲醛外，亦可使用其他醛。例如：

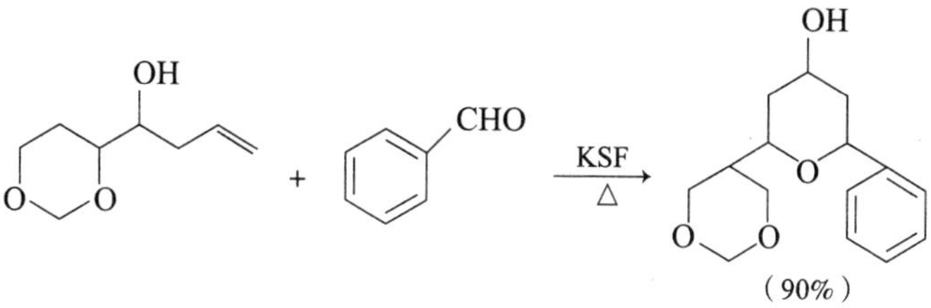

$$\text{(1,3-二氧六环-4-基)丁-3-烯-1-醇} + C_6H_5CHO \xrightarrow[\triangle]{KSF} \text{产物} \quad (90\%)$$

苯乙烯也可以与甲醛进行普林斯缩合：

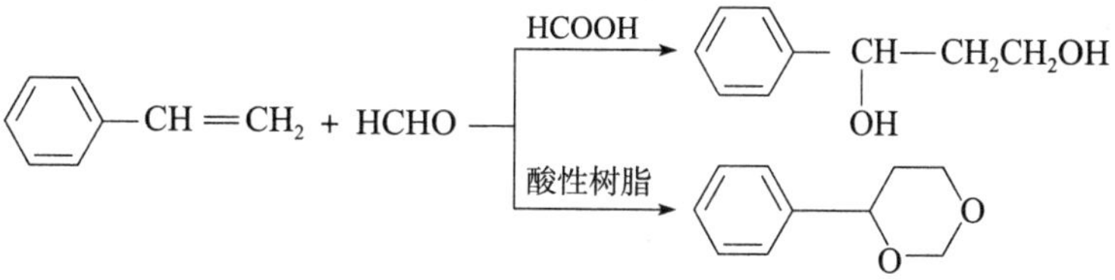

$$C_6H_5CH{=}CH_2 + HCHO \xrightarrow{HCOOH} C_6H_5CH(OH){-}CH_2CH_2OH$$

$$C_6H_5CH{=}CH_2 + HCHO \xrightarrow{\text{酸性树脂}} \text{4-苯基-1,3-二氧六环}$$

2. 狄尔斯-阿尔德反应

共轭二烯与烯烃、炔烃进行加成，生成环己烯衍生物的反应称为狄尔斯-阿尔德反应，也称为双烯合成反应。它是由六个 π 电子参与的［4+2］环加成协同反应。环加成反应中共轭二烯烃简称二烯；而与其加成的烯烃、炔烃称为亲二烯。亲二烯加到二烯的 1,4-位上，反应式为：

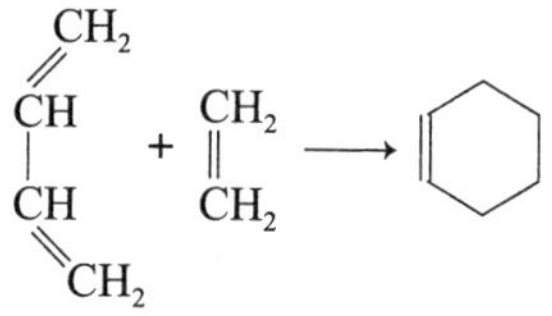

$$CH_2{=}CH{-}CH{=}CH_2 + CH_2{=}CH_2 \longrightarrow \text{环己烯}$$

若参加狄尔斯-阿尔德反应的亲二烯体不饱和键上连有吸电子基团（如—CHO、—COR、—COOH、—COOR、—COCl、—CN、—NO_2、—SO_2Ar、—CF_3 等）时，反应容易进行，而且不饱和碳原子上吸电子基团越多、吸电子能力越强，反应速率就越快。其中 α-不饱和羰基化合物及 β-不饱和羰基化合物为最重要的亲二烯体。对于共轭二烯来说，分子中连有给电子基团时，可使反应速率加快，取代基的给电子能力越强，二烯的反应速率就越快。

共轭二烯可以是开链的、环内的、环外的、环间的或环内-环外的，如：

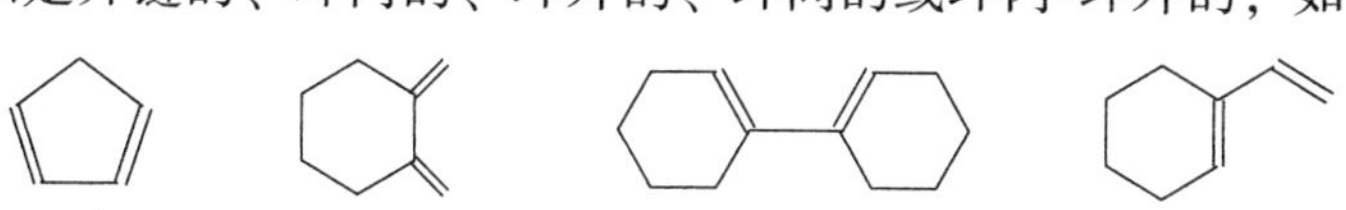

环内　环外　环间　环内-环外

在发生狄尔斯-阿尔德反应时，两个双键必须是顺式的或至少是能够在反应过程中通过单键旋转而变化为顺式构型的。

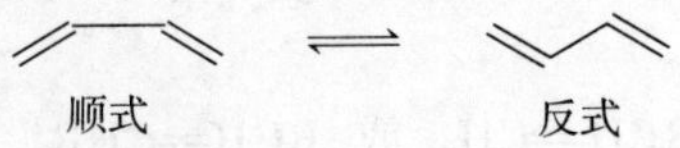
顺式
反式

如果两个双键固定于反式的结构，则不能发生狄尔斯-阿尔德反应。例如：

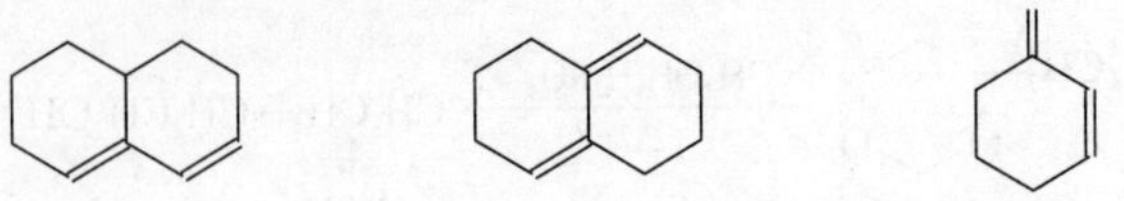

狄尔斯-阿尔德反应可被 $AlCl_3$、BF_3、$SnCl_4$、$TiCl_4$ 等路易斯酸所催化，从而提高反应速率，同时降低反应条件。例如：

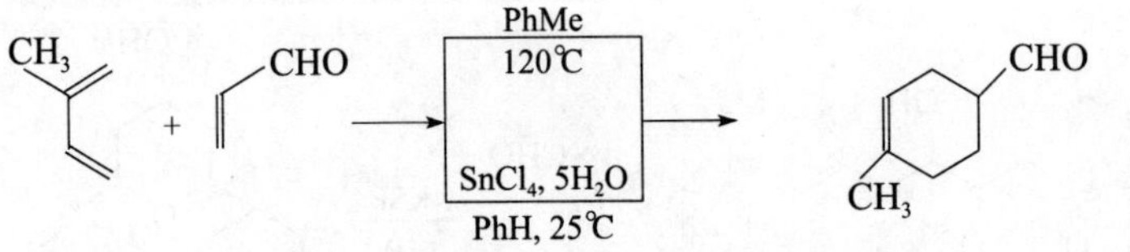
CH3
CHO
PhMe
120℃
SnCl4, 5H2O
PhH, 25℃
CHO
CH3

含有杂原子的二烯或亲二烯体也能发生狄尔斯-阿尔德反应，生成杂环化合物，例如：

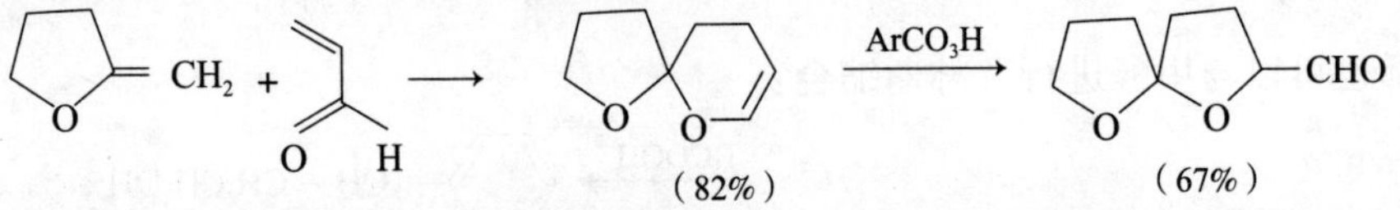
CH2
O
O
H
ArCO3H
CHO
(82%)
(67%)

此外，分子内的狄尔斯-阿尔德反应也能发生，可制备多环化合物。

由于二烯及亲二烯体都可以是带有官能团的化合物，因此利用狄尔斯-阿尔德反应可以合成带有不同官能团的环状化合物。

七、成环缩合

1. 成环缩合反应类型及基本规律

成环缩合反应是指有机化合物分子中形成新的碳环或杂环的反应。

成环缩合反应一般分为两种类型：一种是分子内部进行的环合，称为单分子成环反应；另一种是两个（或多个）不同分子之间进行的环合，称为双（或多）分子成环反应。例如：

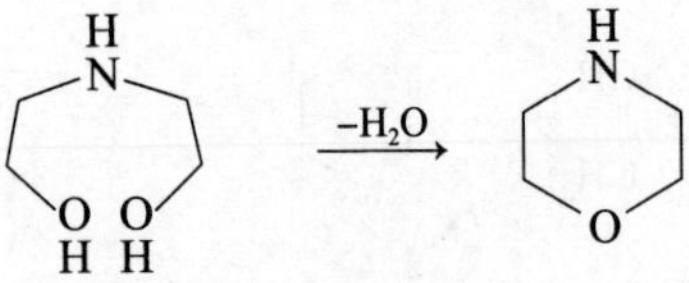
H
N
O
H
O
H
−H2O
H
N
O

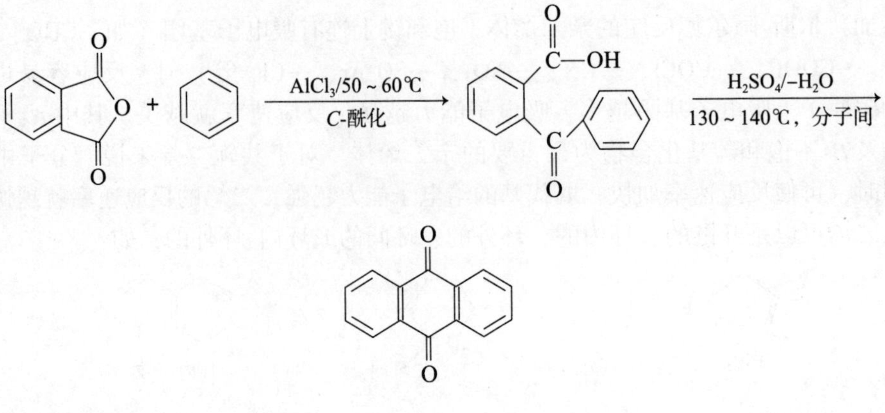
O
O
O
AlCl3/50～60℃
C-酰化
C—OH
C
O
H2SO4/−H2O
130～140℃，分子间
O
O

环合反应也可以根据反应时放出的简单分子的不同而分类。例如脱水缩合、脱醇缩合、脱卤化氢缩合等。成环缩合反应种类较多，所使用的反应试剂也多种多样，因此，难以写出一个反应通式，也难以给出统一的反应历程。但是，通过大量的成环缩合反应，可以归纳出其反应的特点和规律。其基本要点如下：

① 具有芳香性的六元环和五元环都比较稳定，而且容易形成。

② 大多数环合反应在形成环状结构时，总是脱去某些简单的小分子。例如水、氨、醇、卤化氢。为了便于脱除小分子，反应时常常要加入酸和碱缩合剂。

③ 反应物分子中适当位置必须有活性基团，以便于发生成环缩合反应。

④ 为形成杂环，反应物之一必须含有杂原子。

利用成环缩合反应形成新环的关键是选择价廉易得的起始原料，并能在适当的反应条件下形成新环，且收率较高，产品易于分离提纯。

2. 形成六元碳环的缩合

在精细有机合成中，含有六元碳环的化合物是一类重要的中间体，其在精细化工领域里有着重要而广泛的应用。六元碳环可通过狄克曼反应、罗宾逊反应、傅-克反应、狄尔斯-阿尔德反应等制得。

（1）狄克曼反应

分子内部的酯缩合反应可形成六元碳环。同一分子中有两个酯基时，在碱催化剂存在下，分子内可发生酯-酯缩合反应，环合而成β-酮酸酯类化合物，该反应称为狄克曼反应，其反应历程和反应条件与酯-酯缩合反应是一致的，其产物经水解加热脱羧反应，可得六元环酮。

$$CH_2(CH_2CH_2COOC_2H_5)(CH_2CH(CH_3)COOC_2H_5) \xrightarrow[PhH]{NaH} \text{2-甲基-6-乙氧羰基环己酮 (90\%)} \xrightarrow[\text{② } H^+/-CO_2/\triangle]{\text{① } OH/H_2O} \text{2-甲基环己酮}$$

如果一个分子中同时存在酯基和酮基，位置适宜时，也可发生分子内的酯-酮缩合，生成β-环二酮类化合物。例如：

$$C_2H_5O-C(=O)-CH_2CH_2-CH(Ph)-C(=O)-CH_3 \xrightarrow{MeONa} \text{2-苯基-1,3-环己二酮 (80\%)}$$

而羧酸也能发生分子内缩合，生成六元碳环化合物。例如：

$$CH_2(CH_2CH_2COOH)_2 \xrightarrow{Ca(OH)_2} CH_2(CH_2CH_2COO)_2Ca \xrightarrow{\triangle/-CaCO_3} \text{环己酮}$$

不同分子之间的缩合也可以得到六元碳环化合物。例如：

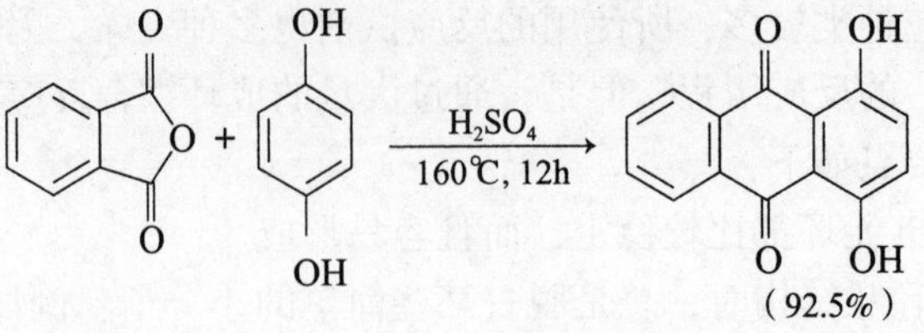

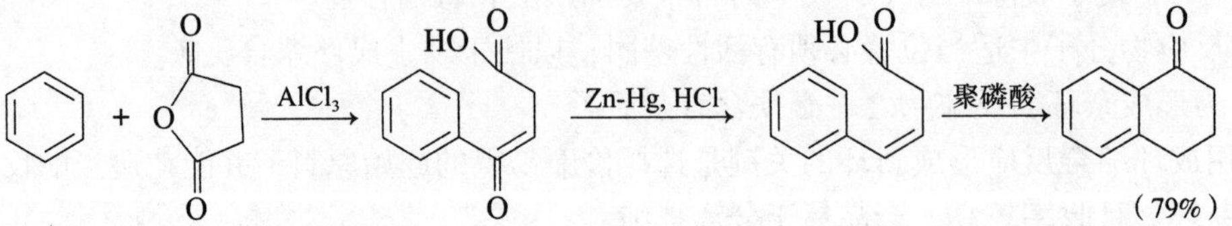

$$\xrightarrow[160℃,\ 12h]{H_2SO_4}$$

（92.5%）

$$\xrightarrow{AlCl_3}\quad\xrightarrow{Zn\text{-}Hg,\ HCl}\quad\xrightarrow{聚磷酸}$$

（79%）

（2）迈克尔加成和罗宾逊反应

由活泼亚甲基化合物形成的碳负离子与α-不饱和羰基化合物及β-不饱和羰基化合物或腈进行1,4-共轭加成的反应，称为迈克尔反应。可发生迈克尔加成反应的活泼亚甲基化合物范围很广，除了醛、酮、β-二羰基化合物之外，氰基乙酸酯、丙二腈、硝基烷等都可以进行反应。例如：

$$CH_2(CO_2Et)_2 + CH_3COCH{=}CH_2 \xrightarrow[EtOH]{KOH} \underset{(83\%)}{CH_3COCH_2CH_2CH(COEt)_2}$$

$$CH_3\overset{O}{\overset{\|}{C}}CH_2\overset{O}{\overset{\|}{C}}CH_2CH_3 + CH_2{=}CHCN \xrightarrow[t\text{-}BuOH]{Et_3N} \underset{(76\%)}{(CH_3CO)_2CHCH_2CH_2CN}$$

$$C_6H_5CH_2CN + CH_2{=}CHCN \xrightarrow{KOH} \underset{(94\%)}{C_6H_5\overset{CN}{\overset{|}{C}}HCH_2CH_2CN}$$

将迈克尔反应与分子内的羟醛缩合组合在一起，称为罗宾逊反应。例如：

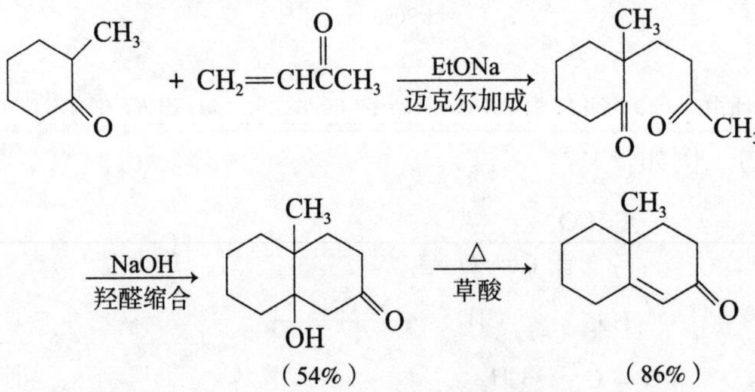

$$+\ CH_2{=}CH\overset{O}{\overset{\|}{C}}CH_3 \xrightarrow[迈克尔加成]{EtONa}$$

$$\xrightarrow[羟醛缩合]{NaOH}\quad(54\%)\quad\xrightarrow[草酸]{\Delta}\quad(86\%)$$

此外，狄尔斯-阿尔德反应也是合成六元碳环有效方法。

（3）形成杂环的缩合

环中含有杂原子（O、S、N等）的环状化合物称为杂环化合物。精细有机合成中的杂环化合物主要是指五元和六元杂环化合物。一种杂环化合物常有多种合成的途径。以环合时形成的新键来划分，可以归纳为以下三类环合类型：① 通过形成碳-杂键完成环合；② 通过形成碳-杂键和碳-碳键完成环合；③ 通过形成碳-碳键完成环合。

含一个或两个杂原子的五元和六元杂环以及它们的苯并稠杂环，绝大多数是采用第一种或第二种环合方式成环的。可见，杂环的环合往往是通过碳-杂键的形成而实现的。从键的形成角度来看，碳原子与杂原子之间结合生成的C—N、C—O、C—S键要比碳原子之间结合形成C—C键要容易得多。

制备杂环化合物时，环合方式的选择与起始原料的关系很密切，一般都选用分子结构比较接近、价廉易得的化合物作为起始原料进行反应。由于杂环化合物品种繁多，原料差别很大，上述环合方式仅仅提供了基本的合成方式，对于某一具体杂环化合物的合成，还需要经过多方面的综合考虑，才能确定合适的合成途径。

第二节　肉桂酸的合成

肉桂酸在合成香料中可作为增香剂，其脂类衍生物是配制香精和食品香料的重要原料，肉桂酸也是生产治疗冠心病的药物“心可安”的重要中间体，还可用于制造二肽甜味剂和防晒剂；它在农用塑料和感光树脂等精细化工产品的生成中也有着广泛的应用。世界年产量不断增加。

3-苯基丙烯酸又名肉桂酸，分子式为 $C_6H_5—CH═CHCOOH$ ，分子量为148.16，熔点为135.0℃，沸点为300℃，溶解性为0.04g/cm^3，相对密度为1.2475，室温下稳定，微溶于水，易溶于酸、丙酮、冰醋酸、甲醇、乙醇、乙醚、氯仿等。为无色单斜晶体。CAS号为140-10-3。结构式为：

$$C_6H_5—CH═CHCOOH$$

分子结构为含有苯基的烯酸。

一、肉桂酸的制备方法

制备肉桂酸的方法很多，有苯乙烯和四氯化碳合成肉桂酸；无水氟化钾催化乙酸酐与苯甲酸反应合成肉桂酸；空气氧化法制备肉桂酸；还有在近临界水中，用氨水催化苯甲酸和乙醛连续缩合制备肉桂酸等。但用苯甲醛和乙酸酐在相应羧酸的钠盐或钾盐的存在下，发生缩合反应，生成肉桂酸，具有原料易得、反应条件容易控制、生成物容易处理等优点，得到了广泛的应用。下面介绍珀金反应法。

以苯甲醛和乙酸酐为原料，无水醋酸钾作为催化剂，进行缩合反应制得产品，反应为：

$$C_6H_5—CHO + (CH_3CO)_2O \xrightarrow[150\sim170℃]{无水CH_3COOK} C_6H_5—CH═CHCOOH + CH_3COOH$$

上述反应使用的催化剂无水醋酸钾必须新鲜熔焙。将含结晶水的醋酸钾放入蒸发皿中加热，则盐先在自己的结晶水中溶化。水分挥发后又结成固体，强热使固体再熔化，并不断搅拌，使水分散发后，趁热倒在金属板上，冷后用研钵研碎，放入干燥器中待用。

苯甲醛久置后含有苯甲酸，后者不但会影响反应的进行，而且混在产物中不易除去，会影响产品质量。因此实验中使用的苯甲醛必须重新蒸馏，收集170~180℃的馏分。同样，乙酸酐放久了因吸潮和水解将转变为乙酸，故本实验所需的乙酸酐必须在实验前进行重新蒸馏。

二、肉桂酸的实验室合成

(一) 试剂和仪器准备

实验所用的药品试剂：苯甲醛、乙酸酐、反式肉桂酸、顺式肉桂酸、乙酸、无水醋酸钾、乙酸酐、饱和碳酸钠溶液、浓盐酸、活性炭。

实验所用的仪器：综合有机制备仪（19 口）、水蒸气发生器、电炉。

其他：螺旋夹、T 形管、玻璃管、导气管、沸石、滤纸等。

(二) 实验装置搭建

本实验的重点操作是水蒸气蒸馏，它是分离和纯化有机物的常用方法，尤其是在反应产物中有大量树脂状杂质的情况下，效果较一般蒸馏或重结晶好。

水蒸气蒸馏是将水蒸气通入不溶或难溶于水但有一定挥发性的有机物质中，使该有机物质在低于 100℃ 的温度下，随着水蒸气一起蒸馏出来。

使用这种方法时，被提纯物质应具备下列条件：不溶（或几乎不溶）于水；在沸腾下与水长时间共存而不发生化学变化；在 100℃ 左右时必须具有一定的蒸气压。

本实验水蒸气蒸馏装置及操作如图 7-1(a) 所示。它由水蒸气发生器 A、导气管 C、三口或二口圆底烧瓶 D 和长的直型水冷凝管 F 组成。若反应在圆底烧瓶内进行，可在圆底烧瓶上口装配蒸馏头或克氏蒸馏头代替三口瓶［见图 7-1(b)］。在水蒸气发生器中加入约 1/2~3/4 容积的水。不宜太满，否则沸腾时水易冲至烧瓶。导气管末端应接近烧瓶底部，以便水蒸气能与被蒸馏物质充分接触并起搅动作用。用长的直型冷凝管 F 可以使馏出液充分冷却。由于水的蒸发热较大，所以冷却水的流速也宜稍大一些。发生器 A 的蒸气出口与导气管 C 通过一 T 形管连接，在 T 形管的支管上套一段短橡胶管，用螺旋夹旋紧，它可以用以除去水蒸气中冷凝下来的水分。在操作中，如果发生不正常现象，应立刻打开夹子，使装置与大气相通。

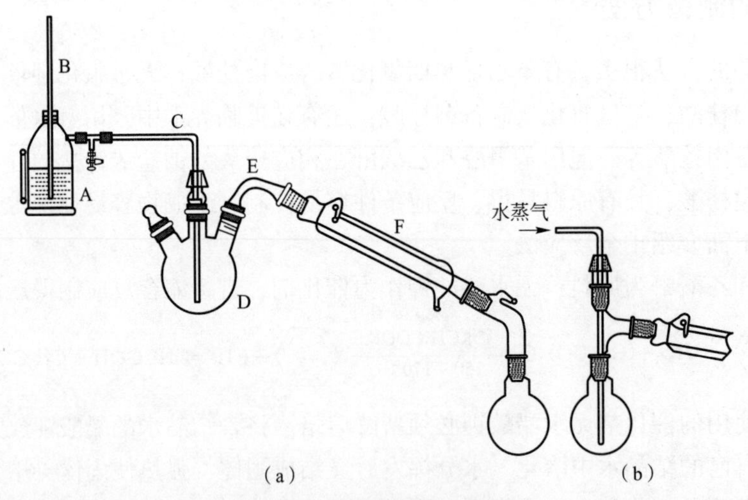

图 7-1　水蒸气蒸馏装置

A—水蒸气发生器；B—安全管；C—水蒸气导管；D—三口圆底烧瓶；E—馏出液导管；F—冷凝管

把要蒸馏的物质倒入烧瓶 D 中，其量约为烧瓶容量的 1/3。操作前，应仔细检查装置不漏气。开始蒸馏时，先将 T 形管上的夹子打开，用直火把发生器里的水加热到沸腾。当有水蒸气从 T 形管的支管冲出时，再旋紧夹子，让水蒸气通入烧瓶中，这时可以看到瓶中的混合物翻腾不息，不久在冷凝管中就出现有机物质和水的混合物。调节火焰，使瓶内的混合物不致飞溅得太厉害，并控制馏出液的速率约为每秒 2 ~3 滴。为了使水蒸气不致在烧瓶内过多地冷凝，在蒸馏时通常也可用小火将烧瓶加热。在操作时，要随时注意安全管中的水柱是否发生不正常的上升现象，以及烧瓶中液体是否发生倒吸现象。一旦发生这种现象，应立刻打开夹子，移去火焰，找出发生故障的原因；必须把故障排除后，方可继续蒸馏。当馏出液澄清透明不再含有机物的油滴时，可停止蒸馏。这时应首先打开夹子，然后移去火焰。

（三）实验步骤

本实验的反应装置中使用的反应瓶及回流冷凝管都不能用水洗，否则缩合反应不能顺利进行。

① 称取新熔融并研细的无水醋酸钾粉末 3g 置于 250mL 三颈瓶中，再加入 3mL 新蒸的苯甲醛和 5.5mL 乙酐，振荡使之混合均匀❶。

② 按图 7-2 装配仪器。要求水银温度计水银球的位置是处于液面以下或插入反应瓶中，不能与反应瓶底或瓶壁接触。

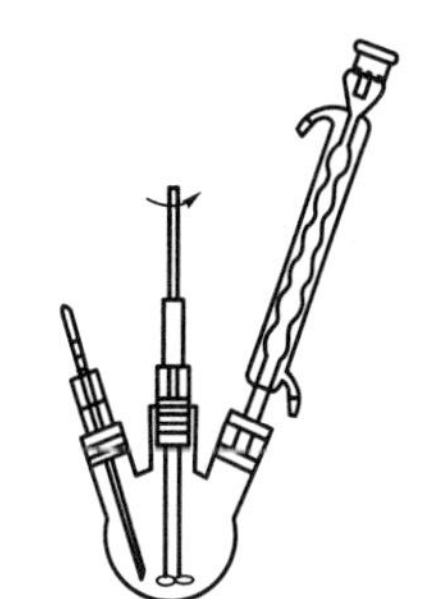

图 7-2　缩合反应装置

③ 用酒精灯加热，使反应温度维持在 150 ~170℃，反应时间为 1h❷。

④ 待反应体系的温度降至 100℃以下时，加入 45mL 热蒸馏水（80 ~90℃）。然后一边充分摇动烧瓶，一边慢慢地加入饱和碳酸钠溶液，直到反应混合物呈弱碱性为止❸。

⑤ 按图 7-1 装置仪器，进行水蒸气蒸馏，直到馏出液无油珠为止❹。

⑥ 剩余反应液体中加入少许活性炭，加热煮沸 10min，趁热过滤，得无色透明液体❺。

⑦ 将滤液小心地用浓盐酸酸化，使其呈明显的酸性，然后用冷水浴冷却。肉桂酸呈无定形固体析出。

⑧ 待冷至室温后，减压过滤。晶体用少量水洗涤并尽量用玻璃瓶塞挤去水分。干燥，得粗肉桂酸。

⑨ 将粗肉桂酸用 30%乙醇进行重结晶，得无色晶体。肉桂酸有顺反异构体，通常以反式结构存在，为无色晶体，熔点为 135 ~136℃。

⑩ 产率计算：

$$产率=\frac{实际产量}{理论产量}\times 100\%=\frac{实际产量}{44.4}\times 100\%$$

---

❶ ① 无水醋酸钾可用无水醋酸钠或无水碳酸钾代替。
② 无水醋酸钾的粉末可吸收空气中水分，故每次称完药品后，应立刻盖上盛放醋酸钾的试剂瓶盖，并放回原干燥器中，以防吸水。
③ 若用未蒸馏过的苯甲醛试剂代替新蒸馏过的苯甲醛进行实验，产物中可能会含有苯甲酸等杂质，而后者不易从最后的产物中分离出去。另外，反应体系的颜色也较深一些。

❷ ① 操作中，应先通冷凝水，再进行加热。
② 反应过程中体系的颜色会逐渐加深，有时会有棕红色树脂状物质出现。

❸ 加入热的蒸馏水后，体系分为两相，下层水相；上层油相，呈棕红色。加 Na_2CO_3 目的是中和反应中产生的副产品乙酸，使肉桂酸以盐的形式溶于水中。

❹ 水蒸气蒸馏的目的：除去未反应的苯甲醛。油层消失后，体系呈匀相为浅棕黄色。有时体系中会悬浮有少许不溶于水的棕红色固体颗粒。

❺ 加活性炭的目的：脱色。

三、几种典型缩合反应产物的工业合成介绍

1. 豆香素的合成

豆香素是一种常用的食品添加剂，食品工业有一定的需求。有关合成的方法、条件、提纯等相关方面的研究较多。

工业合成路线：

$$\text{邻羟基苯甲醛} + (CH_3CO)_2O \xrightarrow[-CH_3COOH]{CH_3COONa} \text{邻羟基肉桂酸}(CH{=}CHCOOH) \xrightarrow{-H_2O} \text{豆香素}$$

邻羟基苯甲酸和乙酐在无水乙酸钠和碘催化作用下，在180~190℃下，保温4h，经减压蒸馏可得豆香素粗品，在乙醇中重结晶得到精品。

2. *N*-甲基-2-吡咯烷酮的合成

N-甲基-2-吡咯烷酮是主要的有机合成中间体及优良的溶剂，为γ-丁酰胺衍生物，可由γ-丁内酯与甲胺的氨解制得。

工业合成路线：

$$HOCH_2CH_2CH_2CH_2OH \xrightarrow[-H_2]{Cu} \gamma\text{-丁内酯} \xrightarrow[250℃,\ 6MPa]{NH_2CH_3/-H_2O} N\text{-甲基-2-吡咯烷酮}$$

合成时，先将1,4-丁二醇脱氢环合制得γ-丁内酯，用γ-丁内酯再与甲胺按1∶1.5的摩尔比在250℃和6MPa下，经管式反应器进行反应制得*N*-甲基-2-吡咯烷酮，反应转化率为100%，以1,4-丁二醇计算收率为90%，以γ-丁内酯计算收率为93%~95%。该方法是目前唯一的工业生产路线。

3. 吲哚及烷基吲哚的合成

吲哚和烷基吲哚是重要的有机中间体和香料，生产量大，其衍生物的研究、开发涉及很多领域。

工业合成路线如下。

（1）吲哚的合成

将邻氨基乙苯在氮气流中和在硝酸铝存在下，在550℃脱氢环合，再经减压蒸馏得到二氢吲哚，再在640℃脱氢，得到吲哚产品。

该反应也可以三氧化二铝作催化剂，其合成路线如下：

$$\text{邻氨基乙苯}(CH_2CH_3,\ NH_2) \xrightarrow[660\sim680℃]{Al_2O_3/C} \text{二氢吲哚} \xrightarrow{-H_2} \text{吲哚}$$

（2）2,3-二甲基吲哚的合成

苯肼与稍过量的甲乙酮在25%的硫酸中共热，在80~100℃生成苯腙，接着发生互变异构、质子化、Cope重排、互变异构、键环合以及脱氨、脱氢反应，可制得烷基吲哚——2,3-二甲基吲哚。

烷基吲哚的合成路线：

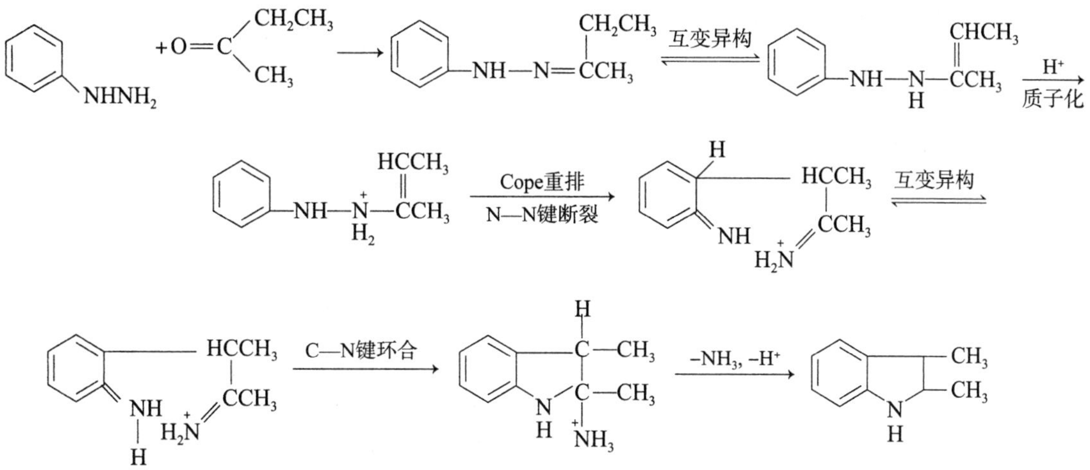

$$C_6H_5NHNH_2 + O{=}C(CH_2CH_3)(CH_3) \longrightarrow C_6H_5{-}NH{-}N{=}C(CH_2CH_3)CH_3 \xrightleftharpoons{\text{互变异构}} C_6H_5{-}NH{-}NH{-}C(=CHCH_3)CH_3 \xrightarrow[\text{质子化}]{H^+}$$

$$C_6H_5{-}NH{-}\overset{+}{N}H_2{-}C(=HCCH_3)CH_3 \xrightarrow[\text{N—N键断裂}]{\text{Cope重排}} \xrightleftharpoons{\text{互变异构}}$$

$$\xrightarrow{\text{C—N键环合}} \xrightarrow{-NH_3,\ -H^+}$$

4. 吡啶及烷基吡啶的合成

吡啶及烷基吡啶是重要的有机化工原料和溶剂，广泛应用于医药、香料、农药等精细化学品的制备。

工业合成路线如下。

（1）吡啶的合成

用乙醛、甲醛和氨在常压和 370℃ 左右通过装有催化剂的反应器，反应后的气体经萃取、精馏得到吡啶（40%～50%）和 3-甲基吡啶（20%～30%）。

吡啶的合成路线：

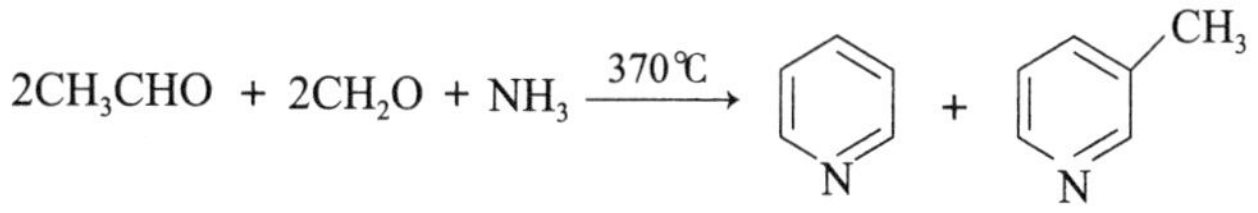

$$2CH_3CHO + 2CH_2O + NH_3 \xrightarrow{370℃} C_5H_5N + 3\text{-}CH_3C_5H_4N$$

（2）烷基吡啶的合成

将乙醛与氨气在常压、350～500℃下通过装有 Al_2O_3 和金属氧化物催化剂的反应器，反应出来的气体冷凝后经脱水、分馏和精馏，得到含量为 99.2%～99.5%的 2-甲基吡啶和 4-甲基吡啶产品，收率为 40%～60%。其中两种异构体各占一半。

烷基吡啶的合成路线：

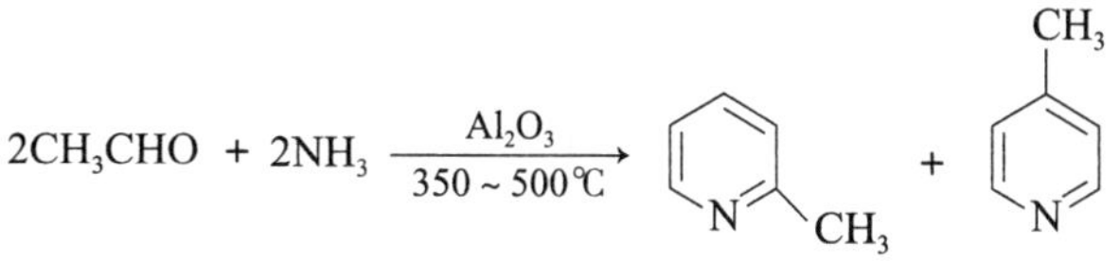

$$2CH_3CHO + 2NH_3 \xrightarrow[350\sim500℃]{Al_2O_3} 2\text{-}CH_3C_5H_4N + 4\text{-}CH_3C_5H_4N$$

5. 喹啉、哌嗪和 2-氨基噻唑的合成

喹啉是重要的医药原料；哌嗪也是重要的医药中间体；而 2-氨基噻唑则是制备磺胺药的中间体。它们在药物合成和生成方面起着不可代替的作用。

工业合成路线如下。

（1）喹啉的合成

喹啉的合成路线：

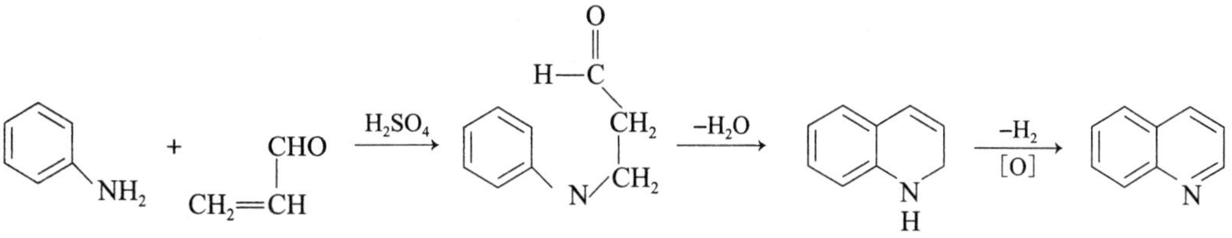

$$C_6H_5NH_2 + CH_2{=}CH{-}CHO \xrightarrow{H_2SO_4} C_6H_5{-}NH{-}CH_2{-}CH_2{-}CHO \xrightarrow{-H_2O} \text{二氢喹啉} \xrightarrow[\text{[O]}]{-H_2} \text{喹啉}$$

以苯系伯胺和丙烯醛为起始原料，在浓硫酸介质中，在温和氧化剂存在下进行反应，反应先生成 *N*-苯胺丙醛，然后环合生成 1，2-二氢喹啉，再用硝基苯氧化即得喹啉。

（2）哌嗪的合成

哌嗪的合成路线：

$$H_2NCH_2CH_2NH_2 + HOCH_2CH_2OH \xrightarrow{-2H_2O} \text{哌嗪（六元环，1,4-位为 NH）}$$

反应在间歇式反应釜中进行，将乙二氨和乙二醇混合加入反应釜，控制条件在：温度 200~275℃，反应压力为 6.5~22.5MPa，催化剂为镍、铜、铬附着在硅铝氧化物上，在氢气、氨气氛中进行反应，乙二胺与氨气的摩尔比为 1∶(2~4)，催化剂用量为 5%~22%，并在反应物中加少量水。哌嗪收率为 42%。

（3）2-氨基噻唑的合成

2-氨基噻唑的合成路线：

$$ClCH_2CHO + NH_2\overset{S}{\overset{\|}{C}}NH_2 \xrightarrow{-H_2O} \text{Cl-CH}_2\text{-CH=N-C(=S)-NH}_2 \xrightarrow{-HCl} \text{2-氨基噻唑}\cdot NH_2\cdot HCl$$

将硫脲与氯乙醛在热水中加热回流 2h，即发生环合而生成 2-氨基噻唑盐酸盐。再用氢氧化钠中和析出 2-氨基噻唑的结晶，收率为 80%。

6. *α*-氰基丙烯酸-1，2-异亚丙基甘油酯（CAG）的工业合成

α-氰基丙烯酸-1，2-异亚丙基甘油酯（CAG）是一种新型医用能发生快速生物降解的止血剂和组织黏合剂。CAG 的止血作用优于目前所用的 25 号止血粉、云南白药、止血纤维及明胶油绵等。

合成反应路线如下：

$$\underset{OH}{CH_2}-\underset{OH}{CH}-\underset{OH}{CH_2} + (CH_3)_2C{=}O \xrightarrow[\text{苯}/\triangle]{PSSF} \text{缩酮（2,2-二甲基-1,3-二氧戊环-4-基）}CH_2OH \xrightarrow[\text{对甲基苯磺酸}]{NCCH_2CO_2H}$$

$$NCCH_2CO_2CH_2\text{-缩酮} \xrightarrow[\text{哌啶，苯}]{(CH_2O)_n} HO{-}\left[CH_2-\underset{CO_2CH_2\text{-缩酮}}{\overset{CN}{C}}\right]_n{-}H \xrightarrow[\triangle]{P_2O_5/SO_2}$$

$$CH_2{=}\overset{CN}{C}CO_2CH_2\text{-缩酮}$$

将甘油和丙酮按 1∶2.4（摩尔比）的配比，在高分子路易斯酸载体催化剂 PSSF 作用下，进行共沸回流反应（苯为共沸剂），反应结束后滤出催化剂，回收苯及过量的丙酮后减压蒸馏，收集 82~83℃/1733Pa 馏分即得产物缩酮。再将氰基乙酸和缩酮按 1∶2（摩尔比）的配比，在对甲基苯磺酸催化下，以苯为共沸剂进行共沸回流反应，待反应完全后，将反应混合液冷至室温，用无水乙酸钠处理反应液，回收大部分苯后用 Na_2CO_3-NaCl 饱和溶液调节

pH 值至 7 左右，分出有机相。干燥，回收剩余的苯后，减压回收过量的缩酮，收集148~149℃/213.3Pa 馏分，得中间产物氰乙酸酯。再将氰乙酸酯与多聚甲醛按等摩尔比配料，以少量哌啶为催化剂进行缩合，反应时甲醛分批投入，控制反应温度不超过 70℃，待甲醛加料完毕后再升温继续反应，以苯恒沸脱水。反应完全后所得为 CAG 的聚合物。加少量抗氧剂（2，6-二叔丁基对甲苯酚）和适量 P_2O_5 及稀释剂（磷酸三甲苯酯），回收苯后，在无水 SO_2 气氛下加热解聚，收集 102~105℃/(26.7~40Pa) 馏分产物，产率为 41%~52%。

分析与讨论

1. 什么是缩合反应？什么是成环反应？

2. 以丙醛在稀氢氧化钠溶液中的缩合为例，说明羟醛缩合的反应历程。

3. 写出下列反应的主要产物，并注明反应名称。

（1） $CH_3\overset{O}{\overset{\|}{C}}CH_3 + HCHO \xrightarrow[40\sim42℃]{稀\ NaOH}$

（2） $C_6H_5CHO+CH_3COC_6H_5 \xrightarrow[15\sim31℃]{NaOH/EtOH}$

（3） $C_6H_5CHO+CH_3COCH_2CH_3 \xrightarrow[H_2O]{NaOH}$

（4） $C_6H_5COCH_3+CNCH_2COOH \xrightarrow[HAc]{NH_4Ac}$

（5） $C_2H_5OOC\ (CH_2)_5COOC_2H_5 \xrightarrow[\triangle]{EtONa}$

（6） $(CH_3)_2N-C_6H_4-CHO + CH_3NO_2 \xrightarrow{n\text{-}C_5H_{11}NH_2}$

（7） 2,6-二氯苯甲醛（Cl, CHO, Cl） $+ (CH_3CO)_2O \xrightarrow[②\ H_3O^+]{①\ NaAc,\ 180℃}$

（8） 邻氨基苯甲醛（CHO, NH_2） $+ \underset{C_6H_5}{\underset{|}{CH_2}}-COONa \xrightarrow[②\ H_3O^+]{①\ (CH_3CO)_2O}$

（9） 6-甲氧基-2-乙酰基萘（CH_3O, $COCH_3$） $+ ClCH_2COOCH_3 \xrightarrow[或K_2CO_3,\ TEBA,\ 130℃]{CH_3ONa}$

（10） $CH_3OCH_2COOCH_3 + \underset{COOC_2H_5}{\overset{COOC_2H_5}{|}} \xrightarrow[②\ HCl]{①\ EtONa，三氯乙烯}$

（11） $C_6H_5COOCH_3+CH_3CH_2COOC_2H_5 \xrightarrow[②\ H^+]{①\ NaH，C_6H_6，回流}$

（12） $C_6H_5COOCH_3+C_6H_5COCH_3 \xrightarrow[②\ H^+]{①\ NaOEt，分馏去醇}$

（13） $CH_3COCH_2COOC_2H_5 + CH_2{=}CH-CN \xrightarrow[②\ H^+]{①\ NaOEt，EtOH}$

(14) 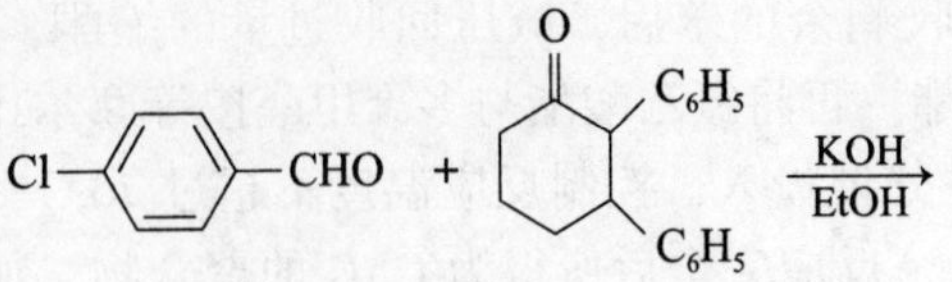 Cl-C6H4-CHO + 2,3-二苯基... (3,5-diphenylcyclohexanone) $\xrightarrow[EtOH]{KOH}$

(15) 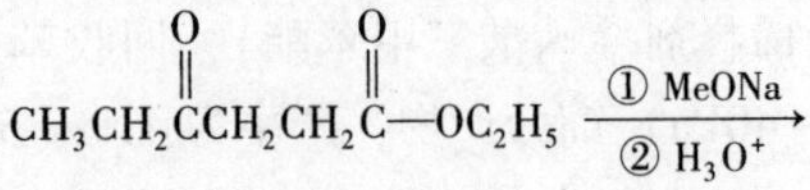 $CH_3CH_2\overset{O}{\overset{\|}{C}}CH_2CH_2\overset{O}{\overset{\|}{C}}-OC_2H_5 \xrightarrow[\text{② } H_3O^+]{\text{① MeONa}}$

(16) 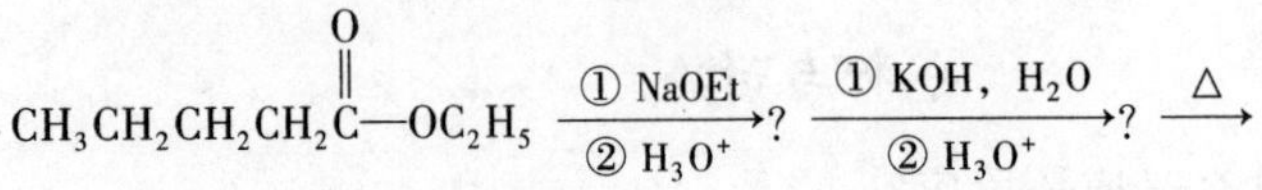 $CH_3CH_2CH_2CH_2\overset{O}{\overset{\|}{C}}-OC_2H_5 \xrightarrow[\text{② } H_3O^+]{\text{① NaOEt}} ? \xrightarrow[\text{② } H_3O^+]{\text{① KOH, } H_2O} ? \xrightarrow{\triangle}$

(17) 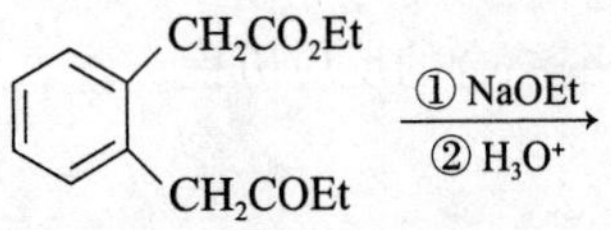 邻位 CH_2CO_2Et / CH_2COEt 取代苯 $\xrightarrow[\text{② } H_3O^+]{\text{① NaOEt}}$

(18) 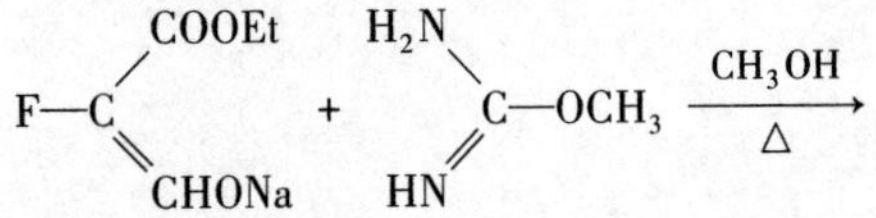 $F-\underset{CHONa}{\overset{COOEt}{C}}$ + $\underset{HN}{\overset{H_2N}{}}C-OCH_3 \xrightarrow[\triangle]{CH_3OH}$

(19) 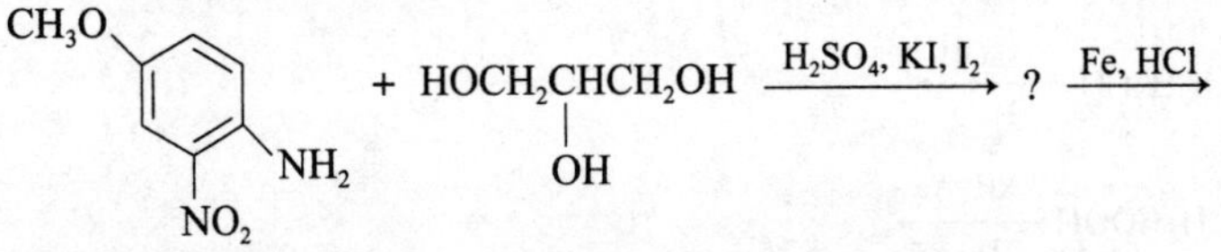 4-甲氧基-2-硝基苯胺（CH_3O, NH_2, NO_2） + $HOCH_2\underset{OH}{CH}CH_2OH \xrightarrow{H_2SO_4,\ KI,\ I_2} ? \xrightarrow{Fe,\ HCl}$

(20) 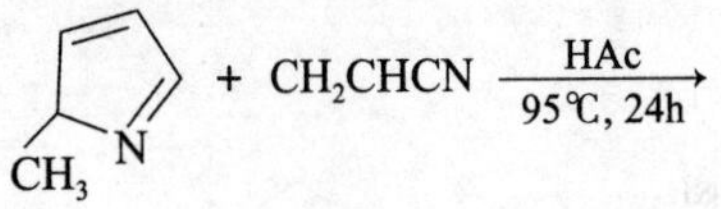 2-甲基-2H-吡咯（CH_3, N） + $CH_2CHCN \xrightarrow[95℃,\ 24h]{HAc}$

(21) 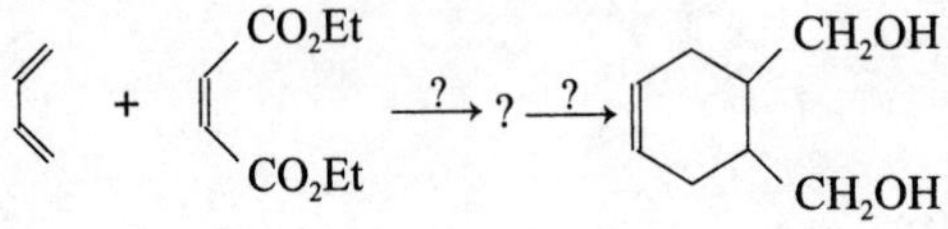 丁二烯 + 顺-丁烯二酸二乙酯（CO_2Et, CO_2Et） $\xrightarrow{?} ? \xrightarrow{?}$ 4,5-双（CH_2OH）环己烯

(22) 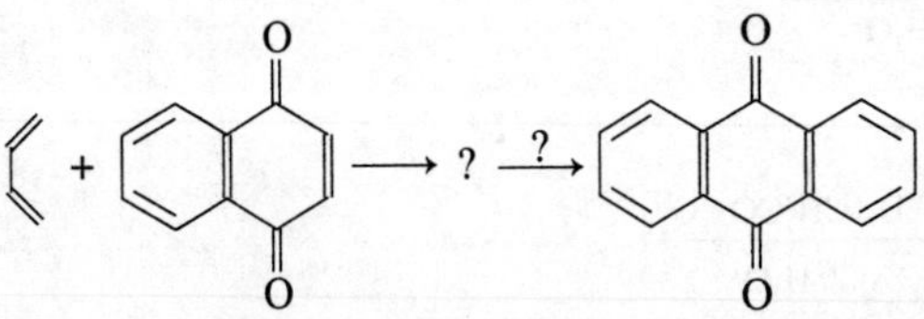 丁二烯 + 1,4-萘醌 $\longrightarrow ? \xrightarrow{?}$ 蒽醌

(23) 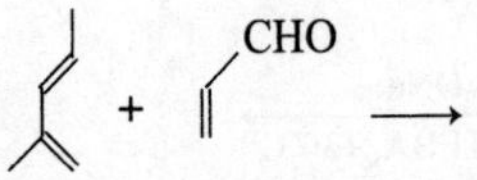 二烯 + 丙烯醛（CHO） $\longrightarrow$

(24) 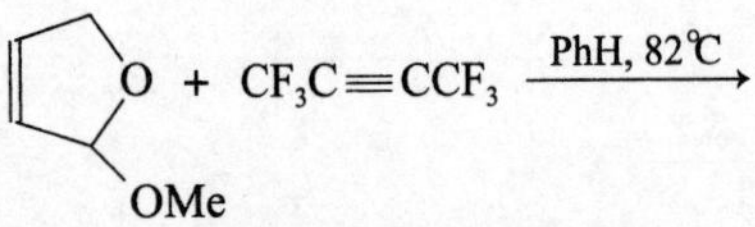 2-甲氧基-2,5-二氢呋喃（O, OMe） + $CF_3C\equiv CCF_3 \xrightarrow{PhH,\ 82℃}$

(25) 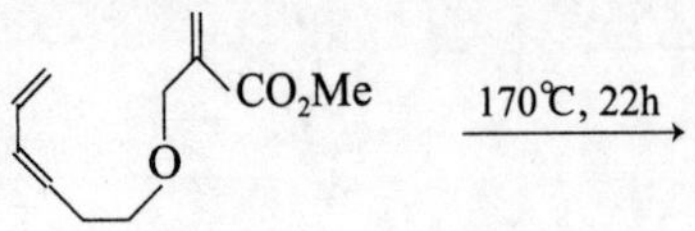 二烯基醚（CO_2Me, O） $\xrightarrow{170℃,\ 22h}$

4. 以对硝基甲苯和相关脂肪族原料，经缩合反应合成下列产品，写出合成路线及各步反应条件：

（1）对氯苯丙烯酸　（2）对羟基苯丙烯酸

5. 具有何种结构的酯能进行珀金反应？

人物小知识

格利雅（Victor Grignard，1871—1935 年），法国化学家，1871 年 5 月 6 日生于法国瑟堡，1935 年 12 月 13 日卒于里昂。1893 年入里昂大学学习数学，毕业后改学有机化学，1901 年获博士学位。1905 年任贝桑松大学讲师。1910 年在南锡大学任教授。1919 年起，任里昂大学终身教授。1926 年当选为法国科学院院士。

1900 年他在巴比埃的指导下研究把金属镁用于缩合反应，发现烷基卤化物易溶于醚类溶剂，与镁反应生成烷基卤化镁（即格氏试剂）。1901 年格利雅发表关于混合有机镁化合物的论文，并把有机镁应用到合成羧酸、醇和烃类化合物中。他还对铝、汞有机化合物及萜类化合物进行过广泛的研究；也研究过羰基缩合反应和烃类的裂化、加氢、脱氢等反应；在第一次世界大战期间研究过光气和芥子气等毒气。格利雅因发现格氏试剂而与 P. 萨巴蒂埃分获 1912 年诺贝尔化学奖。他还是许多国家的科学院名誉院士和化学会名誉会员。格利雅还著有《有机化学专论》等。

可是，谁能想象少年的格利雅又是怎样一个人呢？格利雅出生在一家很有名望的造船厂业主的家庭，家里经济条件优越。父母十分迁就他，格利雅从小就养成了娇生惯养、游手好闲的坏习惯。小学、中学从来就不知道好好学习。1892 年秋，已经 21 岁的格利雅仍然是整天无所事事，寻欢作乐。一次，在上流社会举行的舞会上，由于受到女伯爵波多丽姑娘的严厉训斥和教育，使他看透了自己的行为，认识到自己的错误，然后他给家里留下了一封信：“请不要来找我，让我重新开始，我会战胜自己创造出一些成绩来的……”格利雅离家出走来到里昂，一切从头开始。幸好有一个叫路易·波尔韦的教师很同情他的遭遇，愿意帮助他补习功课。经过老教授的精心辅导和他自己的刻苦努力，花了两年的时间，才把耽误的功课补习完了。这样，格利雅进入了里昂大学插班读书。他深知得到读书的机会来之不易，眼前只有一条路就是发奋、发奋、再发奋。当时学校有机化学权威巴比尔看中了他的刻苦精神和才能，于是，格利雅在巴比尔教授的指导下，学习和从事研究工作。1901 年由于格利雅发现了格氏试剂而被授予博士学位。离家出走 8 年之后，格利雅实现了出走时留下的诺言。1912 年瑞典皇家科学院鉴于格利雅发明了格氏试剂，对当时有机化学发展产生的重要影响，决定授予他诺贝尔化学奖。

从格利雅的事迹我们知道，一个人犯错误并不可怕，关键是要找到原因，咬牙改过。只要努力，不怕学习来得迟，就怕不去学。

单元 8　硝化反应

【知识目标】通过分别完成每个工作任务，掌握硝化反应的定义、产物和反应类型，能应用硝化反应合成系列硝基化合物，用于合成染料、香料和炸药等精细化工产品。

【能力目标】掌握硝化反应过程的控制方法和产品分离鉴定的方法；了解硝化反应合成的产品以及工业化过程的特点。

第一节　硝化反应基础知识介绍

硝基化合物是重要的有机中间体，可用于合成染料、香料和炸药等。它很容易用硝酸或其他硝化试剂在芳烃上进行亲电取代，硝基化合物大多数有较大毒性，硝基化合物通过还原可得系列氨基化合物。

硝化反应是指向有机化合物分子中引入硝基的反应。硝化反应的范围极广，芳烃、烷烃、烯烃及其衍生物都可以在适当的条件下进行硝化。但脂肪族化合物碳原子上的硝化要比芳香族的困难得多，直到 1935 年才合成脂肪族硝基化合物。芳烃的硝化是合成精细化工产品时经常遇到的基本单元反应。芳香族的硝基化合物比脂肪族同类化合物在工业上重要得多，主要原因之一在于芳烃大多能够与浓硝酸发生直接取代反应，而脂肪族不能直接发生取代反应。硝基化合物中的硝基可以转化为多种不同类型的取代基，如生成亚硝基化合物、羟胺、氧化偶氮化合物、偶氮化合物，特别是氨基化合物。而芳胺是染料合成中不可缺少的一大类中间体。硝基是一个强吸电子基团，向染料分子中引入硝基，利用其极性，常常可使染料的颜色加深。同时利用其极性，还可使芳环上的其他取代基活化，易于发生亲核取代，并且它也可以作为离去基团，被其他亲核基团所置换。有些硝基化合物还具有药理作用；某些化合物引入硝基后能产生特殊的香味，例如人造麝香（3-叔丁基-2，4，6-三硝基甲苯）。

因此，在工业上，硝化反应是一个重要的基本反应，通过该反应能够获得某些具有特殊功用的硝基化合物，应用于燃料、溶剂、炸药、染料、香料、医药、农药和表面活性剂等相关领域。

一、硝化方法

（一）直接硝化法

脂肪烃和芳香烃的直接硝化是合成脂肪族硝基化合物和芳香族硝基化合物的重要方法。

1. 稀硝酸硝化法

硝酸兼具硝化剂和氧化剂的双重作用，其氧化能力随着硝酸的浓度降低而增强，但硝化能力则随其浓度的降低而减弱。稀硝酸是较弱的硝化试剂，硝化过程因生成水而被稀释，又使其硝化能力不断减弱，因而稀硝酸作为硝化试剂必须过量。稀硝酸只适用于容易被硝化的芳香族化合物的硝化。例如 *N*-(2，5-二乙氧基-4-硝基苯基) 苯甲酰胺（蓝色基 BB）的制备包括两步硝化，均用稀硝酸作硝化试剂。

$$
\text{1,4-}(OC_2H_5)_2C_6H_4 \xrightarrow{HNO_3} \text{2-}NO_2\text{-1,4-}(OC_2H_5)_2C_6H_3 + H_2O
$$

$$
\text{2-}(NHCOPh)\text{-1,4-}(OC_2H_5)_2C_6H_3 \xrightarrow{HNO_3} \text{4-}O_2N\text{-2-}(NHCOPh)\text{-1,5-}(OC_2H_5)_2C_6H_2 + H_2O
$$

在液相或气相中，烷烃可与硝酸发生硝化反应，生成硝基烷烃，是工业上合成简单硝基烷的重要方法，由于其产品的复杂性及其强烈的反应条件，所以该法很少用于实验室制备。显然，在反应过程中同时发生了碳链的热裂和硝化。

2. 浓硝酸硝化法

浓硝酸的硝化主要适用于芳香族化合物的硝化，若用计量的硝酸使芳烃硝化，副产物仅仅是水，这是一个较为理想的方法。在镧系化合物的催化下，用计量的硝酸，使间二甲苯硝化的反应如下：

$$
\text{间二甲苯} \xrightarrow[\substack{Pr(OTf)_3 \\ CH_2Cl_2}]{HNO_3\text{（计量）}} \text{4-硝基间二甲苯 }(12\%) + \text{2-硝基间二甲苯 }(88\%)
$$

3. 混酸硝化法

硝酸和硫酸组成的混酸是比硝酸更强的硝化试剂。混酸的硝化能克服单一使用硝酸的一些缺点，因而在工业上广为应用，首先，混酸比硝酸能产生更多硝基正离子，硝化能力强，反应速率快，产率高、氧化能力降低，不易产生氧化的副反应，硝酸利用率高，其次，混酸与有机溶剂互溶性好，使硝化反应易于进行。同时，混酸减少了硝化的热效应，不至于局部温度过高而使反应难以控制。

$$
C_6H_6 \xrightarrow[H_2SO_4]{HNO_3} C_6H_5NO_2\ (85\%) \xrightarrow[H_2SO_4]{HNO_3} m\text{-}C_6H_4(NO_2)_2\ (98\%)
$$

$$
C_6H_5N(CH_3)_2 \xrightarrow[H_2SO_4]{HNO_3} m\text{-}O_2NC_6H_4N(CH_3)_2\ (56\%\sim63\%)
$$

混酸硝化的一般工艺流程如图 8-1 所示：

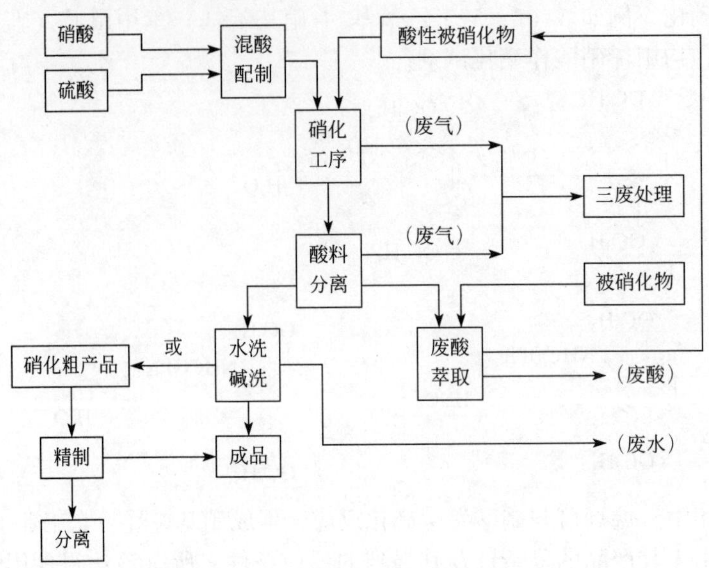

图 8-1　混酸硝化的一般工艺流程

4. 其他硝化方法

浓硝酸与酸酐混合即生成硝酸乙酰，为强硝化剂。氮的氧化物（NO_2、N_2O_5）亦是有效的硝化剂。

$$\text{(adamantane)} \xrightarrow{NO_2} \text{1-}NO_2\text{-adamantane} \quad (66\%)$$

$$(CH_3)_3CH \xrightarrow{NO_2} (CH_3)_3C\text{—}NO_2 \quad (46\%)$$

（二）间接硝化法

1. 取代硝化

芳香族或杂环化合物上的磺酸基用硝酸处理，可被硝基置换生成硝基化合物：

$$\text{1-萘酚 (OH)} \xrightarrow[\triangle]{H_2SO_4} \text{(OH, 2-}SO_3H\text{, 4-}SO_3H\text{)} \xrightarrow[\triangle]{\text{稀}HNO_3} \text{(OH, 2-}NO_2\text{, 4-}NO_2\text{)}$$

2. 重氮基被硝基取代

$$ArN_2^+Cl^- + NaNO_2 \longrightarrow ArNO_2 + NaCl$$

碱性溶液中，芳香族重氮盐可用亚硝酸盐处理，即以较好产率生成芳香族硝基化合物。本法适合于合成特殊取代位置的芳香族硝基化合物。例如邻二硝基苯、对二硝基苯均不能由直接硝化法制得，但它们可由邻硝基苯胺、对硝基苯胺形成的重氮盐与亚硝酸钠反应制得。

$$p\text{-}NH_2C_6H_4NO_2 + HBF_4 \xrightarrow{NaNO_2} p\text{-}N_2^+BF_4^-C_6H_4NO_2\ (96\%\sim99\%) \xrightarrow[Cu]{NaNO_2} p\text{-}C_6H_4(NO_2)_2\ (67\%\sim82\%)$$

芳基硼酸若用硝酸铵及三氟乙酸酐处理，可发生硼被硝基取代的反应，生成产率 78% 的硝基苯。

$$C_6H_5B(OH)_2 \xrightarrow[CH_3CN,\ -35℃]{NH_4NO_3,\ (CF_3CO)_2O} C_6H_5NO_2\ (78\%)$$

烯丙基硅烷是易得的重要中间体，它与四氟硼酸硝鎓盐反应，则发生硝基取代硅基的反应，生成烯丙基硝基化合物：

$$CH_2{=}CHCH_2SiMe_3 \xrightarrow{NO_2^+BF_4^-} CH_2{=}CHCH_2NO_2\ (80\%)$$

$$CH_3CH{=}CHCH_2SiMe_3 \xrightarrow{NO_2^+BF_4^-} CH_2CH(NO_2)CH{=}CH_2\ (75\%)$$

锡烷基亦可被硝基取代：

$$\text{1-}SnMe_3\text{-cycloalkene }[(CH_2)_n] \xrightarrow[DMSO,\ n=2]{C(NO_2)_4} \text{1-}NO_2\text{-cycloalkene }[(CH_2)_n]\ (87\%)$$

二、硝化反应特点

① 在进行硝化反应的条件下，反应是不可逆的。

② 硝化反应速率快，是强放热反应，其热量约为 126kJ/mol。

③ 在多数场合反应物与硝化剂是不能完全互溶的，常常分为有机层和酸层。

三、硝化反应理论

1. 硝化反应机理

芳烃的硝化反应符合苯环上亲电取代反应的一般规律，以苯为例：

$$C_6H_6 + NO_2^+ \rightleftharpoons [C_6H_6\cdot NO_2^+]\ (\pi\text{配合物}) \overset{慢}{\rightleftharpoons} [C_6H_6NO_2]^+\ (\sigma\text{配合物}) \overset{快}{\rightleftharpoons} C_6H_5NO_2 + H^+$$

首先是亲电质点 NO_2^+ 向芳环进攻生成 π 配合物，然后转变成 σ 配合物，最后脱去质子生成硝化产物。在浓硫酸或混酸硝化反应过程中，其中转变成 σ 配合物这一步是慢反应，控制整个反应进程。在用硝酸鎓盐（NO_2BF_4 和 NO_2PF_4）进行硝化的反应中，它的硝化能力比浓硝酸和混酸强得多，控制反应速率的决速步骤是 π 配合物的形成。

2. 硝化动力学

以不同浓度的硝酸、混酸、硝酸盐和过量硫酸、硝酸和乙酐的混合物作为硝化剂进行的硝化反应是典型的亲电取代反应。硝化剂自身的离解，提供了各种亲电质点，形成了一个多种质点的平衡体系。

无机酸可按下式发生离解：

$$2HNO_3 \rightleftharpoons H_2NO_3^+ + NO_3^- \rightleftharpoons NO_2^+ + NO_3^- + H_2O$$

$$H_2NO_3^+ + HNO_3 \rightleftharpoons NO_2^+ + NO_3^- + H_3O^+$$

混酸能按下列几种方式离解：

$$H_2SO_4 + HNO_3 \rightleftharpoons HSO_4^- + H_2NO_3^+$$

$$H_2SO_4 + H_2NO_3^+ \rightleftharpoons NO_2^+ + HSO_4^- + H_3O^+$$

硝酸钠和硫酸的混合液中具有下列平衡：

$$NaNO_3 + 2H_2SO_4 \rightleftharpoons NO_2^+ + 2HSO_4^- + Na^+ + H_2O$$

硝化动力学的研究结果表明：在大多数硝化反应中，硝化亲电质点是硝基正离子（NO_2^+），反应速率与其浓度成正比。而溶剂对反应速率也有着十分重要的影响。当芳烃在大大过量的浓硝酸中进行均相硝化时，反应速率为：

$$v = k[ArH]$$

在浓硫酸中，用硝酸进行均相硝化反应的速率为：

$$v = k[ArH][HNO_3]$$

被硝化物与硝化剂介质互相不溶的液相硝化反应称为非均相硝化反应。由于传质效率和其他反应的存在，均能影响此类硝化反应的速率，情况较为复杂。

四、影响硝化反应的因素

芳烃的硝化反应不仅与反应物的结构、反应介质的性质有关，而且还与反应温度、催化剂有关，对于非均相硝化，还要考虑搅拌因素的影响。了解和掌握上述因素对硝化反应的影响，有助于控制反应进程，使其顺利进行，得到理想的产率。

1. 被硝化物的性质

硝化反应是芳环上的亲电取代反应，芳烃硝化反应的难易程度，与芳环上取代基的性质密切相关，不同取代苯在混酸中进行一硝化的反应速率如表 8-1 所示。

表 8-1　不同取代苯在混酸中硝化反应速率表

取代基	相对速率	取代基	相对速率	取代基	相对速率
$—N(CH_3)_2$	$2×10^{11}$	$—CH_2CO_2C_2H_5$	3.8	—Cl	0.033
$—OCH_3$	$2×10^5$	—H	1.0	—Br	0.030
$—CH_3$	24.5	—I	0.18	$—NO_2$	$6×10^{-8}$
$—C(CH_3)$	15.5	—F	0.15	$—N(CH_3)_3$	$1.2×10^{-8}$

结果表明，当芳环上存在给电子基团时，硝化速率较快，在硝化产品中常以邻、对位产物为主。反之，当芳环上存在吸电子基团时，硝化速率降低，产品中以间位异构体为主。然

而卤苯例外，引入卤素虽然使苯环钝化，但得到的产品几乎都是邻、对异构体，也有二硝化产物生成。

2. 硝化剂

不同的硝化对象往往需要采用不同的硝化方法。相同的硝化对象，如果采用不同的硝化剂，则常常得到不同的产物组成。因此硝化剂的选择是硝化反应必须考虑的问题。例如，乙酰苯胺用不同的硝化剂硝化时，所得产物组成相差很大，参见表 8-2。

表 8-2　乙酰苯胺用不同硝化剂硝化时的产物组成

硝化剂	温度/℃	邻位/%	间位/%	对位/%	邻位/对位
$HNO_3+H_2SO_4$	20	19.4	2.1	78.5	0.25
HNO_3(90%)	−20	23.5	—	76.5	0.31
HNO_3(80%)	−20	40.7	—	59.3	0.69
HNO_3(在乙酸酐中)	20	67.8	2.5	29.7	2.28

混酸的组成不同，对于相同化合物的硝化作用有明显影响；硫酸的含量越多，其硝化能力就越强。对于极难硝化的物质，可采用三氧化硫与硝酸的混合物组成硝化剂，以大幅提高硝化能力。例如，1,5-萘二磺酸在浓硫酸中硝化时，主要生成 1-硝基萘-4,8-二磺酸；而在发烟硫酸中硝化时，主要生成 2-硝基萘-4,8-二磺酸。

向混酸中加入适量磷酸，可增加对位异构体的收率。其作用是使硝化活性质点的体积变大，活性降低，使生成邻位异构体的位阻变大。

3. 温度

温度对于硝化反应的影响十分重要。它不仅对反应速率和产物组成有较大的影响，而且还直接关系到安全生产问题。对于非均相硝化反应，温度直接影响着反应速率和生成异构体的比例，一般情况下，易于硝化和易于发生副反应的芳烃（如酚、酚醚等）可采用高温硝化。但氧化、多硝化、硝基置换其他官能团的副反应也随之增加。所以，硝化反应要在较低温度下进行。硝化温度的选择，对异构体的生成比例也有一定的影响。

例如，硝基苯的二硝化：

$$C_6H_5NO_2 + HNO_3 \xrightarrow{H_2SO_4} C_6H_4(NO_2)_2 + H_2O$$

不同温度对硝基苯二硝化异构体比例的影响参见表 8-3。

表 8-3　不同温度对硝基苯的二硝化异构体比例的影响

温度/℃	邻位/%	间位/%	对位/%
25~29	5	93	2
90~100	12	87	1

4. 相比与硝酸比

相比是指混酸与被硝化物的质量比，有时也称酸油比。选择适宜的相比，是非均相硝化反应顺利进行的保证。当相比固定时，剧烈搅拌最多只能使被硝化物在酸相中达到饱和溶解。而相比在一定范围内增大时，不仅有利于反应热和稀释热的分散与传递，同时也可明显加快硝化反应速率，大大提高设备的生产能力。但是，相比过大又会使设备生产能力下降，反而不利于生产。近年来，为了减少环境污染，有的大吨位产品如硝基苯，已趋向采用过量被硝化物的绝热硝化技术来代替原来的过量硝酸硝化工艺。其优点是可充分利用硝酸和更有利于降低多硝基物的生产量。

5. 搅拌

大多数硝化过程是非均相的，为了保证反应能顺利进行及提高传热和传质效率，必须具有良好的搅拌装置和冷却设备。在硝化过程中，特别是在间歇硝化反应的加料阶段停止搅拌或由于搅拌器桨叶脱落而导致搅拌失效是非常危险的！因为这时两相很快分层，大量活泼的硝化剂在酸相中累积，一旦搅拌再次开动，就会突然发生激烈反应，瞬间放出大量的热，使温度失去控制而发生事故。因此，必须十分注意和采取必要的安全措施。通常在硝化设备上装有报警装置，当反应温度超过规定限度时，能自动停止加料。

五、硝化设备

硝化过程在液相中进行，通常采用釜式反应器。硝化设备的结构形式很多，常见的硝化反应器如图 8-2 所示。根据硝化剂和介质的不同，可采用搪瓷釜、钢釜、铸铁釜或不锈钢釜。用混酸硝化时为了尽快地移去反应热以保持适宜的反应温度，除利用夹套冷却外，还在釜内安装冷却蛇管。产量小的硝化过程大多采用间歇操作。产量大的硝化过程可连续操作，采用釜式连续硝化反应器或环型连续硝化反应器，实行多台串联完成硝化反应。环型连续硝化反应器的优点是传热面积大、搅拌良好、生产能力大、副产的多硝基物和硝基酚少。

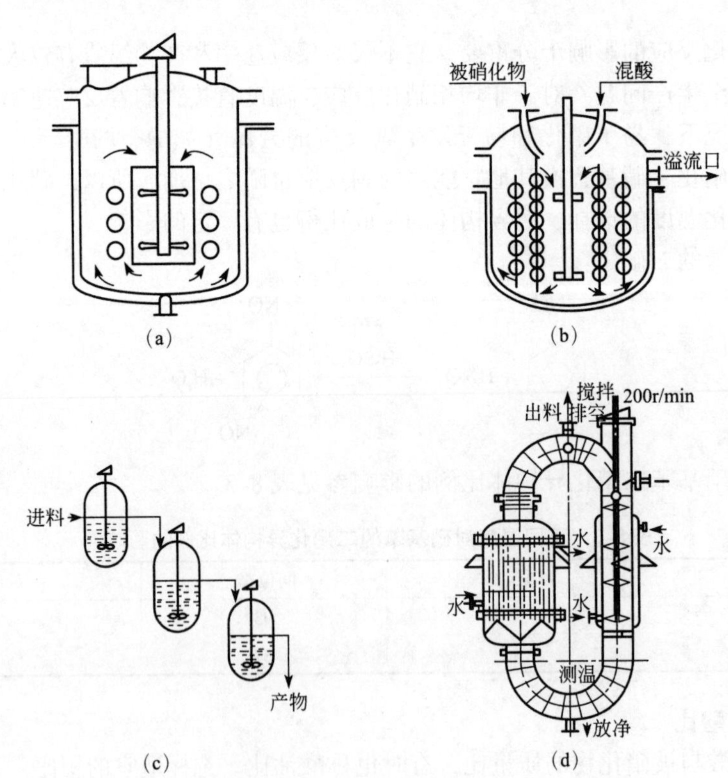

图 8-2 几种常见的硝化反应器

(a) 间歇硝化釜；(b) 连续硝化锅；(c) 三釜串联硝化釜；(d) 环形硝化釜

第二节　间二硝基苯的合成

间二硝基苯又名1,3-二硝基苯，无色晶体，是一种重要的精细有机化工产品。主要用作染料、颜料、农药、医药及其他有机合成的中间体，并用来制造炸药。在二硝基苯的异构体中，间二硝基苯的用途较广。

一、间二硝基苯简介

间二硝基苯，别名1,3-二硝基苯，分子式为 $C_6H_5N_2O_4$，分子量为168.11，熔点为89℃，沸点为301℃，有挥发性，易溶于热乙醇、乙醚、苯，微溶于水等，相对密度为1.57，化学性质稳定，为无色晶体。其分子结构式为：

O_2N　　NO_2

基本结构为苯的结构，在芳环上接有两个硝基。

二、间二硝基苯的实验室合成

1. 合成前的准备

（1）实验药品

本实验所需药品：硝基苯、硝酸、浓硫酸、碳酸钠、95%乙醇。

（2）实验装置搭建

硝化反应装置可参考图8-3装置。

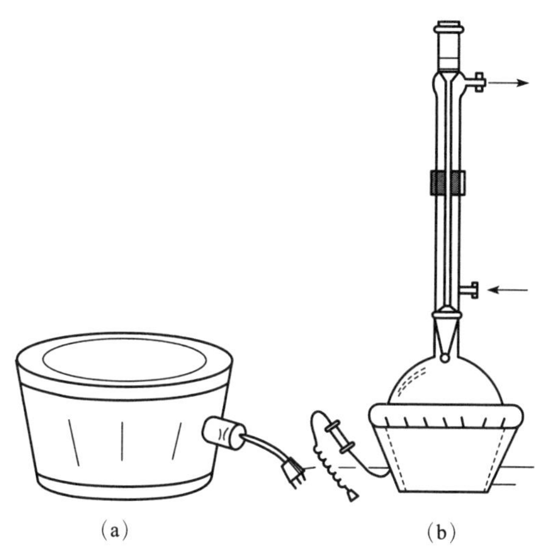

图8-3　间二硝基苯合成实验装置

（a）具有铝外壳的电热套；（b）由玻璃纤维编成的电热套

2. 间二硝基苯合成步骤

① 在干燥的50mL圆底烧瓶中放入8.5mL浓硫酸。把烧瓶置于冷水浴中，慢慢加入6.3mL硝酸，同时不断摇动烧瓶，然后加入2mL硝基苯。在烧瓶上装一空气冷凝管。把烧

瓶放在沸水浴上加热 1h，间歇地摇动烧瓶。用吸管吸取少许上层反应物，滴入盛冷水的试管中，如果立刻有淡黄色的固体析出，表示反应已经完成；如果呈半固体状，则需继续加热，直到反应完全为止。

② 当反应混合物冷却到约 70℃时，在剧烈搅拌下，把反应物以细流慢慢地倒入盛 40mL 冷水的烧杯中。粗间二硝基苯呈块状物沉入容器底部。冷却后，倾去稀酸液。烧杯中再加入 25mL 热水，加热至固体熔化，然后一边搅拌，一边分几次加入粉状碳酸钠，直到水溶液呈显著碱性为止。冷却后，倾去碱液。粗间二硝基苯再用 50mL 热水分两次洗涤。冷却后减压过滤，尽量挤压去除水分。取出产物，用 95%乙醇进行重结晶。

3. 注意事项

① 间二硝基苯和硝基苯一样，毒性较大，可以透过皮肤进入血液而使人中毒，操作时必须谨慎小心，若沾到皮肤上，应依次用少量乙醇、肥皂及温水洗涤。

② 硝化反应是否完全可用以下方法鉴定：取摇匀后的反应液少许，滴入盛有冷水的试管中，若有淡黄色固体析出，表示反应已经完成；若仍呈半固体状，则需继续加热。

③ 用乙醇重结晶，可除去粗品中的邻二硝基苯及对二硝基苯以及尚未作用的硝基苯。

分析与讨论

1. 在进行硝化反应时，最后把反应混合物倒入大量水中，其操作目的是什么？
2. 邻二硝基苯及对二硝基苯如何制备？在间二硝基苯中的这两种物质如何除去？
3. 硝化反应的温度应怎样选择？为什么硝化反应要尽可能控制在较低温度下进行？
4. 下列合成方法中那一种较为合适？为什么？

第三节　2-硝基-1,3-苯二酚的制备

2-硝基间苯二酚不仅是重要的工业原料，而且因硝基可方便地还原为氨基，又是关键合成中间体之一。其应用主要有：2-硝基间苯二酚在酸中显黄色，在碱中则显红色，颜色变化的 pH=5.4~7.4，pKIn=6.4±0.1，pT=6.2，由于其 pK 接近强酸对强碱的等电点（pI=7.0），所以作为酸碱指示剂，2-硝基间苯二酚较酚酞（pKIn=8.3）、甲基橙（pKIn=4.2）稳定；2-硝基间苯二酚及其盐叮作为偶联剂用于合成氧化型染发剂及用于聚酯类、丝毛类、混纺类纺织品的酸性偶氮染料；2-硝基间苯二酚因酚羟基有助于提高影像的稳定性而用作彩

色相片显影剂中的稳定剂；亦可用于合成冠醚作为 π_2 受体的类大环化合物，合成2,2-吡啶酮衍生物作为 HIV212 变种反转录酶抑制剂。

2-硝基间苯二酚分子式为 $C_6H_5NO_4$，分子结构式：

NO_2 HO OH

一、制备方法

制备 2-硝基间苯二酚的方法较多，主要有以下两种。

① 以间苯二酚为原料直接用混酸硝化，由于酚羟基反应活性高，副产物多，收率仅为 12.9%；

② 以间苯二酚为原料，先磺化用磺羧基保护 4，6 位，再用硝酸和硫酸组成的混酸硝化后经水蒸气蒸馏得到产物，收率为 37.5%。

对于 2-硝基间苯二酚而言，逆向合成步骤如下：

NO_2 HO OH ⟶ NO_2 HO OH HO_3S SO_3H ⟶ HO OH HO_3S SO_3H ⟶ HO OH

这里选择方法②，采用浓硝酸、冰醋酸和浓硫酸组成的混酸作定向硝化剂，同时对硝化反应的时间、温度、物料比和硝化剂组成进行讨论。

二、合成操作

1. 反应原理

酚羟基是较强的邻对位定位基，也是较强的致活基团。如果让间苯二酚直接硝化，由于反应太剧烈，不易控制；另外，由于空间效应，硝基会优先进入 4、6 位，很难进入 2 位。本实验利用磺酸基的强吸电子性和磺化反应的可逆性，先磺化，在 4、6 位引入磺酸基，既降低了芳环的活性，又占据了活性位置。再硝化时，受定位规律的支配，硝基只进入 2 位。最后进行水蒸气蒸馏，既把磺酸基水解掉，又同时把产物随水一起蒸出来。本反应是磺酸基起到了占位、定位和钝化的作用。

2. 合成前的准备

实验所需药品见表 8-4。

表 8-4 实验所需药品

药品名称	分子量	熔点/℃	沸点/℃	相对密度 d_4^{20}	水溶解度/(g/100mL)
间苯二酚	110.11	109~110	281	1.285	111
2-硝基-1,3-苯二酚	155	84~85	78.4	0.7893	易溶于水
尿素	60.06	135	—	1.330	微溶于水
浓硫酸（98%）	98.07	10.49	338	1.834	易溶于水
浓硝酸	63.01	-42	86	1.5027	易溶于水

3. 实验装置图

磺化反应实验装置如图 8-4 所示，硝化反应实验装置如图 8-5 所示，产品纯化装置如图 8-6 所示。

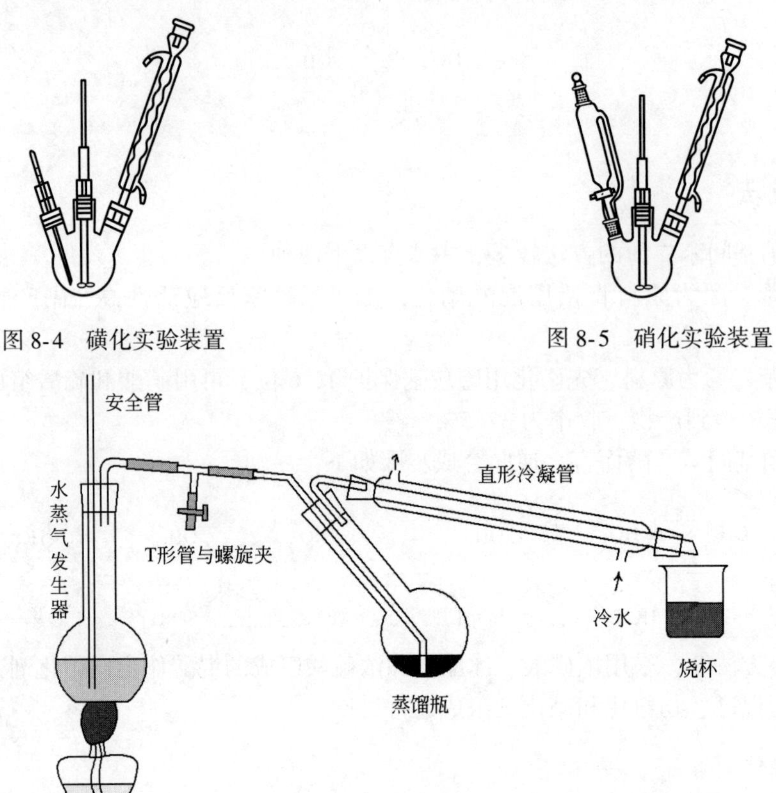

图 8-4　磺化实验装置

图 8-5　硝化实验装置

图 8-6　产品纯化装置（水蒸气蒸馏装置）图

4. 实验操作过程

合成实验操作过程可按下列合成实验流程图（见图 8-7）进行。

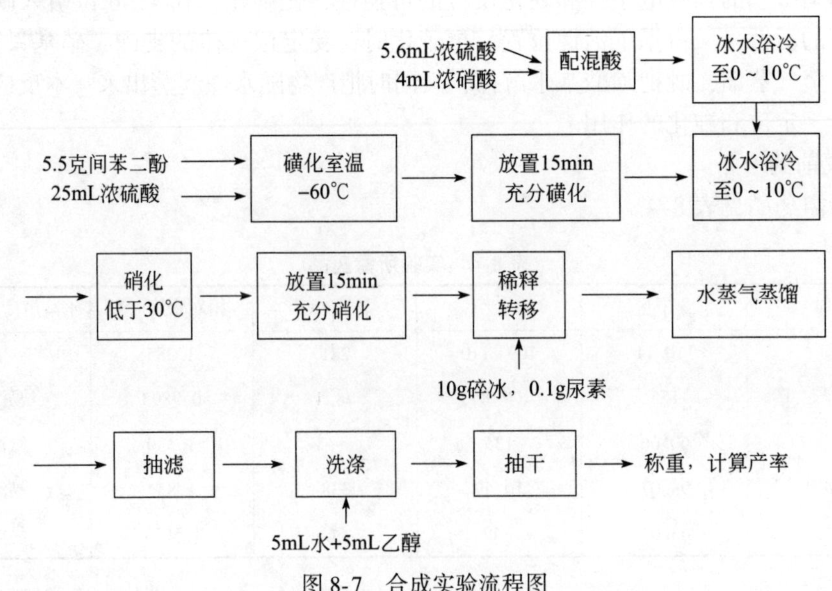

图 8-7　合成实验流程图

5. 注意事项及操作要点

① 本实验一定注意先磺化，后硝化。否则会剧烈反应，甚至发生事故。

② 间苯二酚很硬，要充分研碎，否则，磺化只能在颗粒表面进行，磺化不完全。

③ 酚的磺化在室温就可进行，如果反应太慢，10min 不变白，可用 60℃ 的水温热，加速反应。

④ 硝化反应比较快，因此硝化前，磺化混合物要先在冰水浴中冷却，混酸也要冷却，最好在 10℃ 以下；硝化时，也要在冷却条件下，边搅拌边慢慢滴加混酸，否则，反应物易被氧化而变成灰色或黑色。

⑤ 水蒸气蒸馏时，冷凝水要控制得很小，一滴一滴地滴，否则产物凝结于冷凝管壁的上端，会造成堵塞。

⑥ 反应液转入长颈烧瓶时，应顺着玻璃棒加入，加入 10g 碎冰稀释，温度不能超过 50℃。再用 5mL 冰水洗涤烧杯，并入烧瓶。切记，加冰水不能太多，否则，水蒸气蒸馏时，会蒸不出产品。

⑦ 晶体用 10mL 50%的乙醇水溶液（5mL 水+5mL 乙醇）洗涤，不要太多，否则损失产品。

分析与讨论

1. 计算实验产率，并与文献 30%~35%对比，分析原因。
2. 为什么不能直接硝化，而要先磺化?

第四节　对硝基氯苯的工业生产

对硝基氯苯分子式为 $C_6H_4ClNO_2$，分子量为 157.5，凝固点大于 81.5℃，沸点 242℃（760mmHg[1]），熔点为 82~84℃；不溶于水，稍溶于冷的乙醇，易溶于沸腾的乙醇、乙醚、二硫化碳；相对密度为 1.520（18℃）。主要用于染料（如偶氮染料、硫化染料等）及其中间体（如对氨基酚、对氯苯胺等）的合成，也用于制造对硝基酚（进而制造对硫磷）和对乙氧基脲苯。

一、生产对硝基氯苯的方法

对硝基氯苯工业生产所需要的主要原料有：氯苯、硫酸、硝酸、纯碱。对硝基氯苯的制法是将氯苯硝化制得粗对硝基氯苯，然后再由粗对硝基氯苯制得纯对硝基氯苯。现在已有采用连续式硝化设备进行生产的厂家，但少量生产仍以分批式较为有利。

1. 主反应

对硝基氯苯硝化反应方程式：

[1] 1mmHg=133.322Pa。

邻硝基氯苯（Cl，NO_2）（37% ~ 40%）

$$\text{氯苯}\ \xrightarrow[HNO_3]{H_2SO_4}\ \text{间硝基氯苯}$$

间硝基氯苯（Cl，NO_2）（<1%）

对硝基氯苯（Cl，NO_2）（60% ~ 63%）

2. 副反应

$$\text{对硝基氯苯（}Cl\text{，}NO_2\text{）} \longrightarrow \text{氯苯（}Cl\text{）} + HNO_3$$

二、生产流程

对硝基氯苯的工业生产工艺流程如图 8-8 所示。

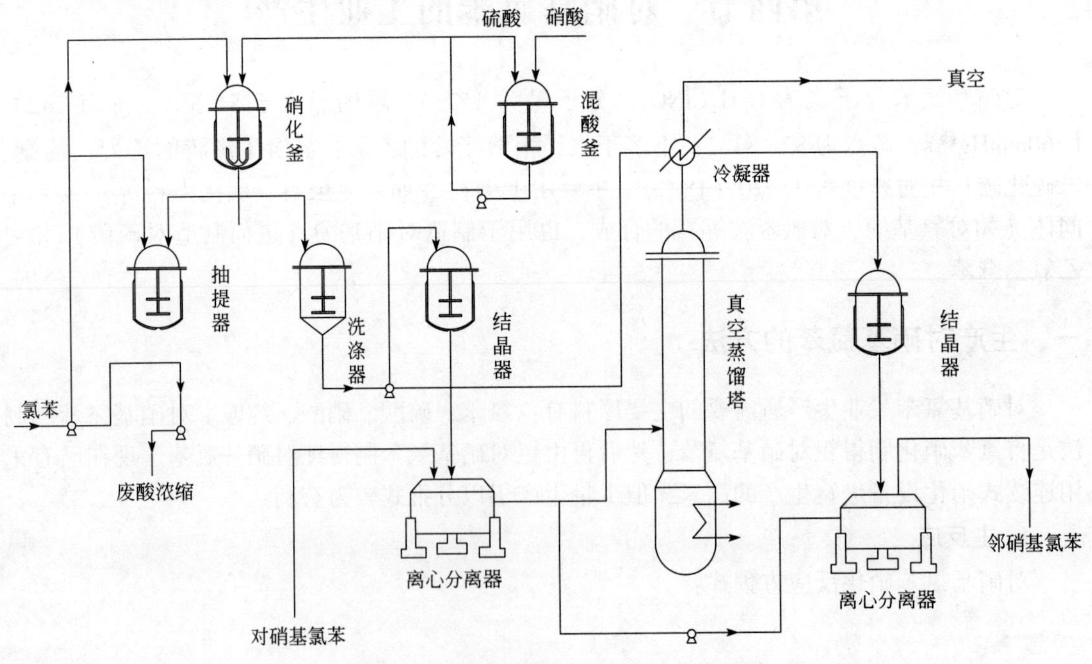

图 8-8　对硝基氯苯的工业生产工艺流程图

将氯苯加入铸铁制的硝化釜中，一边搅拌一边慢慢滴入在混酸釜中已调制好的混酸。温度由20℃逐渐上升到50℃，待混酸滴加结束后使温度上升至80℃，搅拌3h，然后静置2h。从釜底抽出废酸，将粗产物硝基氯苯送至洗涤器，控制温度在60~65℃，用热水洗涤三次，用纯碱的稀溶液洗涤一次，再用热水洗涤一次。废酸移入抽提器，在50℃条件下，用下次装入氯苯量的一半进行洗涤，然后将废酸送至废酸浓缩装置处理。氯苯送至下次的硝化釜。将粗硝基氯苯（组成大致为对位65%、邻位34%、间位1%）送至冷却结晶器，冷却到15℃，使对硝基氯苯结晶析出。用离心分离器进行分离得到对硝基氯苯。母液送入真空蒸馏塔进行蒸馏，使粗邻硝基氯苯与粗对硝基氯苯分开，并分别进行冷却、结晶、分离，得到纯对硝基氯苯产品。二者的母液反复通过蒸馏和结晶而进行分离。

分析与讨论

1. 简述对硝基氯苯的主要性质和用途。
2. 简述对硝基氯苯生产原理和方法。
3. 简述对硝基氯苯在工业中有哪些应用？
4. 氯苯硝化后的副产物异构体有几种？如何分离？国内常见的分离设备是什么？
5. 硝化后的废酸如何提浓再循环使用？

第五节　1，4-二甲氧基-2-硝基苯的合成

1,4-二甲氧基-2-硝基苯是重要的染料中间体，是1,4-二甲氧基苯胺合成前体，以前主要用于生成黑色盐K，随着近年来的研究发现，其衍生物的用途不断增加，如由其合成的经氟磺酰基改性的双偶氮染料广泛用于纺织品和塑料制品的着色；以其为原料合成的双偶氮和三偶氮染料是目前喷墨打印机墨水的主要原料；在医药上，1,4-二甲氧基苯胺还大量用于合成止痛药、消炎药、抗病毒药、抗凝血剂等；在农药上还可以合成多种杀菌剂。

一、合成反应方程

合成反应方程式：

$$\text{HO}-C_6H_4-\text{OH} \xrightarrow[\text{NaOH}]{\text{Me}_2\text{SO}_4} \text{MeO}-C_6H_4-\text{OMe} \xrightarrow{\text{HNO}_3} \text{MeO}-C_6H_3(\text{NO}_2)-\text{OMe}$$

二、实验装置

1,4-二甲氧基-2-硝基苯的合成实验装置如图8-9所示。

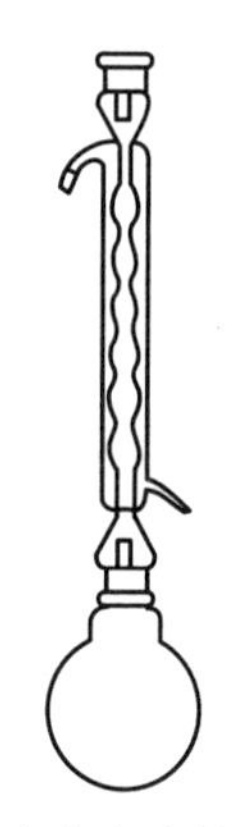

图8-9　合成实验制备装置图

三、合成操作

1. 二甲氧基苯的合成

在250mL的圆底烧瓶中加入对苯二酚3.3g、无水碳酸钾12.4g和丙酮50mL。在搅拌下，慢慢向混合物中滴加9.4g（7.1mL）硫酸二甲酯，混合物自动生热，并于5min后开始回流。当回流停止后，继续搅拌加热反应，回流4h，然后蒸出丙酮约20mL，向混合液中加

入5mL浓氨水，继续搅拌并加热30min。用水稀释至75mL，反应液分层，水层用乙醚萃取三次（3×10mL），合并有机相，依次以5mL水、5mL 3mol/L氢氧化钠溶液洗涤，用无水硫酸镁干燥，在减压下蒸去乙醚，残液进行减压蒸馏，得目标产物二甲氧基苯。

2. 硝化反应

将60g二甲氧基苯与5mL水在55℃条件下混合熔融，控制温度在65℃以下，滴加一定浓度的稀硝酸，硝酸用量为理论量的1.3倍。加完后在65~76℃反应一定时间，冷却，倒出上层废酸，残留固体依次用200mL水、100mL饱和碳酸钠溶液、100mL水洗涤至中性。过滤、烘干，得金黄色粉状固体。

四、实验注意事项

① 用不同浓度的硝酸进行硝化反应的收率不同，用稀硝酸进行硝化反应的主要副反应是氧化反应。当硝酸浓度过稀时，反应收率会明显下降；另外由于对二甲氧基苯活性较强，在硝酸浓度增大、收率增加的同时，产物中二硝化组分含量也明显增加，使得产物的纯度降低。根据实验数据资料，用50%~60%的硝酸硝化的结果较为理想。

② 反应中的废酸有一部分可以循环利用，这样有利于减少“三废”的排放。

③ 滴加硫酸二甲酯时一定要控制好加入速率，确保反应混合液呈碱性，以充分让硫酸二甲酯完全反应。

④ 硝酸的浓度是反应的一个关键，浓度过稀时，反应收率会明显下降。当硝酸浓度增大时，其二硝化产物含量又会明显增高。

⑤ 温度对该反应的影响较大，不同温度下反应的结果不同，根据实验资料，70~75℃为比较理想的反应温度。

分析与讨论

1. 酚羟基的保护方法还有哪些？
2. 使用硫酸二甲酯时应注意哪些条件？
3. 硝化反应后的废酸应如何处理？

人物小知识

霍夫曼（August Wilhelm Hofmann，1818—1892年），德国化学家，1818年4月8日生于吉森，1892年5月2日卒于柏林。1836年入吉森大学学习法律，后受到化学家J. von李比希的影响，改学化学，1841年获博士学位，即留校任李比希的助手。1845年任伦敦皇家化学学院首任院长和化学教授。1851年当选为英国皇家学会会员。1865年回国，任柏林大学教授。1868年创建德国化学会并任会长多年。

霍夫曼最先将实验教学介绍到英国，并培养了W. H. Jr. 珀金和E. 富兰克林等著名化学家。回国后又把实验教学带到柏林。

霍夫曼的研究范围非常广泛。最初研究煤焦油化学，在英国期间解决了英国工业革命中面临的煤焦油副产品处理问题，开创了煤焦油染料工业。珀金在他的指导下于1856年合成了第一个人造染料苯胺紫，他本人合成了品红，从品红开始，他合成一系列紫色染料，称霍夫曼紫。霍夫曼回国后发展了以煤焦油为原料的德国染料工业，也为现代染料化学、染料工业以及煤焦油产品工业的发展奠定了基础。他在有机化学方面的贡献还有：研究苯胺的组成；由氨和卤代烷制得胺类；发现异氰酸苯酯、二苯肼、二苯胺、异腈、甲醛；制定测定分子量的蒸气密度法；改进有机分析和操作方法；发现四级铵碱加热至100℃以上分解成烯烃、三级胺和水的反应，称霍夫曼反应。

霍夫曼在化学理论方面，于1849年最先提出“氨型”的概念，成为后来“类型说”的基础。他提出胺类是由氨衍生而来的，其中氢原子为烃基取代的结果。伯、仲、叔胺由此命名。他发现了季铵盐，指出氢氧化四乙铵为强碱性。霍夫曼发表论文300多篇，著有《有机分析手册》和《现代化学导论》等书。

1902年德国化学协会为了纪念和表彰霍夫曼对化学学科做出的突出贡献，设立了霍夫曼奖金（Hofmann Prize），后改名为霍夫曼奖章。1951年由新成立的德国化学家协会接管，规定只要在化学领域中作出突出贡献，无论是外国化学家，还是德国的非化学学科的科学家都可以获得这一奖章。霍夫曼奖不定期颁发，奖品为一枚金质奖章。这一奖章在世界上具有一定的知名度。

单元 9　氨解反应

【知识目标】学习氨解反应的基本原理；了解氨解反应的概念和各类氨解反应的历程；熟悉常用的氨解剂和常见的氨解方法；掌握氨解反应的主要影响因素及卤基、羟基、磺酸基、硝基被氨基取代的反应条件。

【能力目标】通过对氨解法合成苯胺的工业生产的学习，掌握氨解反应的生产工艺。

第一节　氨解反应基础知识介绍

氨解有时也叫做“胺化”或“氨基化”。但是氨与双键加成生成胺的反应则只能叫做氨化不能叫做氨解。广义上讲，氨解和胺化还包括所生成的伯胺进一步反应生成仲胺和叔胺的反应。“氨解”反应的通式可简单表示如下：

$$R—Y+NH_3 \longrightarrow R—NH_2+HY$$

式中的 R 可以是脂肪烃基或芳基，Y 可以是羟基、卤素、磺酸基或硝基。

氨水、液氨是进行氨解反应最重要的胺化剂，有时也将氨溶于有机溶剂中或是由固体化合物（尿素、铵盐）在反应过程中释放出氨来。应用最广泛的是氨水，它的优点是来源方便，适用面广，许多化合物如磺酸化合物、铜盐催化剂等均可溶于其中。不足之处是有机氯化物在氨水中的溶解度较小以及产生少量水解副反应等。

水和其他溶剂的存在，对于在氨的临界温度（131℃）以上进行的氨解反应起着重要作用。例如，在封管中进行 2-氨基蒽醌的氨解反应时，悬浮的颗粒与气态氨不能反应，而与氨水则能够发生反应。

由氨解反应得到的各种脂肪胺和芳香胺具有十分广泛的用途。例如，由脂肪酸和胺构成的铵盐可用作缓蚀剂和矿石浮选剂，不少季铵盐是优良的阳离子表面活性剂或相转移催化剂，胺与环氧乙烷反应可得到非离子表面活性剂，某些芳胺与光气反应制成的异氰酸酯是合成聚氨酯的重要单体等。

一、氨解反应的基本原理

（一）脂肪族化合物氨解动力学及反应历程

当进行酯的氨解时，几乎仅得到酰胺一种产物。而脂肪醇与氨反应则可得到伯、仲、叔胺的平衡混合物。酯氨解的反应历程可表示如下：

$$\underset{\displaystyle H}{\overset{}{R—\underset{|}{O}}}+NH_3 \rightleftharpoons \underset{\displaystyle H}{R—\underset{|}{O}}\cdots H^+\cdots NH_2^-$$

$$\underset{\displaystyle H}{R—\underset{|}{O}}\cdots H^+\cdots NH_2^-+R'COOR'' \rightleftharpoons \left[\underset{\displaystyle H}{R—\underset{|}{O}}\cdots H\cdots NH_2—\overset{\displaystyle R'}{\underset{\displaystyle OR''}{\overset{|}{\underset{|}{C^+}}}}\cdots O^-\right] \longrightarrow R'OONH_2+R''OH+ROH$$

式中的 ROH 代表含羟基催化剂，R′和 R″表示酯中的脂肪烃或芳烃基团。

值得注意的是，在进行酯氨解反应时，有水存在则会产生少部分水解副反应。另外，酯中烷基的结构对氨解反应速率的影响很大，烷基或芳基的分子量越大，结构越复杂，则氨解反应速率越慢。

在酯的氨解反应中，乙二醇是较好的催化剂，因为它能形成如下环状氢键结构：

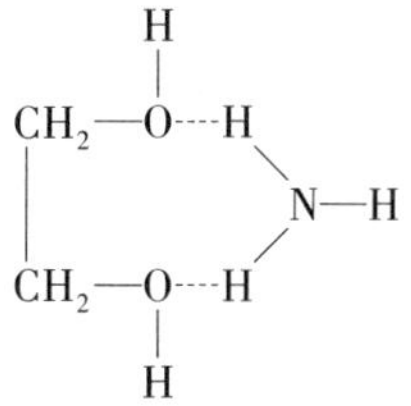

H
CH_2—O···H
N—H
CH_2—O···H
H

（二）芳香族化合物氨解反应历程

（1）氨基取代卤原子

按卤素衍生物活泼性的差异，可分为非催化氨解和催化氨解。

① 非催化氨解。对于活泼的卤素衍生物，如芳环上含有硝基的卤素衍生物，通常以氨水处理时，可使卤素被氨基置换。例如，邻硝基氯苯或对硝基氯苯与氨水溶液加热时，氯被氨基置换，反应按下式进行：

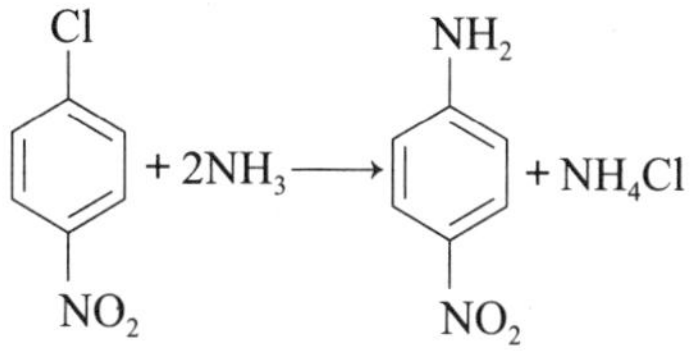

$$p\text{-}ClC_6H_4NO_2 + 2NH_3 \longrightarrow p\text{-}NH_2C_6H_4NO_2 + NH_4Cl$$

氯的氨解反应属亲核取代反应，反应分两步进行，首先是带有未共用电子对的氨分子向芳环上与氯相连的碳原子发生亲核进攻，得到带有极性的中间加成产物，此加成产物迅速转化为铵盐，并恢复环的芳香性，最后再与一分子氨反应，即得到反应产物；决定反应速率的步骤是氨对氯衍生物的加成。例如，对硝基氯苯的氨解历程可用下式描述：

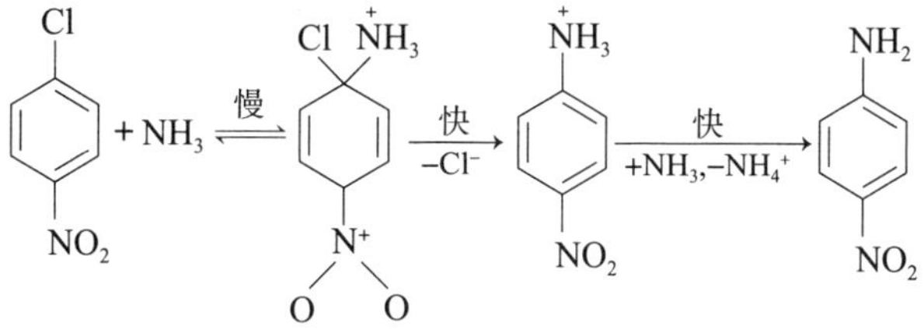

$$p\text{-}ClC_6H_4NO_2 + NH_3 \underset{}{\overset{慢}{\rightleftharpoons}} [\text{Cl}, \overset{+}{N}H_3\text{ 加成中间体}, N^+(O)(O)] \xrightarrow[-Cl^-]{快} p\text{-}\overset{+}{N}H_3C_6H_4NO_2 \xrightarrow[+NH_3,-NH_4^+]{快} p\text{-}NH_2C_6H_4NO_2$$

芳胺与 2,4-二硝基卤苯的反应也是双分子亲核取代反应，其反应历程通式如下：

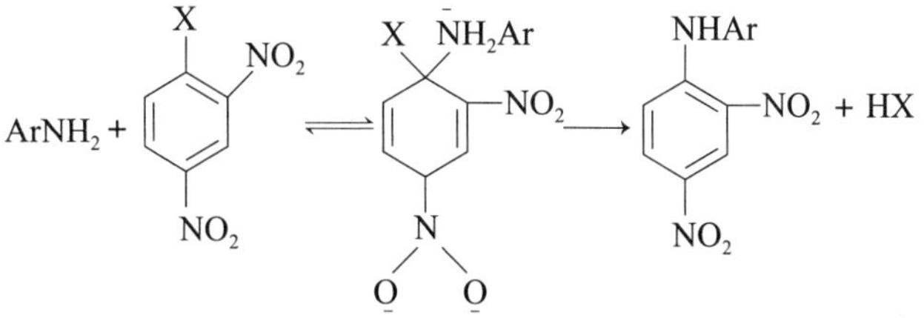

$$ArNH_2 + 2,4\text{-}(NO_2)_2C_6H_3X \rightleftharpoons [X, \overset{+}{N}H_2Ar\text{ 加成中间体}, NO_2, N(O^-)(O^-)] \longrightarrow 2,4\text{-}(NO_2)_2C_6H_3NHAr + HX$$

② 催化氨解。氯苯、1-氯萘、1-氯萘-4-磺酸和对氯苯胺等，在没有铜盐催化剂存在时，在 235℃、加压下与氨不会发生反应；然而，在有铜盐催化剂存在时，上述氯衍生物与氨水

共热至200℃，都能发生反应生成相应的芳胺。反应是分两步进行的：第一步是由催化剂和氯化物反应生成加成产物，即生成一正离子配合物，这是反应速率决定步骤：

$$ArCL+[Cu(NH_3)_2]^+ \longrightarrow [ArCL\cdot Cu(NH_3)_2]^+$$

正离子配合物提高了氯的活泼性，很快与氨、氢氧离子或芳胺按下列方式反应：

$$[ArCl\cdot Cu(NH_3)_2]^+ \xrightarrow[k_1]{+2NH_3} ArNH_2+Cu(NH_3)_2{}^+ + NH_4Cl$$

$$[ArCl\cdot Cu(NH_3)_2]^+ \xrightarrow[k_2]{+OH^-} ArOH+Cu(NH_3)_2{}^+ + Cl^-$$

$$[ArCl\cdot Cu(NH_3)_2]^+ \xrightarrow[k_3]{+ArNH_2} Ar_2NH+Cu(NH_3)_2{}^+ + HCl$$

分别得到主产物芳胺，副产物酚和二芳胺，同时又生成铜氨配离子，这是反应的第二步。

③ 用氨基碱氨解。当氯苯用 KNH_2 在液氨中进行氨解反应时，产物中有将近一半的苯胺，其氨基连接在与原来的氯互为邻位的碳原子上：

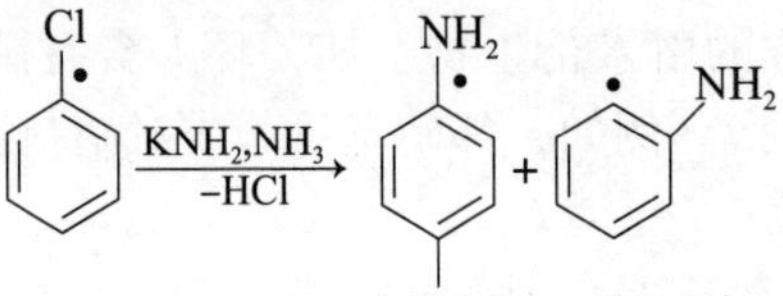

Cl、NH_2、NH_2；KNH_2,NH_3 / $-HCl$；（48%）（52%）

（2）氨基取代羟基

对于某些胺类，如果通过硝基的还原或其他方法来制备并不经济，而相应的羟基化合物有充分供应时，则羟基化合物的氨解过程就有重要意义。用氨基置换取代羟基这条路径过去主要应用在萘系和蒽醌系芳胺衍生物的合成上，近十几年来又发展了成为在催化剂存在下，通过气相或液相氨解，制取包括苯系在内的芳胺衍生物。

羟基被取代成氨基的难易程度与羟基转化成酮式的难易程度有关。一般来说，转化成酮式的倾向性越大，则氨解反应越容易发生。

萘系羟基衍生物在酸式亚硫酸盐存在下转变为氨基衍生物的反应，称为布赫尔反应：

OH、$+NH_3$、$NaHSO_3$、NH_2、$+H_2O$

（3）氨基取代硝基

硝基作为离去基团被其他亲核质点取代的活泼性与卤化物相似。氨基取代硝基的反应按加成-消除反应历程进行。

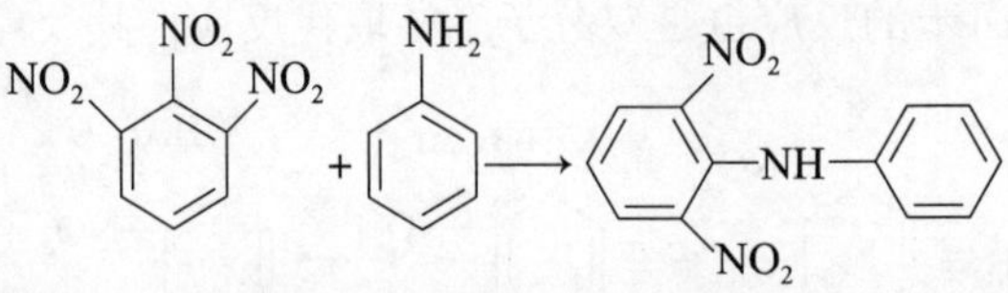

NO_2、NO_2、NO_2、NH_2、$+$、NO_2、NH、NO_2

（4）氨基取代磺酸基

磺酸基的氨解也属于亲核取代反应。磺酸基被氨基取代只限于蒽醌系列，蒽醌环上的磺酸基由于受到羟基的活化作用，容易被氨基取代。其反应历程如下：

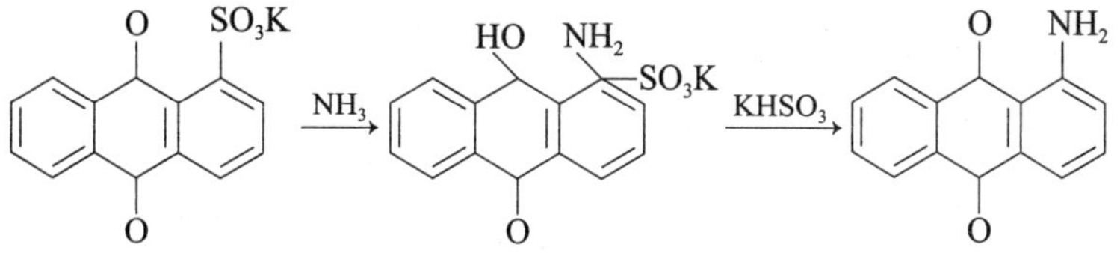

反应中生成的亚硫酸盐，能与反应产物发生作用，使产品的质量和收率下降，因此，通常要向反应物中加入温和的氧化剂，将亚硫酸盐氧化成硫酸盐。最常用的氧化剂是间硝基苯磺酸钠，其用量按每一个磺酸基被取代为氨基需要 1/3 间硝基苯磺酸钠来计算。

苯系和萘系磺酸化合物，尤其是当环上不含吸电子取代基时，氨基反应要困难得多，需要采用氨基钠和液氨在加压、加热条件下反应。它属于 S_N2 亲核取代反应历程，其反应通式如下：

$$ArSO_3Na + 2NaNH_2 \longrightarrow ArNHNa + Na_2SO_3 + NH_3$$

$$ArNHNa + H_2O \longrightarrow ArNH_2 + NaOH$$

二、氨解反应的影响因素

（1）被氨解物质的性质

卤化物、磺酸盐、羟基化合物和硝基化合物均可作为被氨解物。卤素衍生物的取代速率随着卤素性质的递变按照下列顺序变化。

$$F \gg Cl,\ Br > I$$

工业生产中采用的卤化物几乎都是氯化物和溴化物。当芳环上含有吸电子基团时，吸电子基团数目越多，氨解反应越易进行。

（2）胺化剂

常用的胺化剂可以是各种形式的氨、胺以及它们的碱金属盐、尿素、羟胺等，但对于液相氨解反应，氨水仍是应用量最大和应用范围最广的胺化剂。使用氨水时，应注意氨水浓度及用量的选择。表 9-1 是在 0.1MPa 压力下氨在水中溶解度数据。

表 9-1　氨在水中溶解度（0.1MPa）

温度/℃	0	10	20	30	40	50	60	70	80	90
溶解度/(gNH_3/100g 溶液)	47.4	40.7	34.1	29.0	25.3	22.1	19.3	16.2	13.3	10.2

（3）卤化物的活泼性

不同卤素的氨解反应的速率有较大差异。卤萘中卤原子的活泼性比相应的卤苯要高很多，萘衍生物反应的较大速率，是由于其较低的活化能所决定的。在非催化氨解反应中，氟的取代反应速率大大超过氯和溴，氯和溴又比碘快一些。卤素衍生物的置换速率按如下顺序变化：

$$F \gg Cl,\ Br > I$$

卤化物上已有取代基，对反应速率也有很大影响，取代基的强吸电子作用对负离子中间体的稳定性，可以通过共轭效应来解释。例如，硝基只对邻位和对位离去基团有作用，氨解反应的活泼性顺序为：

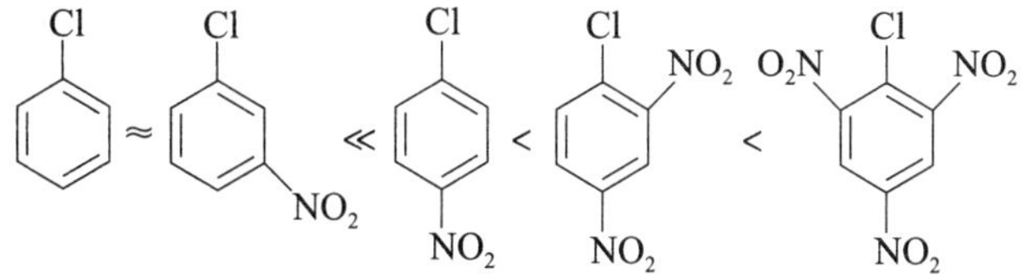

（4）溶解度与搅拌

在液相氨解反应中，胺化速率取决于反应物的均一性。在不采用搅拌时，由于氯化物的密度较大而沉到压力釜底部，而氨水溶液会在上面形成明显的一层，反应只会在有限的界面上发生，影响了反应的正常进行和热量的传递。因此，在间歇氨解的高压釜中，要求装配良好的搅拌器；在连续管式反应器中，则要求物料呈湍流状态，以保证良好的传热和传质。

卤素的氨解反应是在水相中进行的，提高卤素衍生物在氨水中的溶解度，能加快氨解反应速率，当增加氨水浓度或提高反应温度时，都可促进卤素衍生物的溶解。

（5）温度

如前所述，提高反应温度，可以增加有机衍生物在氨水中的溶解度和加快反应速率，因此，对缩短反应时间有利；但是苯胺在270℃时发生分解，因此连续氨解时温度不允许超过240℃。

三、氨解方法

用氨解法制取胺常可以简化工艺，降低成本，改进产品质量和减少三废。近年来其重要性日益显现，应用范围不断扩大。此外，通过水解、加成和重排反应制胺，工业上也有一定的应用。下面将对氨解方法作简要介绍。

1. 卤代烃氨解

卤烷与氨、伯胺或仲胺的反应是合成胺的一条重要路线。由于脂肪胺的碱性大于氨，反应生成的胺容易与卤烷继续反应，因此用本方法合成脂肪胺时，得到的常为混合胺。

$$RX \xrightarrow{NH_3} RNH_2 \cdot HX$$

$$RX \xrightarrow{RNH_2} R_2NH \cdot HX$$

$$RX \xrightarrow{R_2NH} R_3N \cdot HX$$

一般来说，小分子量的卤烷进行氨解反应比较容易，可以用氨水作胺化剂。大分子量的卤烷的活泼性较低，要求用氨的醇溶液或液氨作胺化剂。卤烷的活泼性顺序是I>Br>Cl>F。当叔卤代烷氨解时，由于空间位阻的缘故，将同时发生消除反应，副产大量烯烃。因此，一般不宜采用叔卤烷氨解路线制叔胺。另外，由于得到的是伯胺、仲胺与叔胺混合物，要求庞大的分离系统，而且必须有廉价的原料卤烷，因此除生产乙二胺等少数品种外，多数脂肪胺产品已不采用这条路线生产。

芳香卤化物的氨解反应比卤烷困难得多，往往需要强烈的条件（高温、催化剂和强胺化剂），反应才能进行。芳环上带有吸电子基团时反应则容易得多，这时氟的取代速率远远超过氯和溴，反应的活泼性顺序是F>Cl≈Br>I。

当卤代衍生物在醇介质中氨解时，部分反应可能是通过醇解的中间阶段，即反应遵循下述（a）、（b）两条途径进行，其中（b）途径先发生醇解，而后再进行甲氧基取代。

(2-Cl-1,5-二硝基苯: Cl, NO_2, NO_2) $+ C_6H_{11}NH_2$ —(a)→ (NHC_6H_{11}, NO_2, NO_2)

—(b)→ (OCH_3, NO_2, NO_2) → (NHC_6H_{11}, NO_2, NO_2)

2. 醇与酚的氨解

（1）醇类的氨解

醇类与氨在催化剂作用下生成胺类是目前制备低级胺及一些长链胺类常用的方法。

$$ROH+NH_3 \xrightarrow[\triangle]{催化剂} RNH_2+H_2O$$

所得的产物也是伯、仲、叔胺的混合物。采用过量的醇，会生产较多的叔胺；采用过量的氨，则生成较多的伯胺。催化剂除选用 Al_2O_3外，还可选用脱氢催化剂如载体型镍、钴、铁、铜等，氢则用于催化剂的活化。例如，在 CuO/Cr_2O_3催化剂及氢气的存在下，一些长链醇与二甲胺反应可得到高收率的叔胺。

$$R—OH+HN(CH_3)_2 \xrightarrow[220\sim235℃]{H_2/CuO \cdot Cr_2O_3} RN(CH_3)_2$$

（收率96%～97%）

式中 $R=C_8H_{17}$，$C_{12}H_{25}$，$C_{16}H_{33}$。

（2）酚类的氨解

酚类的氨解方法与其结构有密切关系。不含活泼取代基的苯系单羟基化合物的氨解，要求十分剧烈的反应条件。工业上实现酚类的氨解一般有两种：一种是气相氨解法，它是在催化剂（常为硅酸铝）存在下，气态酚与氨进行的气固相催化反应；二是液相氨解法，它是酚类与氨水在氯化锡、三氯化铝、氯化铵等催化剂的存在下，于高温、高压条件下制取胺类的过程。例如，2-羟基奈-3-甲酸与氨水及氯化锌在高压釜中 195℃下反应 36h，得到 2-氨基奈-3-甲酸，收率为 66%～70%。

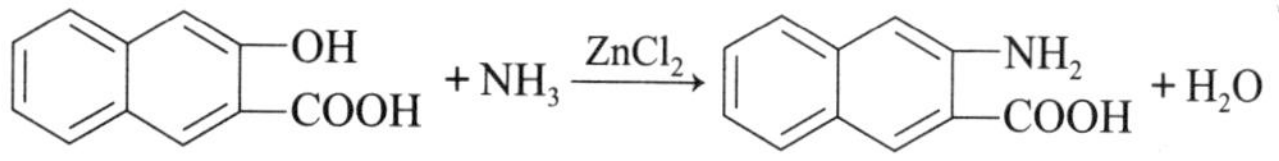

$$\text{(2-羟基-3-萘甲酸，OH, COOH)} + NH_3 \xrightarrow{ZnCl_2} \text{(2-氨基-3-萘甲酸，}NH_2\text{, COOH)} + H_2O$$

1,4-二羟基蒽醌在硼酸、锌粉存在下，与过量对甲苯胺反应，可制得 1,4-对二甲苯胺基蒽醌，它是酸性染料中间体。

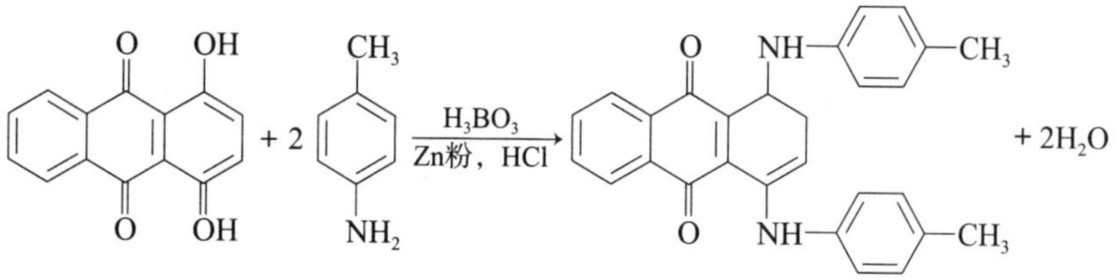

$$\text{(1,4-二羟基蒽醌)} + 2\,\text{(对甲苯胺，}CH_3\text{, }NH_2\text{)} \xrightarrow[Zn粉，HCl]{H_3BO_3} \text{(1,4-二(对甲苯胺基)蒽醌，NH—}C_6H_4\text{—}CH_3\text{)} + 2H_2O$$

3. 硝基氨解

关于硝基的氨解，这里主要介绍硝基蒽醌氨解为氨基蒽醌。由 1-硝基蒽醌氨解制 1-氨基蒽醌的反应式如下：

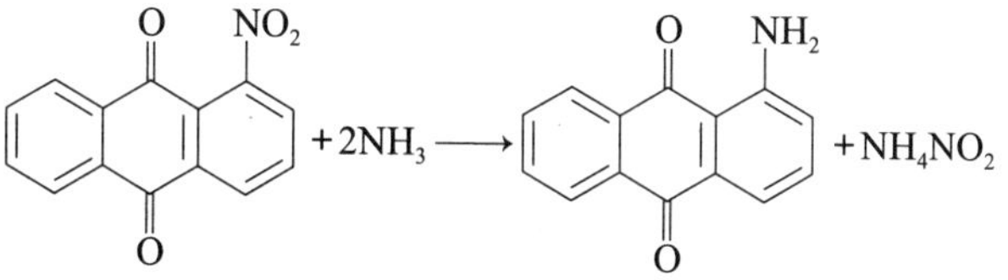

$$\text{(1-硝基蒽醌，}NO_2\text{)} + 2NH_3 \longrightarrow \text{(1-氨基蒽醌，}NH_2\text{)} + NH_4NO_2$$

由 1-硝基蒽醌制备 1-氨基蒽醌一般均采用硫化碱还原法或加氢还原法。氨解法是近年来提出的一条合成路线。将 1-硝基蒽醌与过量 25%的氨水在氯苯中于 150℃和 1.6MPa 压力下反应 8h，可得收率为 99.5%的 1-氨基蒽醌，其纯度达 99%。采用 $C_1 \sim C_8$ 的直链一元醇或二元醇的水溶液作溶剂，使 1-硝基蒽醌与过量氨水在 100～150℃反应，亦可得到定量收率的 1-氨基蒽醌。

4. 芳环上的直接氨解

碱性介质中以羟胺为胺化剂的直接氨解是最重要的直接氨解方法，属于亲核取代反应。当苯系化合物中至少存在两个硝基、萘系化合物中至少存在一个硝基时，可发生亲核取代而生成伯胺。

$$\text{1,3-}C_6H_4(NO_2)_2 \xrightarrow[\text{碱性}]{NH_2OH} \text{2,4-}(NO_2)_2C_6H_3NH_2$$

$$\text{1-}C_{10}H_7NO_2 \xrightarrow[\text{碱性}]{NH_2OH} \text{4-}NO_2C_{10}H_6NH_2$$

5. 羰基化合物的氨解

(1) 氢化氨解

在还原剂存在下，羰基化合物与氨发生氢化氨解反应，分别生成伯胺、仲胺和叔胺。对于低级脂肪醛，该反应可在气相及加氢催化剂镍上进行，温度为 125～150℃；而对于高沸点的醛和酮，则往往在液相中进行反应。当醛和氨发生反应时，包括了生成醛-氨的氢化过程或从醛-氨脱水生成亚胺，并进一步氢化的过程，见下式：

$$RCHO+NH_3 \longrightarrow RCHOHNH_2 \xrightarrow[-H_2O]{+H_2} RCH_2NH_2$$

$$RCHOHNH_2 \xrightarrow{-H_2O} RCH{=}NH \xrightarrow{+H_2} RCH_2NH_2$$

反应生成的伯胺同样也能与原料醛反应，生成仲胺，甚至还能进而生成叔胺。通过调节原料中氨和醛的摩尔比，可以使某一种胺成为主要产物。例如，从乙醛制备二乙胺是在氨和氢的摩尔比为 1∶1、在镍-铬催化剂上实现的，获得伯胺、叔胺副产物，生成的二乙胺收率按乙醛投料量计为 90%～95%。如果用大大过量的氨，便可由乙醛制备乙胺：

$$CH_3CH{=}O \xrightarrow{+NH_3} CH_3CH(OH)NH_2 \xrightarrow{H_2O} CH_3CH{-}NH \xrightarrow[NiS\text{-}WS_2]{H_2} CH_3CH_2NH_2$$

由不饱和醛经氢化氨解可制得饱和胺：

$$CH_2{=}CHCHO+NH_3+2H_2 \longrightarrow CH_3CH_2CH_2NH_2+H_2O$$

利用苯甲醛与伯胺反应，再加氢，此法只生成仲胺。例如 *N*-苄基对氨基酚的制备：

$$HO{-}C_6H_4{-}NH_2+C_6H_5CHO \xrightarrow{-H_2O} HO{-}C_6H_4{-}N{=}CH{-}C_6H_5 \xrightarrow{+H_2} HO{-}C_6H_4{-}NHCH_2C_6H_5$$

丙酮在钨-镍硫化物为催化剂、于80~160℃、0.2~0.3MPa压力下，可在气相中进行氢化氨解为异丙胺类化合物。

硬脂酸在镍-硫化钼催化剂存在下，于300~330℃、20MPa压力下，可以在气相条件下氢化氨解制成硬脂胺，收率为89%~92%。

(2) 霍夫曼重排

酰胺与次氯酸钠或次溴酸钠反应，失去羰基，生成减少一个碳原子的伯胺，这一反应称为霍夫曼重排反应，它是由羧酸或羧酸衍生物制备胺类的重要方法。

如异氰酸酯的生成。异氰酸酯很易发生水解，水解后即得伯胺，其反应过程如下：

$$RCONH_2 \xrightarrow[\text{(或 NaOH+Br}_2\text{)}]{NaOBr} \underset{\text{(异氰酸酯)}}{R—N=C=O} \xrightarrow{\text{水解}} R—NH_2$$

利用霍夫曼重排反应制胺，产率较高，产物也较纯，工业上利用霍夫曼重排制备硫靛染料的中间体邻氨基苯甲酸及对苯二胺是两个重要的实例。

① 邻氨基苯甲酸的制备。邻氨基苯甲酸的制备，是以邻苯二甲酸酐为原料的，其反应过程如下：

$$\text{邻苯二甲酸酐} \xrightarrow{NH_3} C_6H_4(CONH_2)(COONH_4) \xrightarrow{\text{邻苯二甲酸酐},\ NaOH} C_6H_4(CONH_2)(COONa) \xrightarrow{NaClO,NaOH} C_6H_4(NH_2)(COONa)$$

由苯酐、氨水及苛性钠溶液在低温和弱碱性条件下制得邻酰氨基苯甲酸钠盐溶液，再加入冷却到0℃以下的次氯酸钠溶液中，经过滤、酸析，即可得邻氨基苯甲酸。

② 对苯二胺的制备。以对二甲苯为原料，经液相空气氧化为对苯二甲酸，再经氨化、霍夫曼重排即得对苯二胺。

$$p\text{-}C_6H_4(CH_3)_2 \xrightarrow[\text{空气}]{O_2} p\text{-}C_6H_4(COOH)_2 \xrightarrow{NH_3} p\text{-}C_6H_4(CONH_2)_2 \xrightarrow{NaClO} p\text{-}C_6H_4(NH_2)_2$$

反应可在常压、常温下进行，收率达90%。它开辟了合成胺类的新原料来源，而且“三废”量少。从发展的观点看，它将成为制取对苯二胺的重要方法。

第二节　氨解法合成苯胺的工业生产

苯胺俗称阿尼林油，外观为无色或浅黄色透明油状液体，具有强烈的刺激性气味，分子式为C_6H_7N，熔点为-6.3℃，沸点为184℃，相对密度为1.0217（20/4℃），折射率为1.5863，闪点为70℃，暴露在空气中或日光下易变成棕色。苯胺微溶于水，呈弱碱性，能与乙醇、乙醚、丙酮、四氯化碳以及苯混溶，也可溶于汽油。苯胺的化学性质比较活泼，能与盐酸（或硫酸）反应生成盐酸盐或硫酸盐，也可发生卤化、乙酰化、重氮化和氧化还原等反应。苯胺有毒，在空气中的最大允许浓度为5×10^{-6}（体积分数）。

苯胺是一种重要的有机化工原料和化工产品，由其制得的化工产品和中间体有300多种，在染料、医药、农药、炸药、香料、橡胶硫化促进剂等行业中具有广泛的应用。

工业上实现酚类的氨解法一般有两种：

① 气相氨解法，它是在催化剂（常为硅酸铝）存在下，气态酚类与氨进行的气固相催化反应；

② 液相氨解法，它是酚类与氨水在氯化锡、三氯化铝、氯化铵等催化剂存在下，于高温、高压条件下制取胺类的过程。

苯酚气相催化氨解制苯胺是典型的氨解过程。苯胺为一通用中间体，主要用于生产聚氨酯泡沫塑料。苯胺需求量的增长及异丙苯法能提供廉价的苯酚材料，促进了氨解法的发展。

苯酚和氨气生成苯胺和水的反应是可逆的：

$$C_6H_5OH + NH_3 \rightleftharpoons C_6H_5NH_2 + H_2O$$

该反应为温和的放热反应，因此，采用较高的氨和苯酚摩尔比和较低的反应温度是有利的。反应生成的苯胺又能进一步生成二苯胺（约占苯胺量的1%~2%）。但用较高浓度的氨能防止生成二苯胺的副反应。

$$2C_6H_5NH_2 \rightleftharpoons C_6H_5\text{–NH–}C_6H_5 + NH_3$$

这里主要介绍苯酚气相氨解制苯胺的工业生产。

一、苯酚气相氨解制苯胺工业合成路线

图9-1为苯酚气相氨解制苯胺的工艺流程图。

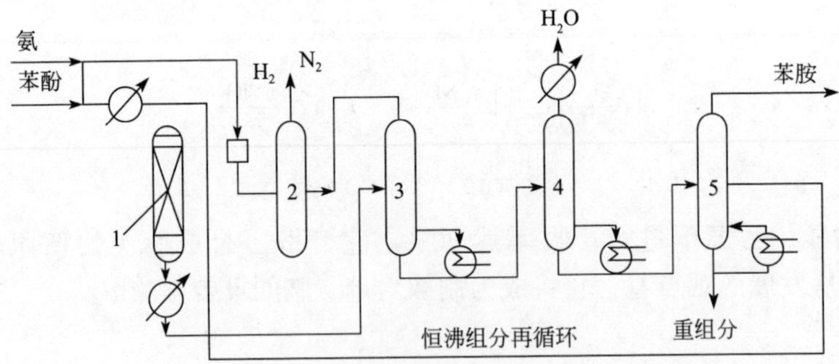

图9-1　苯酚气相氨解制苯胺流程示意图

1—反应器；2—分离器；3—氨回收塔；4—干燥器；5—提纯蒸馏塔

苯酚和氨的气体进入装有催化剂的固定床绝热反应器中，通过硅酸铝载体催化剂进行胺解反应，生成的苯胺和水经冷凝进入氨回收蒸馏塔，自塔顶出来的氨气经分离器除去氮、氢后，氨可循环使用，脱氨后的物料先进入干燥塔中脱水，再进入提纯蒸馏塔，塔顶产物为苯胺，塔底物料为含二苯胺的重馏分，塔中分出苯酚-苯胺共沸物，可返回反应器继续反应。

苯酚转化率95%，苯胺收率为93%。

苯酚氨解法生产苯胺的设备投资费仅为硝基苯法的1/4，催化剂活性高、寿命长、“三废”量少。如有廉价苯酚供应，是有发展前途的路线。据报道，可采用镁、硼、铝和钛的混合氧化物，并可与其他一些催化剂如铈、钒或钨一起使用，采用新开发的催化剂，可省去原来需进行的催化剂再生。

二、三废处理

利用苯酚氨解法生产苯胺，工艺简单，催化剂价格低廉，寿命长，所得产品质量好，“三废”污染少，适合于大规模连续生产并可根据需要联产二苯胺。该法不足之处是基建投资大，能耗和生产成本要比硝基苯催化加氢法高。

本着清洁生产、达标排放、资源循环利用的原则，苯胺生产技术采取以下污染控制措施。

① 尾气、废酸回收处理设施。尾气统一收集后，送废酸回收处理设施配套建设的废气吸收塔，采取酸、碱液两级吸收后达标排入环境。

② 为苯胺单元配套建一套废水塔，处理苯胺单元产生的工艺废水，废水塔可采用生化法、物化法除去废水中的有机物，处理合格后部分返回单元再利用，其余部分排出界区。苯胺生产装置处理后的工艺废水与其他生产废水、生活污水统一送污水处理厂进行生化处理。

③ 废催化剂处置措施。苯胺单元产生的废催化剂属危险废物，可由生产单位回收或送堆埋处理。

④ 釜残液处置措施。苯胺单元产生的苯胺釜残液属危险废物，可送具有处置苯胺釜残液资质的单位接收并处置。

三、知识拓展

胺类化合物的分析与鉴定如下。

脂肪族伯、仲、叔胺可采用加入亚硝酸（$NaNO_2$+HCl）的方法进行鉴别。伯胺放出氮气；仲胺得到黄色的液体或固体；叔胺不放出气体，通常得到复杂的混合产物。

芳伯胺的定量分析常常采用重氮化法，向芳胺溶液中加入少量溴化钾溶液，可使重氮化反应加速。如果试样中含有二种芳胺，则还需要采取分离及其他鉴定手段。

纸上层析法被广泛应用于胺类的分析与鉴定。为了提高分离效果，有时需要用甲酰胺、二甲基甲酰胺或α-溴萘对色谱滤纸进行预处理。常用的展开剂有：丁醇：HCl（2.5mol/L）=4：1；丁醇：醋酸：水=4：1：5；丙醇：5%$NaHCO_3$=2：1；环己烷：苯=3：1等（均指体积比）。

某些芳胺展开后的斑点为无色的，需要进行显色处理。最常用的显色剂是对二甲氨基苯甲醛的乙醇溶液。在盐酸气的作用下，其与芳胺作用生成席夫碱，显橙色或黄色。也可以在纸上重氮化，再向上喷涂偶合组分使之显色。

薄板色层或柱色层常可用来分离胺类混合物，对胺类作出定性和定量鉴定。对于无色的胺类则可用荧光硅胶涂板，在紫外灯下观察斑点的位置，或利用薄层扫描仪选用紫外区波长扫描定量。

胺类化合物具有较强的极性和形成氢键的能力。芳胺除可形成氢键外，还存在π电子的作用。这些性质被成功地用于气相色谱鉴定多种脂肪胺和芳香胺化合物。

分析与讨论

1. 查阅相关文献资料，分析说明苯酚气相氨解制苯胺的工艺条件。
2. 试述氨解反应能够合成的产品以及工业化生产过程的特点。

人物小知识

邢其毅（1911—2002 年），有机化学家和教育家，原籍贵州贵阳，生于天津。1933 年毕业于辅仁大学化学系。1936 年获美国伊利诺伊大学博士学位。随后去德国 H. Wieland 教授实验室进行博士后研究，完成芦竹碱的结构确定与合成工作。回国后在中央研究院庄长恭教授领导下进行生物碱研究工作。抗日战争期间，在艰苦条件下完成一种简便测定不饱和脂肪酸的方法以及云南抗疟植物的研究。抗日战争胜利后任北京大学教授，继续研究生物碱及有机反应，提出用于工业上生产氯霉素的新合成法，参加领导牛胰岛素全合成工作。在国内首次进行花果香气的研究。曾任全国政协委员、中国化学会理事。1980 年当选为中国科学院院士（学部委员）。他发表了大量论文，编写和翻译出版了多种参考教材，如《有机化学简明教程》《共振论的回顾和展望》《有机化学词典》《有机化学的电子理论》和《有机化学基本原理》等。他还曾担任《中国大百科全书》化学卷有机化学部分的主编。1982 年获国家自然科学一等奖，1988 年获科技进步二等奖。其著作《基础有机化学》是新中国成立后国内正式出版的第一本中国人自己编写的有机化学教科书。对于广大学习和研究有机化学的师生来说，本书是国内该方面最优秀的一本教材，其内容全面、习题丰富、讲解细致，无论是初学者还是有经验的化学工作者都能从中有所收获。因此，即使在基础化学教育领域，邢其毅先生也享有很高的声誉。

单元 10　羟基化反应

【知识目标】掌握羟基化反应的定义、引入羟基的方法、羟基化反应产物；了解羟基化反应合成的产品以及工业化过程的特点。

【能力目标】通过完成工作任务，能应用羟基化反应得到相应的醇类与酚类化合物；掌握羟基化反应过程的控制方法。

第一节　羟基化反应基础知识介绍

羟基化是指向有机化合物分子中引入羟基的反应总称，应用羟基化反应得到的产物是醇类与酚类化合物。通过羟基化反应制得的醇类与酚类化合物在精细化工中具有广泛应用，在生产合成树脂、各种助剂、染料、农药、香料和食品添加剂方面尤为突出。例如，含 6 个碳原子以上的脂肪醇，通常称作高级脂肪醇，其中 6~11 个碳原子的醇是制备增塑剂的原料；含 12 个碳原子以上的醇则用来制备表面活性剂、化妆品、润滑剂等。另外，通过酚羟基或羟基的转化反应，还可以制得烷基酚醚、二芳醚、芳伯胺和二芳基仲胺等许多含其他官能团的重要有机中间体和产品。

在有机分子中引入羟基的方法很多，应用还原、加成、取代、氧化、水解、缩合和重排等多种类型的化学反应均可得到含羟基的化合物。例如，利用还原技术将脂肪酸及酯或其他含氧化合物（如醛、酮）还原，以及在催化剂存在下芳烃与环氧乙烷缩合成醇的方法，都是工业上合成醇类化合物的重要方法。这里主要介绍卤化物水解引入羟基的方法。

一、卤化物的水解

卤化物中羟基置换卤素的反应简称水解。水解的通式可以简单表示为：

$$X—Y+H—OH \longrightarrow X—H+Y—OH$$

这是有机化合物 X—Y 与水的复分解反应，水中的氢进入一个产物，氢氧根则进入另一个产物。水解反应的方法很多，最常用的方法是碱性水解，其次是酸性水解。另外，还有气固相接触催化水解和酶催化水解等方法。

卤素的水解是亲核取代反应。脂肪链上卤素水解时活泼性次序是 I > Br > Cl。脂肪链上的氟非常稳定，很难水解；而氯则相当活泼，水解可得相当的醇或环醚，而且氯比溴价廉易得，所以工业上主要采用氯原子水解引入羟基，仅在个别情况下使用溴水解。氯化物常用的水解试剂是氢氧化钠及碳酸钠的水溶液或是石灰乳。

在卤化物水解的同时，有可能发生碱性脱氯化氢生成烯烃的副反应。

$$C_nH_{2n+1}Cl+NaOH \longrightarrow C_nH_{2n}+NaCl+H_2O$$

反应中，OH^-攻击位置不是 α-碳原子，而是 β-碳上的氢。所以碱性脱氯化氢反应的活

泼性随 β-碳上的氢的酸性增加而增加。

二、芳环上卤原子的水解

1. 氯苯水解制苯酚

氯苯分子中的氯原子很不活泼，它的水解需要极强的反应条件。在工业上曾经用氯苯水解法制苯酚。

碱性高压水解法：将 10%～15% 氢氧化钠溶液和氯苯的混合液在 360～390℃、30～36MPa 下，连续地通过高压管式反应器，停留时间约 20min，除生成苯酚外，还副产二苯醚。

$$C_6H_5Cl + 2NaOH \longrightarrow C_6H_5ONa + NaCl + H_2O$$

此法的缺点是要消耗氯和氢氧化钠、副产废盐水，并需要使用耐腐蚀的高压管式反应器。现在，氯苯的水解法制苯酚已逐渐被异丙苯的氧化酸解法代替。生产 1t 酚，产生 0. 6t 丙酮。

$$C_6H_6 + CH_2 = CHCH_3 \longrightarrow C_6H_5CH(CH_3)_2 \xrightarrow{O_2} C_6H_5C(CH_3)_2OOH \xrightarrow{H^+} CH_3COCH_3 + C_6H_5OH$$

当苯环上氯原子的邻位或对位有硝基时，由于硝基的强吸电子作用，与氯相连的碳原子电子云密度显著降低，亲核反应活性显著增加使氯原子较易水解。因此，只需要用稍过量的氢氧化钠溶液，在较温和的反应条件下进行水解。例如：

$$p\text{-}ClC_6H_4NO_2 + \underset{(10\%\sim15\%溶液)}{2NaOH} \xrightarrow{160℃，0.6MPa} p\text{-}NaOC_6H_4NO_2 + NaCl + H_2O$$

$$2,4\text{-}(NO_2)_2C_6H_3Cl + \underset{(10\%水溶液)}{2NaOH} \xrightarrow{90\sim100℃，常压} 2,4\text{-}(NO_2)_2C_6H_3ONa + NaCl + H_2O$$

2. 芳磺酸及其盐类的水解

脂链上的磺基非常稳定。例如，乙基磺酸与浓苛性钠溶液或浓硫酸共热都不水解。而连在芳环上的磺基则比较容易水解，而且随水解介质的不同，所得产品也不同。

（1）芳磺酸的酸性水解

某些芳磷酸在稀硫酸介质中可发生磺基被氢原子置换的水解反应：

$$Ar—SO_3H + H_2O \xrightarrow{稀硫酸} Ar—H + H_2SO_4$$

（2）芳磺酸盐的碱性水解（碱熔）

芳磺酸盐在高温下与熔融苛性碱作用，使磺基被羟基所取代的水解反应叫作“碱熔”。

碱熔是亲核取代反应，磺基以亚硫酸盐的形式从芳环上脱落下来。碱熔反应用以下通式表示：

$$Ar-SO_3Na+2NaOH \rightarrow Ar—ONa + Na_2SO_3 + H_2O$$

磺酸盐的碱熔是工业上制备酚类的重要方法之一。其优点是技术要求不高。缺点是消耗大量的碱，废液多，工艺落后。对于许多生产量大的酚类，例如苯酚、间甲酚和1-萘酚等，大部分工厂已改用其他废液少的合成路线。例如，苯酚的生产已主要采用异丙苯的氧化-酸解法，间甲酚的生产已改用间甲基异丙苯的氧化-酸解法。

芳磺酸盐的碱熔，目前在工业上都采用间歇操作。碱熔锅炉砌在炉灶内，以煤气、天然气、重油或煤作燃料。先在碱熔锅内加入熔融的碱，为了保持一定的碱熔温度（285~320℃），磺酸盐的浓溶液或湿滤饼要用几小时慢慢地加到碱熔锅中。但是，在加料完毕后，要快速升温到320~340℃，保持十几到几十分钟，使反应完全，并立即放料。应该指出，不必要地延长反应时间会增加副反应的发生。高温碱熔时，温度的控制非常重要，温度偏高易引起副反应和物料焦化；温度偏低，不仅会延长反应到达终点的时间，甚至可能会导致凝锅事故。

例如J酸的制备：J酸也是染料中间体，它是由吐氏酸经碱化、酸性水解和碱熔制得的。

吐氏酸（SO_3H，NH_2）$\xrightarrow[\text{磺化}]{\text{发烟硫酸}}$ HO_3S—（SO_3H，NH_2，SO_3H）$\xrightarrow[\text{中和盐析}]{\text{酸性水解}}$

NaO_3S—（NH_2，SO_3Na）$\xrightarrow[\text{190℃,0.3~0.4MPa（然后酸析）}]{\text{>60\%NaOH，碱熔}}$ HO_3S—（NH_2，OH）J酸

三、芳环上硝基的水解

芳环上的硝基在碱的作用在相当稳定，此法只用于从1,5-二硝基蒽醌或1,8-二硝基蒽醌的碱熔制1,5-二羟基蒽醌或1,8 二羟基蒽醌。为了避免氧化副反应，不用苛性钠而用无水氢氧化钙作碱熔剂。反应要在无水非质子强极性溶剂环丁砜中、在280℃左右进行。用环丁砜作溶剂不仅是因为它沸点高、对热和碱的稳定性好，还因为它可以使钙离子溶剂化，使OH^-成为活泼的裸阴离子。此法由于蒽醌的二硝化，制1,5-二硝基蒽醌和1,8-二硝基蒽醌时副产物多、产品分离精制困难以及碱熔产物的分离精制和溶剂回收等问题，目前尚未工业化。

1,5-二硝基蒽醌（NO_2，NO_2）$+ 2Ca(OH)_2 \xrightarrow[\text{280℃}]{\text{环丁砜}}$ [蒽醌（O^-，O^-）]$Ca^{2+} + Ca(NO_2)_2+2H_2O$

四、芳环上氨基的水解

为了在芳环上引入羟基，也可以采用先硝化、还原引入氨基，然后将氨基水解为羟基的方法，此法比其他合成路线步骤多，因此只用于1-萘酚及磺酸衍生物的制备。在工业上，

芳伯胺的水解有三种方法，各有一定的应用范围。

（1）氨基的酸性水解

此法在工业上主要用于从1-萘胺的水解制1-萘酚。反应是在稀硫酸中、在高温和压力下进行的。此法的优点是工艺过程简单；缺点是要用搪铅的压力釜、设备腐蚀严重、生产能力低、酸性废水处理量大。

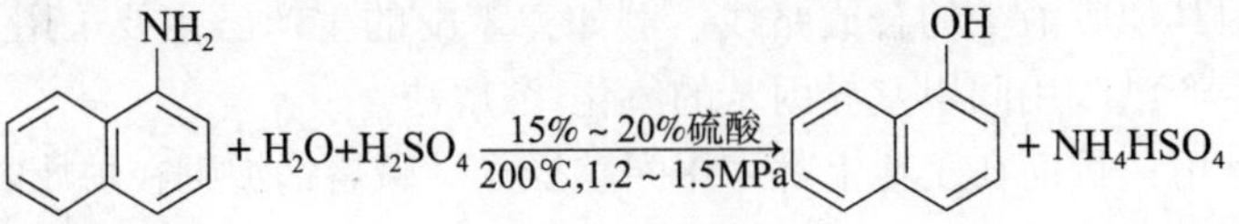

$$\text{1-萘胺}(NH_2) + H_2O + H_2SO_4 \xrightarrow[200℃,1.2\sim1.5MPa]{15\%\sim20\%硫酸} \text{1-萘酚}(OH) + NH_4HSO_4$$

（2）氨基的碱性水解

此法可用于变色酸的制备。

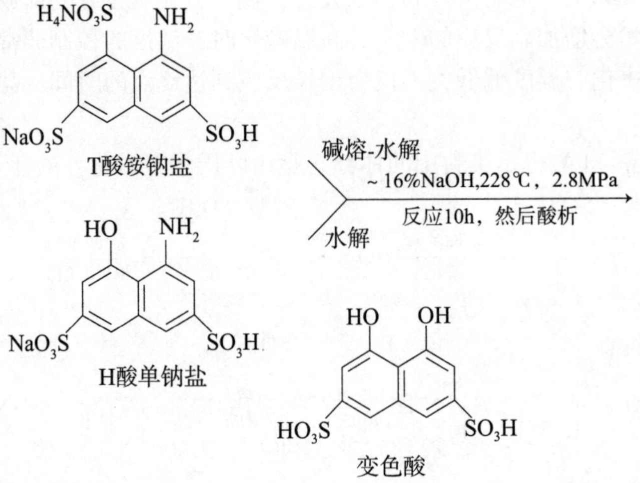

H_4NO_3S NH_2 NaO_3S SO_3H

T酸铵钠盐

碱熔-水解

$\sim 16\%NaOH,228℃，2.8MPa$

反应10h，然后酸析

水解

HO NH_2 NaO_3S SO_3H

H酸单钠盐

HO OH HO_3S SO_3H

变色酸

五、酯类的水解

酯类的水解是在酸、碱或酶的催化作用下进行的。酯的水解是可逆反应，加入酸可以使反应加速，但对平衡几乎没有影响。水解时若加入足够的碱，不仅使反应加速，而且还能使反应生成的酸完全转变为盐。

工业上最重要的酯类水解过程是植物油或动物油的水解，即油脂和脂肪的水解。油脂和脂肪都是脂肪酸的甘油酯。三元酯中的三个脂肪酸可以是相同的也可以是不同的，其脂肪链R可以是饱和的也可以是不饱和的。油脂水解时，常常得到混合脂肪酸。

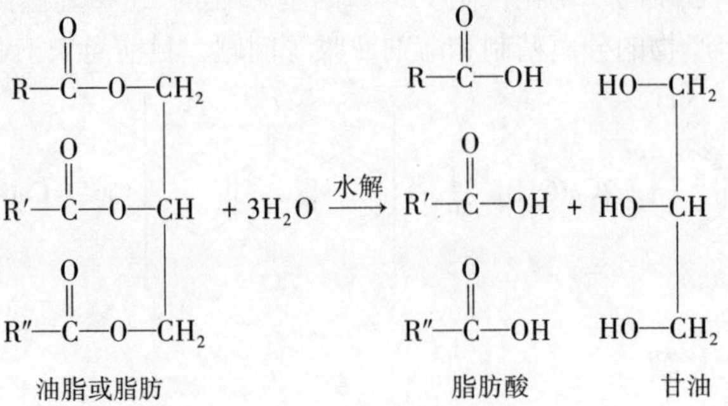

$$\begin{matrix} R-\overset{O}{\overset{\|}{C}}-O-CH_2 \\ R'-\overset{O}{\overset{\|}{C}}-O-CH \\ R''-\overset{O}{\overset{\|}{C}}-O-CH_2 \end{matrix} + 3H_2O \xrightarrow{水解} \begin{matrix} R-\overset{O}{\overset{\|}{C}}-OH \\ R'-\overset{O}{\overset{\|}{C}}-OH \\ R''-\overset{O}{\overset{\|}{C}}-OH \end{matrix} + \begin{matrix} HO-CH_2 \\ HO-CH \\ HO-CH_2 \end{matrix}$$

油脂或脂肪　　　　脂肪酸　　　　甘油

油脂和脂肪如果用苛性钠溶液水解得到的是脂肪酸钠（肥皂）和甘油，此法叫做“皂化水解”。

如果目的产物是脂肪酸，为了节省碱和酸，一般都采用水蒸气的酸性水解法。

以蓖麻油水解为例，常压水解时，需要加入乳化剂以帮助油-水两相充分混合接触，常用的乳化剂有萘磺酸-脂肪酸和十二烷基苯磺酸等。水解过程在塔式反应器中进行，从塔底通入水蒸气加热，保持155~160℃和0.6~0.8MPa，水解10h。水解产物静置分层，底层是甘油水溶液，可以从中回收甘油，上层是粗品脂肪酸，精制后即得到成品脂肪酸。从蓖麻油水解制得的脂肪酸主要是蓖麻油酸，含量约为80%~90%，其余是油酸、亚油酸和硬脂酸。

六、碳水化合物的水解

碳水化合物的水解是将植物原料中的纤维素和淀粉等水解为单己糖（葡萄糖、果糖、甘露糖、半乳糖等），或是将多缩戊糖（半纤维素）水解为单戊糖、戊醛糖等。

第二节　2,4-二硝基苯酚的合成

2,4-二硝基苯酚别名2,4-二硝基酚，为淡黄色微晶体，是一种重要的化工中间体，主要用于制造染料（特别是硫化染料）、苦味酸和显影剂、农药植物生长调节剂等。分子式为 $C_6H_4N_2O_5$、$HOC_6H_3(NO_2)_2$，分子量为184.11，相对密度为1.683（24℃），熔点为114~115℃，微溶于水，溶于乙醇、乙醚、苯和氯仿；稳定，属爆炸品，易燃，有毒。国标编号为41010；CAS号为51-28-5。

2,4-二硝基苯酚的分子结构式：

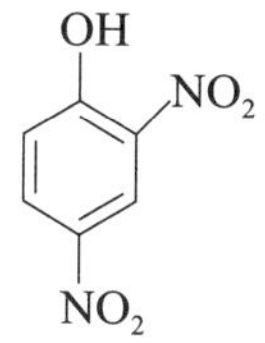

OH（1位），NO_2（2位），NO_2（4位）的苯环结构

其基本结构为苯酚的结构，在芳环的2、4号位上接有硝基，两个硝基分别处于酚羟基的邻位和对位。根据芳环上取代基的定位规律，羟基为邻、对位定位基，硝基为间位定位基，因此，合成时由羟基来定位硝基。

一、制备2,4-二硝基苯酚的方法

目前2,4-二硝基苯酚的合成方法主要有两种。

（1）苯酚经混酸硝化合成（由苯酚在低温经混酸硝化而制得）。

以苯酚为原料，用混酸进行硝化：

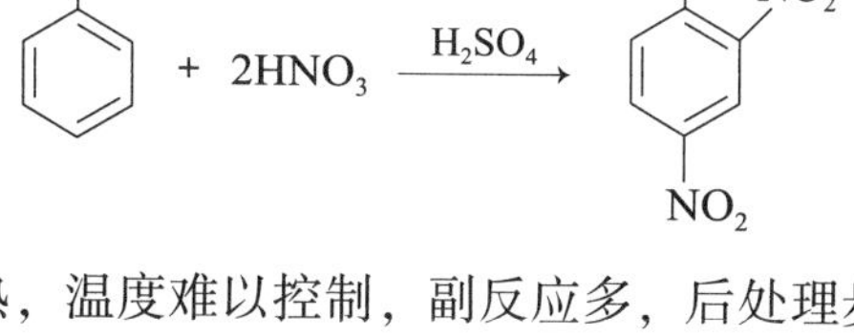

$$C_6H_5OH + 2HNO_3 \xrightarrow{H_2SO_4} HOC_6H_3(NO_2)_2$$

该法硝化反应剧烈放热，温度难以控制，副反应多，后处理步骤多且复杂。

（2）2,4-二硝基氯苯在碱性条件下水解（羟基化）合成

以2,4-二硝基氯苯为原料，从原理上可分为两步反应。

① 水解反应

$$\text{Cl, }NO_2\text{, }NO_2 + 2NaOH \longrightarrow \text{ONa, }NO_2\text{, }NO_2 + NaCl + H_2O$$

2,4-二硝基氯苯

② 酸化反应

$$\text{ONa, }NO_2\text{, }NO_2 + HCl \longrightarrow \text{OH, }NO_2\text{, }NO_2 + NaCl$$

该法没有副反应，与第一种方法相比，后处理比较简单、反应条件温和、放热量小、转化率高。

下面我们以第二条合成路线为例，分析羟基化反应过程的控制方法。

二、反应机理及影响因素

1. 芳香族卤化物的水解机理

卤素的碱性水解是亲核取代反应，当苯环上卤素原子的邻位或对位有硝基时，由于硝基的吸电子效应，使苯环上与卤原子相连的碳原子上电子云密度显著降低，使卤原子的水解较易进行。因此，只需要用稍过量的氢氧化钠水溶液，在较温和的反应条件下即可进行水解。卤原子水解是制备邻、对位硝基酚类的重要方法。

当两种物质处于不同相时，反应速率很慢，甚至不能反应，加入少量相转移催化剂，可使反应速率加快。

2,4-二硝基苯酚是以2,4-二硝基氯苯为原料，在碱溶液中水解而得的。反应方程式如下：

$$\text{Cl, }NO_2\text{, }NO_2 \xrightarrow{NaOH} \text{ONa, }NO_2\text{, }NO_2 + HCl$$

2. 影响因素

（1）碱的用量

最常用的碱是苛性钠。理论上，1mol 卤化物水解需要 2mol 碱，但实际上碱的用量要略过量。碱的浓度一般为 10%~15%。碱液浓度过高，会影响产物的溶解性，过低则对反应速率不利。

（2）水解的温度和压力

资料表明，2,4-二硝基氯苯的水解只需在常压、沸腾条件下（90~100℃）即可顺利地进行水解。

（3）物料的加入方式

考虑到反应产物中有 NaCl 生成，由于 NaCl 不能溶于 2,4-二硝基氯苯，这部分盐如果以固体形式析出的话，对反应的传质是不利的，因此必须事先加入部分水（以便 NaCl 溶解）。

同时，这部分水也能将水解产物溶解。

在反应沸腾条件下，水能产生较大的蒸气压，这部分水蒸气能“溶解”一定量的2,4-二硝基氯苯（类似于水蒸气蒸馏），冷凝时能产生很好的混合效果，对水解反应有利。但如果直接使用碱液，由于碱液的沸点较高，同比产生的蒸气压较低，对传质效果不利，故反应时应将部分水和2,4-二硝基氯苯预先混合，然后再加入碱液为宜。考虑到碱液的最终浓度，外加的这部分碱液的浓度应该较高。

三、2,4-二硝基苯酚的实验室合成

1. 实验准备仪器和药品

2,4-二硝基氯苯合成实验所需仪器：滴液漏斗、250mL三口烧瓶、球形冷凝管、温度计、布氏漏斗、吸滤瓶、水循环式真空泵、电热套、铁架台。

药品：2,4-二硝基氯苯、36%苛性钠溶液、浓盐酸、刚果红试纸。

2. 实验装置搭建

2,4-二硝基氯苯羟基化反应制备2,4-二硝基苯酚实验装置如图10-1所示。

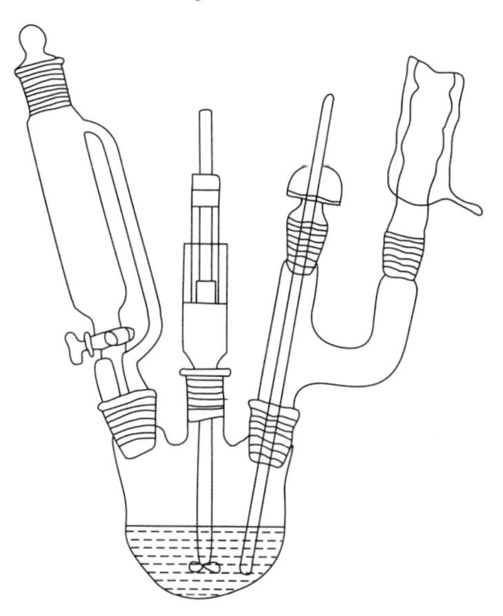

图10-1 2,4-二硝基苯酚合成装置图

3. 合成步骤

（1）安装仪器

三口烧瓶用万能夹夹紧，将搅拌棒装正，温度计离烧瓶底2mm，电热套的高度要调节到紧贴烧瓶底，回流冷凝管用铁夹夹紧并固定在搅拌架上，冷凝管下口进水，上口出水。

（2）加料

先加入100mL水，再加61g 2,4-二硝基氯苯，加入相转移催化剂四丁基溴化胺少许，搅拌，升温至90～93℃。(温度低于90℃，水解反应不完全，即产品中会混有未反应的原料)。

（3）水解

保持此温度，通过恒压滴液漏斗向三口烧瓶内慢慢滴加36%氢氧化钠溶液，滴加时间不低于30min（建议2h内滴加70g36%苛性钠溶液），继续保持此温度反应，直至取出的样本能完全溶于水，无油状物为止。终点控制：用气相色谱法，或用酸度计，终点pH值为13.17～13.47。在滴加碱液的过程中，反应若不完全，pH值一直大于终点pH值，当滴完碱液，随着反应的进行，pH值逐渐变小，最后恒定在13.17～13.47内的某一值，再继续反应60min，水解趋向完全。整个水解反应时间2h较合适。水解反应为吸热反应，高温对反应有利。水解反应还是多相反应，搅拌要充分。

（4）酸化

反应完毕，降温（可用水浴，不可停搅拌），继续在三口烧瓶中酸化，用盐酸酸化，用刚果红试纸或广泛试纸测pH应小于3，1～2为佳。过滤，用冷水洗涤至pH=5～6（洗去其中的酸和盐），将产品倒入表面皿，空气干燥，2,4-二硝基苯酚在70℃以上易升华，故产品要在空气中干燥。酸化为放热反应，酸化之前一定要降温，加酸时速率要慢。

4. 废水处理

2,4-二硝基苯酚的毒性很大，酸化后，过滤的废水需进行处理，才可排放。方法是，用熟石灰将废水中和至 pH 值为 3~5，加入聚合硫酸铝等絮凝沉淀，过滤，得清澈的水，用生石灰调节 pH 至中性，分析水中酚含量达到排放标准即可。残渣可焚烧。洗涤水可循环套用。

5. 反应后处理及产物分离、纯化、精制

二硝化产物碱解后，产物为水溶性酚盐，体系为均相体系。2,4-二硝基苯酚钠溶解在反应物溶液中，酸化后即可得到2,4-二硝基苯酚。由于2,4-二硝基苯酚不溶于冷水，故酸化时2,4-二硝基苯酚将从体系中结晶析出，用过滤的方法即可分离。

由于2,4-二硝基苯酚是固体，能溶于苯等有机溶剂，因此产物纯化时可以考虑用重结晶的方法，也可以考虑用层析的方法进行纯化精制。

6. 数据记录及计算

产品称重，计算产品收率、原料的转化率，产品测熔点。

7. 产物的检测和鉴定

观察2,4-二硝基苯酚的产品外观和性状；产品纯度需用气相色谱测定。

四、知识拓展

2,4-二硝基氯苯的制备按原料不同，可分为以下两种方法。

① 以氯苯为原料硝化合成2,4-二硝基氯苯。

$$C_6H_5Cl + 2HNO_3 \longrightarrow C_6H_3Cl(NO_2)_2$$

② 以硝基氯苯为原料硝化合成2,4-二硝基氯苯。

$$ClC_6H_4NO_2 + HNO_3 \longrightarrow C_6H_3Cl(NO_2)_2$$

其中第二种方法合成的2,4-二硝基氯苯纯度高、品质好，污染较小。但是，该工艺主要以间歇式来进行生产，产量小，产率低，且生产成本较高，不适合大规模生产，主要适用于医药等产量小、附加值高的产业。

分析与讨论

1. 氯化物的普通碱性水解和相转移催化水解有什么根本不同？
2. 为什么相转移催化水解的反应速率要快很多？
3. 比较氯苯、对硝基氯苯、2,4-二硝基氯苯的水解难易程度，并阐述其工艺条件有何不同？

人物小知识

曾昭抡（1899—1967年），中国化学家、教育家，中国科学院院士。1920年毕业于清华大学，先后在美国麻省理工学院攻读化学工程与化学，1926年获该校科学博士学位，同年回国。历任中央大学化学系教授、化学工程系主任、北京大学化学系教授兼主任、西南联合大学化学系教授等职。1948年当选为中央研究院院士。1949年起，历任北京大学教务长兼化学系主任，教育部副部长，中华全国自然科学专门学会联合会副主席，中国科学院化学研究所所长，武汉大学化学系教授等职。

早在20世纪20年代，他就开始做研究工作。到北京大学后，由于他的倡导和带动，北大化学系形成了浓厚的研究气氛，并做出了一批出色的研究成果。曾昭抡仅在1932年—1937年间，就发表了50多篇论文，其中“对亚硝基苯酚”的研究成果，已载入《海氏有机化合物词典》，被国际化学界所采用；他改良的马利肯（Mulliken）熔点测定仪，曾为我国各大学普遍使用。他的研究领域相当广泛，在有机理论方面，曾昭抡和孙承谔等提出了一个计算化合物沸点的公式，同时他们还提出了计算二元酸和脂肪酸熔点的公式；在分子结构方面，曾昭抡等测得四氯乙烯的偶极矩为零，证明了该化合物有对称结构，他还测出了己二酸的偶极矩为4.04D，并推断该酸有桶形结构；在制备无机化合物和有机卤代物方面，他发表了10多篇论文，在谷氨酸、醌、有机氟化物及有机金属化合物方面，进行了一系列研究；在制备胺类化合物、盐类化合物、酚类化合物以及合成甘油酯方面，也做了不少工作；他对有机化合物的元素检出和测定方法，并提出了不少改进意见；他还做过炸药化学研究；他对化学名词、化学文献和化学史等方面也做过不少研究，著有《炸药制备实验法》《原子及原子能》《元素有机化学》等著作。

他一贯主张高等学校要教学和科研工作并重。他认为在高等学校开展科研工作，是提高教学质量的重要环节。他指出：“高等学校既是国家培养专门人才的机构，同时又是科学研究的机构，教学和科学研究是紧密结合在一起的。”为此，他强调在高等学校，一要保证科研经费；二要保证教师的业务时间；三要提高教材质量和师资质量。要求大力改善学校的科研和教学条件，切实解决好仪器设备、图书资料等问题。

单元 11 酯化反应

【知识目标】掌握酯化反应的定义、产物和反应类型，了解应用酯化反应合成有机酸酯、无机酸酯化合物及应用于工业产品的生产中。

【能力目标】通过完成工作任务，掌握酯化反应过程的控制方法和产品分离鉴定的方法；了解酯化反应合成的产品以及工业化过程的特点。

第一节 酯化反应基础知识介绍

酯化反应通常是指醇或酚与含氧酸及其衍生物进行的亲核加成生成酯和水的反应。该反应是合成酯的重要方法。由于他是在醇或酚羟基的氧原子上引入酰基的过程，故又称为 *O*-酰基化反应。形成酯的 *O*-酰基化反应均为羧酸或羧酸负离子对醇和酚进行的亲核取代反应。酯化的方法很多，由于醇或酚均为易得原料，可与酰化剂作用，完成酯化反应，其通式为：

$$R'OH+RCOZ \longrightarrow RCOOR'+HZ$$

其中，R′为脂肪族或芳香烃基；RCOZ 为酰化试剂：Z 为 OH、X、OR″、OCOR″、NHR″等（R′及 R″可以是相同的或不同的烃基）。

采用其他方法也可以制得酯，例如以酸酐、酰卤、酰酐、腈、醛、酮等为原料与醇反应，也可采用酯交换反应得到其他酯。腈的醇解可以合成带有多种官能团的酯，酯的醇解反应可以合成高级脂肪酸酯，酯的羧酸解是合成二元羧酸单酯的良好方法。羧酸酯在精细化工产品中有着广泛的应用，其中最重要的是溶剂及增塑剂，其他用途还包括生产树脂、涂料、润滑油、香料、化妆品、表面活性剂、医药等。

酯化反应通常是指醇或酚和含氧酸类（包括无机和有机酸）作用生成酯和水的过程。其实质是醇或酚分子中的羟基氢原子被酰基取代的过程，因此又称为 *O*-酰基化反应。除了对羟基苯甲酸丙酯合成中用到的羧酸直接酯化法之外，还有以下合成酯的方法。

1. 酸酐法酯化

用酸酐酯化的方法主要用于酸酐较易获得的情况，例如乙酐、顺丁烯二酸酐、丁二酸酐和邻苯二甲酸酐等。

酸酐是比羧酸更强的酰化剂，适用于较难反应的酚类化合物及空间位阻较大的叔羟基衍生物的酯化。羧酸酐可与叔醇、酚类、多元醇、糖类、纤维素及长碳链不饱和醇（沉香醇、香叶草醇）等进行酯化反应，其反应通式如下：

$$(RCO)_2O+R'OH \longrightarrow RCOOR'+RCOOH$$

在用酸酐进行酯化时，常加入酸性或碱性催化剂加速反应。最常用的是硫酸、吡啶、无水醋酸钠等。酸性催化剂的作用比碱性催化剂强。现在工业上使用的催化剂仍然是浓硫酸。

常用的酸酐有乙酸酐、丙酸酐、邻苯二甲酸酐、顺丁烯二酸酐等。

在用二元酸酐对醇进行酯化时，反应分为两个阶段，第一步生成物为 1mol 酯及 1mol

酸，第二步则由 1mol 酸再与醇脱水生成双酯。第一步反应不生成水，是不可逆的，酯化反应可在温和的情况下进行。第二步反应是可逆反应，反应的条件较第一步苛刻，往往需加催化剂，并在较高的温度下进行，才能保证两个酰基均得到利用。

例如苯酐与醇反应生成的邻苯二甲酸酯，是工业用聚氯乙烯塑料增塑剂。其中产量最大的是邻苯二甲酸二辛酯（DOP），最大规模的装置年产量可达 10 万吨。

$$\text{苯酐} + 2C_4H_9-\underset{C_2H_5}{\underset{|}{C}}HCH_2OH \longrightarrow C_6H_4(COOCH_2\underset{C_2H_5}{\underset{|}{C}}HC_4H_9)_2$$

2. 酰氯法酯化

用酰氯的酯化（*O*-酰化）和用酰氯的 *N*-酰化的反应条件基本上相似。最常用的有机酰氯是长碳链脂酰氯、芳羧酰氯、芳磺酰氯、光气、氨基甲酰氯、氯甲酸酯和三聚氯氰等。常用的无机酸的酰氯有：三氯化磷用于制亚磷酸酯；三氯氧磷或三氯化磷加氯气用于制磷酸酯、三氯硫磷用于制硫代磷酸酯。

酰氯的反应活性比酸酐更强，反应极易进行，可以用来制备某些羧酸或酸酐难以生成的酯。其反应式如下：

$$RCOCl+R'OH \longrightarrow RCOOR'+HCl$$

在酰氯的酯化反应中有氯化氢生成，所以，有时还要用碱中和反应生成的氯化氢。为了防止酰氯的分解，一般都采用分批加碱以及低温反应的方法。常用的碱类有碳酸钠、乙醇钠、吡啶、三乙胺或 *N*,*N*-二甲基苯胺等。

脂肪族酰氯中乙酰氯最为活泼。当脂肪族酰氯碳原子上的氢被吸电子基团所取代，反应活性增强。由于脂肪族酰氯易发生水解副反应，因此，酰化反应如需用溶剂，就必须选用非水溶剂，如苯或二氯甲烷等。

芳香族酰氯如果在间位或对位有吸电子取代基，反应活性增加，反之，则反应活性减弱。芳香族酰氯的活性较弱，对水不敏感。

3. 酯交换法成酯

酯交换法是将一种容易制得的酯与醇、酸或另一种酯反应，以制取所需要的酯。当用直接酯化不易取得良好效果时，常常要用酯交换法。最常用的酯交换法是酯-醇交换，其次是酯-酸交换。

（1）酯-醇交换法

将一种低级醇的酯与一种高级（高沸点）的醇或酚在催化剂存在下加热，可以蒸出低级醇，而得到高级（沸点醇或酚）的酯。例如间苯二甲酸二甲酯和苯酚按 1∶2.37 的摩尔比，在钛酸丁酯催化剂的存在下，加热到 220℃，反应 3h，同时蒸出甲醇，经后处理即得到间苯二甲酸二苯酯。

$$C_6H_4(COOCH_3)_2 + 2C_6H_5OH \xrightarrow{(C_4H_9O)_4Ti} C_6H_4(COOC_6H_5)_2 + 2CH_3OH$$

另外，将油脂（三脂肪酸甘油酯）与甲醇在甲醇钠的催化作用下，保持 80℃反应，可制得脂肪酸甲酯和甘油。

$$\begin{array}{l} R-\overset{O}{\overset{\|}{C}}-O-CH_2 \\ \quad\quad\quad\quad\;\; | \\ R-\overset{O}{\overset{\|}{C}}-O-CH \\ \quad\quad\quad\quad\;\; | \\ R-\overset{O}{\overset{\|}{C}}-O-CH_2 \end{array} + 3CH_3OH \longrightarrow 3R-\overset{O}{\overset{\|}{C}}-OCH_3 + \begin{array}{l} CH_2-OH \\ | \\ CH-OH \\ | \\ CH_2-OH \end{array}$$

又如在制备β-(3,5-二叔丁基-4-羟基苯基)丙酸十八醇酯时，不宜采用酸醇直接酯化法，而要先将相应的酸与甲醇作用制成甲酯，然后甲酯再与十八醇进行酯交换，并蒸出低沸点的甲醇，使反应完全。

$$HO-C_6H_2(C(CH_3)_3)_2-CH_2CH_2-COOCH_3 + HO(CH_2)_{17}CH_3 \xrightarrow[105\sim130℃]{CH_3ONa}$$

$$HO-C_6H_2(C(CH_3)_3)_2-CH_2CH_2-COO(CH_2)_{17}CH_3 + CH_3OH$$

该酯是优良的无毒抗氧剂，广泛用于塑料、橡胶和石油产品。

(2) 酯-酸交换法

酯-酸交换法是通过酯与羧酸的交换反应合成另一种酯的。其反应通式如下：

$$R\overset{O}{\overset{\|}{C}}OR' + R''\overset{O}{\overset{\|}{C}}OH \rightleftharpoons R\overset{O}{\overset{\|}{C}}OH + R''\overset{O}{\overset{\|}{C}}OR'$$

酯-酸交换反应是可逆反应，一般常使某一原料过量，或使生成物不断地蒸出，以提高反应的收率。各种有机羧酸的反应活性相差并不大。酯酸交换时一般采用酸催化。

例如在浓盐酸催化下，己二酸二乙酯与己二酸在二丁醚中加热回流生成己二酸单乙酯。

$$H_5C_2OOC\ (CH_2)_4COOC_2H_5+HOOC\ (CH_2)_4COOH \rightleftharpoons 2\ HOOC\ (CH_2)_4COOC_2H_5$$

(3) 醇-酸互换

醇酸互换就是在两种不同酯之间发生的互换反应，生成另外两种新的酯。其反应通式如下：

$$R\overset{O}{\overset{\|}{C}}OR' + R''-\overset{O}{\overset{\|}{C}}-OR''' \rightleftharpoons R-\overset{O}{\overset{\|}{C}}-OR''' + R''-\overset{O}{\overset{\|}{C}}-OR'$$

由于反应处于可逆平衡中，必须不断将产物中的某一组分从平衡体系中除去，使反应趋于完全。

例如，对于用其他方法不易制备的叔醇的酯，可以先制成甲酸的叔醇酯，再和指定羧酸的甲酯进行醇酸互换。

$$HCOOCR_3+R'COOCH_3 \xrightarrow{CH_3ONa} HCOOCH_3+R'COOCR_3$$

因为生成的两种酯的沸点相差较大，且沸点很低（31.8℃）的甲酸甲酯很容易从反应产物中不断蒸出，这样就能使酯互换反应进行完全。

4. 其他成酯方法

除了上述方法外，酯化方法还有加成酯化法、羧酸盐与卤代烷成酯法、腈的醇解、酰胺的醇解、羧酸与重氮甲烷反应形成甲酯等方法。

（1）加成酯化法（包括烯酮与醇的加成酯化和烯、炔与羧酸的加成酯化）

① 烯酮与醇的加成酯化。乙烯酮是由乙酸在高温下热裂脱水而成的。它的反应活性极高，与醇类可以顺利制得乙酸酯。

$$C_6H_4[COOCH_2CH(C_2H_5)(CH_2)_3CH_3]_2$$

对于某些活性较差的叔醇或酚类，可用此法制得相应的乙酸酯。如：

$$\text{(邻苯二甲酸酐)} + ROH \rightleftharpoons C_6H_4(COOR)(COOH) + ROH \rightleftharpoons C_6H_4(COOR)(COOH) + H_2O$$

含有氢的醛或酮也能与乙烯酮反应生成烯醇酯；工业上还可用二乙烯酮与乙醇加成制得乙酰乙酸乙酯。

$$\text{(邻苯二甲酸酐)} + 2CH_3(CH_2)_3CH(C_2H_5)CH_2OH \xrightleftharpoons{H_2SO_4} C_6H_4[COOCH_2CH(C_2H_5)(CH_2)_3CH_3]_2 + H_2O$$

② 烯、炔与羧酸加成酯化。烯烃与羧酸的加成反应如下：

$$R'CH{=}CH_2+RCOOH \xrightarrow{H_2SO_4} RCOOCH_2CH_2R'$$

羧酸按马氏规则加成，烯烃反应次序为：

$$(CH_3)_2C{=}CH_2>CH_3CH{=}CH_2>CH_2{=}CH_2$$

炔烃也能与羧酸加成生成相应的羧酸烯酯，如乙炔与乙酸加成酯化可得到乙酸乙烯酯。

$$CH{\equiv}CH+CH_3COOH \xrightarrow{Hg^{2+}} CH_3COOCH{=}CH_2$$

（2）羧酸盐与卤代烷反应成酯

将羧酸的钠盐与卤代烷反应也可以生成酯，此法常用于苄卤的成酯。如：

$$C_6H_5COO^-Na^+ + ClCH_2C_6H_5 \xrightarrow[110℃,1h]{(C_2H_5)_3N} C_6H_5COOCH_2C_6H_5$$

（3）腈的醇解

在硫酸或氯化氢的作用下，腈与醇共热可直接成为酯：

$$RCN+H_2O+R'OH \rightleftharpoons RCOOR'+NH_3$$

腈可直接转化为酯，不必先制成羧酸。工业上利用此法大量生产甲基丙烯酸甲酯，制备有机玻璃。合成过程分为两步，丙酮与氰化钠反应生成的丙酮氰醇，先在 100℃ 的温度下与浓硫酸反应，生成相应的甲基丙烯酰胺硫酸盐，然后再用甲醇在 90℃ 时反应成甲基丙烯酸甲酯：

$$(CH_3)_2C(OH)CN+H_2SO_4 \longrightarrow CH_2{=}C(CH_3){-}CONH_2\cdot H_2SO_4$$

$$CH_2{=}\underset{\large CH_3}{\underset{|}{C}}{-}CONH_2 \cdot H_2SO_4 + CH_3OH \longrightarrow CH_2{=}\underset{\large CH_3}{\underset{|}{C}}{-}COOCH_3 + NH_4HSO_4$$

（4）酰胺的醇解

酰胺在酸性条件下醇解为酯：

$$CH_2{=}CH\overset{\overset{\large O}{\|}}{C}NH_2 \xrightarrow[H^+]{C_2H_5OH} CH_2{=}CH\overset{\overset{\large O}{\|}}{C}OC_2H_5$$

也可用少量的醇钠在碱性条件下催化醇解。

第二节　对羟基苯甲酸丙酯的合成

对羟基苯甲酸丙酯（又称尼泊金酯）是目前世界上用途最广、用量最大、应用频率最高的系列防腐剂。它具有高效、低毒、广谱、易配伍等优点，广泛应用于日化、医药、食品、饲料和各种工业防腐领域，是我国重点发展的替代苯甲酸钠等食品防腐剂的产品之一。在对羟基苯甲酸系列酯中应用较多的为对羟基苯甲酸乙酯、对羟基苯甲酸丙酯和对羟基苯甲酸丁酯。

对羟基苯甲酸丙酯又名尼泊金丙酯、对羟基安息香酸丙酯，为无色小结晶或白色粉末，几乎不溶于冷水，无臭、稍有涩味，熔点为95~98℃，沸点为133℃，其分子式为$C_6H_5COOC_3H_7$。

分子结构式为：

$$HO{-}C_6H_4{-}COOC_3H_7$$

一、合成方法

对羟基苯甲酸丙酯由对羟基苯甲酸与正丙醇酯化而得。反应方程式如下：

$$HO{-}C_6H_4{-}COOH + HOCH_2CH_2CH_3 \xrightarrow[苯]{催化剂} HO{-}C_6H_4{-}COOC_3H_7$$

二、合成操作

1. 主要试剂及仪器

试剂：对羟基苯甲酸、乙酸乙酯、环己烷、苯、无水丙醇、硫酸、氢氧化钠、碳酸氢钠、无水乙醇。

仪器：三口烧瓶、电炉、温度计、回流冷凝管、抽滤装置、水浴锅、熔点测定仪。

2. 实验装置图

酯化分水反应装置如图 11-1 所示。

混合溶剂重结晶实验装置如图 11-2 所示。

3. 实验部分

（1）对羟基苯甲酸丙酯的粗合成

在三口烧瓶中依次加入对羟基苯甲酸、丙醇、苯和浓硫酸，其摩尔比为1∶4∶2∶0.1，在油浴锅上加热回流3h，控制温度在80~85℃，进行酯化反应，酯化完毕后，回收过量的醇和苯，并用50%的氢氧化钠调节 pH 为 6，析出晶体后，加入 10%碳酸氢钠调节 pH 值在7~8之间，抽滤，用蒸馏水洗涤三次，烘干，得到白色的晶体。

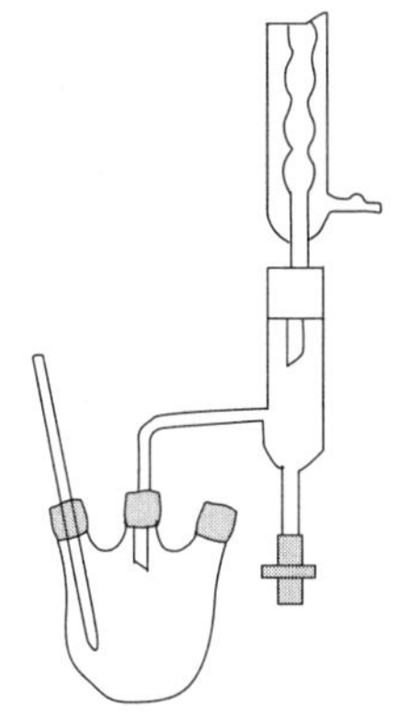

图 11-1　酯化分水反应装置图

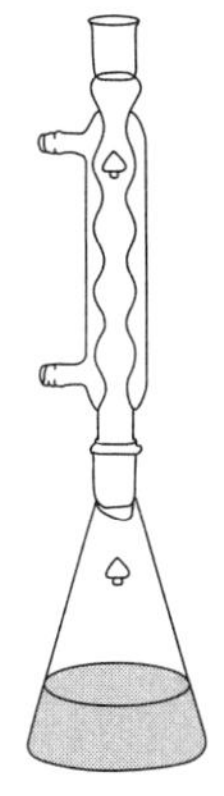

图 11-2　混合溶剂重结晶实验装置

（2）对羟基苯甲酸丙酯的精制

将制成的粗对羟基苯甲酸丙酯置于烧瓶中，加入乙醇、水及活性炭，其质量比为对羟基苯甲酸丙酯：乙醇：水：活性炭= 1：1：4：0.05，在水浴上加热回流，趁热过滤，滤液冷却后，加水搅拌析出晶体，过滤，滤饼用蒸馏水洗涤至 pH 为 6~7，在 80℃以下烘干，即得到精制的对羟基苯甲酸丙酯，产率均很高。

4. 计算产率

根据理论计算产量和数据记录重结晶后得到的精致产品质量计算产率。

5. 注意事项及操作要点

① 酯化反应加入共沸剂的目的是脱水。在对羟基苯甲酸丙酯的合成过程中，可选择不同的共沸剂：苯、乙酸乙酯、环己烷。通过实验，比较不同的共沸剂对产率及纯度的影响。

② 该实验是一个可逆反应，加入过量的乙醇，以有利于向正反应方向进行。

③ 可计算出理论分水量，根据实际分水量可以判断反应是否完成。

分析与讨论

1. 简述共沸剂分水的原理，常见的共沸剂有哪些？
2. 酯化反应中如何提高产率？在该反应中为什么要加入过量的乙醇？
3. 混合溶剂重结晶时的注意事项是什么？
4. 何时加活性炭？应注意什么？

第三节　乙酸正丁酯的合成

乙酸正丁酯是重要的化工原料，应用广泛，用作喷漆、人造革、胶片、硝化棉、树胶等溶剂及用于调制香料和药物。

乙酸正丁酯别名醋酸正丁酯、乙酸丁酯，结构式为 $CH_3COO(CH_2)_3CH_3$，分子量为 116.16。

（1）物理性质

乙酸正丁酯为无色透明液体，有水果香味，沸点 126℃，凝固点-77.9℃，相对密度

0.8825，折射率 1.3951，闪点 33℃，在水中的溶解度 288.16K 时为 0.8%（质量分数），293.16K 时为 1.0%（质量分数）。水在乙酸正丁酯中 293.16K 时的溶解度为 1.86%（质量分数）。乙酸正丁酯易溶于松脂、酯胶、苯并呋喃树脂、达马树脂、榄香酯、乳香、贝壳衫脂、马尼拉橡胶、杜仲胶、甘酞树脂等天然树脂，以及聚乙酸乙烯酯、聚丙烯酸酯、聚甲基丙烯酸酯、聚苯乙烯、聚氯乙烯、氯化橡胶等合成树脂，也能溶于钙镁锌等金属的树脂酸盐。

（2）化学性质

乙酸正丁酯加碱水解，生成乙酸和正丁醇。能与乙醇、甲醇进行酯交换，与 $AlCl_3$ 形成加合物。此外，在光照下，能发生氯化反应，可得到 1-氯取代物和 4-氯取代物。

一、反应原理

主反应：

$$CH_3COOH+CH_3CH_2CH_2CH_2OH \xrightleftharpoons{\text{浓 } H_2SO_4} CH_3COOCH_2CH_2CH_2CH_3+H_2O$$

副反应：

$$2CH_3CH_2CH_2CH_2OH \xrightleftharpoons{\text{浓 } H_2SO_4} CH_3CH_2CH_2CH_2OCH_2CH_2CH_2CH_3+H_2O$$

$$CH_3CH_2CH_2CH_2OH \xrightleftharpoons{\text{浓 } H_2SO_4} CH_3CH_2CH{=}CH_2\uparrow+H_2O$$

羧酸与醇在少量酸性催化剂（如浓硫酸）存在下加热，脱水生成酯，这个反应叫酯化反应。常用的酸催化剂有浓硫酸、磷酸等质子酸，也可用固体超强酸及沸石分子筛等。酯化反应是可逆反应，即在达到平衡时，反应物和产物各占一定比例。对于这样的反应，加热和加催化剂，能加速反应，但不能提高产率。而只有增大反应物浓度或减少生成物浓度，使平衡向正方向移动才能提高产率。

本实验中，采用回流分水装置，随时将反应中所生成的水从体系中除去，以使平衡向正方向进行，从而提高产率。

二、合成操作

1. 实验试剂及仪器

仪器：蒸馏装置玻璃磨口仪器、球形冷凝管、分水器、圆底烧瓶（50mL）、温度计（150℃）、锥形瓶（50mL）、烧杯（400mL）、电热套、分液漏斗、量筒（10mL、50mL）、电热套、铁架台、铁夹及十字头、铁圈、橡胶水管、天平。

试剂：正丁醇 11.5mL、冰醋酸 7.2mL、浓硫酸、10%碳酸钠溶液、无水硫酸镁、冰块、沸石、甘油、pH 试纸。

2. 实验装置图

乙酸正丁酯合成装置图如图 11-3 所示。

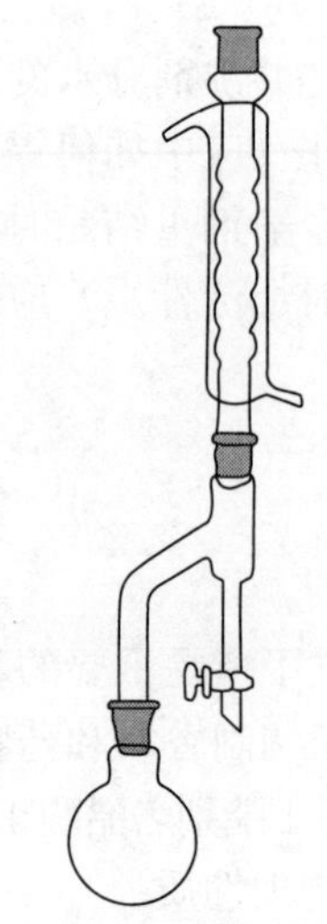

图 11-3　乙酸正丁酯合成装置图

3. 实验步骤

① 50 mL 圆底烧瓶中，加 11.5 mL 正丁醇、7.2 mL 冰醋酸和 3~4d 浓 H_2SO_4（催化反应），混匀，加 2 颗沸石。

② 接上回流冷凝管和分水器。在分水器中预先加少量水至略低于支管口（约为 1~2cm）。目的是使上层酯中

的醇回流回烧瓶中继续参与反应，用笔做记号并加热至回流，记下第一滴回流液滴下的时间，并控制冷凝管中的液滴流速为1~2d/s。

③ 反应一段时间后，把水分出并保持分水器中水层液面在原来的高度。

④ 大约40min后，不再有水生成（即液面不再上升），即表示完成反应。

⑤ 停止加热，记录分出的水量。

⑥ 冷却后卸下回流冷凝管，把分水器中的酯层和圆底烧瓶中的反应液一起倒入分液漏斗中。在分液漏斗中加入10mL水洗涤，并除去下层水层（除去乙酸及少量的正丁醇）；有机相继续用10 mL 10% Na_2CO_3洗涤至中性（除去硫酸）；上层有机相再用10 mL的水洗涤除去溶于酯中的少量无机盐，最后将有机层到入小锥形瓶中，用无水硫酸镁干燥。

⑦ 蒸馏：将干燥后的乙酸正丁酯倒入干燥的30mL蒸馏烧瓶中（注意不要把硫酸镁倒进去），加入2粒沸石，安装好蒸馏装置，加热蒸馏。收集124~126℃的馏分。

⑧ 折射率的测定

纯品乙酸正丁酯性状具有愉快水果香味的无色易燃液体，折射率为1.3951。

⑨ 计算产率。

乙酸和正丁醇制备乙酸正丁酯，有关物质的相关数据如表11-1所示。

表11-1　乙酸和正丁醇制备乙酸正丁酯相关物质数据

化合物	分子量	密度/(g/cm^3)	沸点/℃	溶解度/(g/100g水)
正丁醇	74	0.80	118.0	9
乙酸	60	1.045	118.1	互溶
乙酸正丁酯	116	0.882	126.1	0.7

4. 实验注意事项

① 在加入反应物之前，仪器必须干燥。

② 高浓度醋酸在低温时凝结成冰状固体（熔点16.6℃）。取用时可温水浴热使其熔化后量取。注意不要碰到皮肤，防止烫伤。

③ 浓硫酸起催化剂作用，只需少量即可；滴加浓硫酸时，要边加边摇，以免局部炭化。

④ 分水器中应预先加入一定量的水，在分水器上用笔做一标记。在反应过程中，生成的水由分水器放出，但水面需要保持在标记处。由生成的水量判断反应进行的程度。反应进行完全时应观察不到有水带出的浑浊现象。最后记下生成水的量，并与计算所得到的理论产量比较。

⑤ 在反应刚开始时，一定要控制好升温速率。要在80℃加热15min后再开始加热回流，以防乙酸过早地蒸出，影响产率。

⑥ 用10% Na_2CO_3洗涤时，因为有CO_2气体放出，所以要注意放气，同时洗涤时摇动得不要太厉害，否则会使溶液乳化不易分层。

⑦ pH试纸使用时要放在表面皿中，且只需要几张即可。

⑧ 蒸馏装置必须干燥，仪器在烘箱中或气流烘干器上烘干（分液和干燥产物之应前先把仪器洗干净放入烘箱中干燥后再使用）。

⑨ 产物经称重后，并在检查记录后，再倒入回收瓶中。

分析与讨论

1. 酯化反应有什么特点？在本次试验中，如何创造条件促使酯化反应尽量向生成物方向进行？

2. 实验中加入硫酸有什么用？若不加入，能不能生成乙酸正丁酯？

3. 本实验为何不用化学计量的乙酸，而用过量的乙酸？

第四节　邻苯二甲酸二辛酯的工业生产

邻苯二甲酸二辛酯，简称 DOP，产品学名为邻苯二甲酸二-2-乙基己酯、酞酸二辛酯，别名绝缘二辛酯。邻苯二甲酸二辛酯（DOP）是国内外塑料助剂行业中工业化产量较大的一种助剂，是聚氯乙烯（PVC）制品、各类医用和生活塑料制品等不可缺少的主要增塑剂。

一、邻苯二甲酸二辛酯简介

邻苯二甲酸二辛酯的分子式为 $C_{24}H_{38}O_4$。

邻苯二甲酸二辛酯的结构式如下：

$$C_6H_4\left[-\overset{O}{\overset{\|}{C}}-OCH_2-\underset{C_2H_5}{\underset{|}{CH}}-(CH_2)_3CH_3\right]_2$$

邻苯二甲酸二辛酯的主要性质如表 11-2 所示。

表 11-2　邻苯二甲酸二辛酯主要性质

外观	无色油状液体，具有特殊气味
专业指标	分子式：$C_{24}H_{38}O_4$ 分子量：390.3 英文名称：dioctyl phthalate CAS 号：65-85-0
理化指标	凝固点：-55℃ 沸点：387℃（760mmHg[1]） 溶解性：难溶于水，微溶于甘油、乙二醇和一些胺类，溶于大多数有机溶剂 相对密度：0.986 酸值：（mgKOH/g）<0.01 皂化值：287±3 折射率：1.485±0.003 挥发物（质量分数）：<0.03% 体积电阻：5~15×10^{11}（Ω·cm） 水分（质量分数）：<0.01% 稳定性：化学性质稳定

二、用酸酐酯化的原理

此法主要使用较易获得的酸酐，如乙酐、顺丁烯二酸酐，丁二酸酐和邻苯甲酸酐等。

1. 单酯的制备

酸酐是较强的酯化剂，酸酐中的一个羧基制备单酯时，反应不生成水，是不可逆反应，

[1] 1mmHg = 133.32Pa。

酯化可在较温和的条件下进行。酯化时可以使用催化剂，也可以不使用催化剂。酸催化剂的作用是提供质子，使酸酐转变成酰化能力较强的酰基正离子。

$$R-\underset{\underset{O}{\|}}{C}-O-\underset{\underset{O}{\|}}{C}-R + H^+ \longrightarrow R-\underset{\underset{O}{\|}}{C}-OH + R-\underset{\underset{O}{\|}}{C^+}$$

2. 双酯的制备

$$\text{邻苯二甲酸酐} + ROH \rightleftharpoons C_6H_4(COOR)(COOH) + ROH \rightleftharpoons C_6H_4(COOR)_2 + H_2O$$

产量最大增塑剂邻苯二甲酸二异辛酯，在制备双酯时，反应是分两步进行的，即先生成单酯，再生成双酯。第一步生成单酯非常容易，反应速率快；第二步由单酯生成双酯属于用羧酸的酯化，反应速率较慢，需催化剂、加热。

三、邻苯二甲酸二辛酯的合成

（一）合成反应

由苯酐和2-乙基己醇在硫酸催化下减压酯化而成。

1. 主反应

$$\text{苯酐} + 2CH_3(CH_2)_3\underset{C_2H_5}{\overset{|}{C}}HCH_2OH \xrightarrow{H_2SO_4} C_6H_4[\overset{O}{\overset{\|}{C}}-OCH_2\underset{C_2H_5}{CH}-(CH_2)_3CH_3]_2 + H_2O$$

2. 副反应

$$ROH+H_2SO_4 \longrightarrow RHSO_4+H_2O$$

$$RHSO_4+ROH \longrightarrow R_2SO_4+H_2O$$

$$2ROH \longrightarrow ROR+H_2O$$

（R为2-乙基己烷基）

此外，还有微量的醛及不饱和化合物生成。

酯化完全后的反应混合物用碳酸钠溶液中和。中和时将发生的反应如下：

$$RHSO_4+Na_2CO_3 \longrightarrow RNaSO_4+NaHCO_3$$

$$RNaSO_4+Na_2CO_3+H_2O \longrightarrow ROH+Na_2SO_4+NaHCO_3$$

（二）工艺流程

酸性催化剂生产邻苯二甲酸二辛酯工艺流程如图11-4所示。

一定量的苯酐、2-乙基己醇分别进入单酯化器，单酯化温度为130℃。所生成的单酯和过量的醇混入硫酸催化剂后，从塔底进入酯化塔。一定流量的环己烷（帮助酯化脱水用）预热后也一起进入酯化塔。酯化塔顶温度为115℃，塔底温度为132℃。环己烷和水、辛醇以及夹带的少量硫酸从酯化塔顶气相进入回流塔。环己烷和水从回流塔顶馏出后，环己烷去蒸馏塔，水去废水萃取器。辛醇及夹带的少量硫酸从回流塔返回酯化塔。酯化完成后的反应混合物加压经喷嘴喷入中和器，用10%碳酸钠水溶液在130℃下进行中和。经中和的硫酸盐、硫酸单辛酯钠盐和邻苯二甲酸单辛酯钠盐随中和废水排至废水萃取器。中和后的 DOP、辛醇、环己烷、硫酸二辛酯、二辛基醚等经泵加压并加热至 180℃后进入硫酸二辛酯热分解塔。在此塔中硫酸二辛酯皂化为硫酸单辛酯钠盐，随热分解废水排至废水萃取器。DOP、环己烷、辛醇和二辛基醚等进入蒸馏塔，塔顶温度为 100℃，环己烷从塔上部馏出后进入环己烷回收塔，从该塔顶部得到几乎不含水的环己烷循环至酯化塔再用，塔底排出的重组分烧掉。分离环己烷后的 DOP 和辛醇从蒸馏塔底排出进入水洗塔，用 90℃去离子水进行洗涤，水洗后的 DOP、辛醇一起进入脱醇塔，在减压下用 12kg/cm^2的直接蒸汽连续进行两次脱醇、干燥，即得成品 DOP。从脱醇塔顶部回收的辛醇，一部分直接循环至酯化部分使用，另一部分去回收醇净化处理装置。

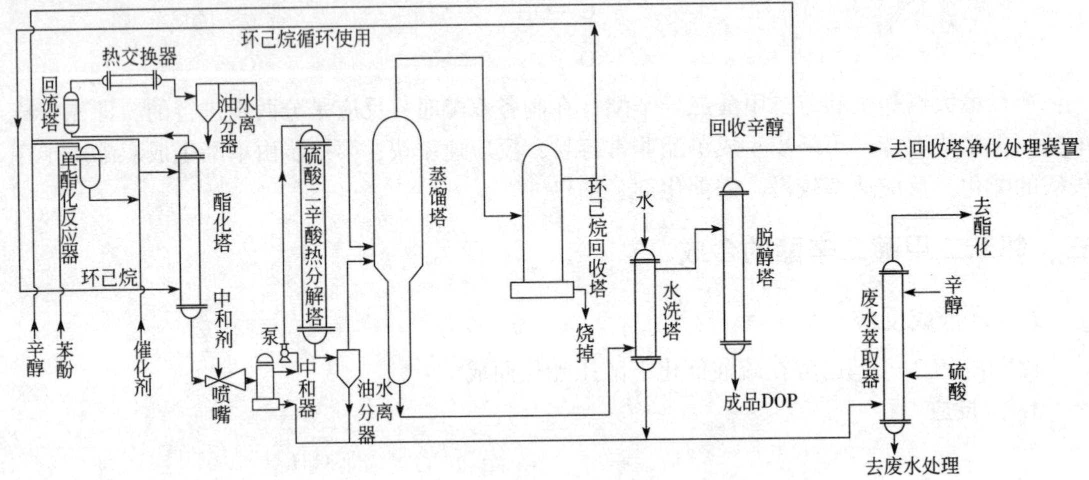

图 11-4　酸性催化剂生产邻苯二甲酸二辛酯工艺流程图

分析与讨论

1. 采用哪些工艺措施可减少酯化反应的副反应发生和提高 DOP 的纯度？
2. 为什么要加入环己烷？
3. DOP 有哪些用途？

人物小知识

维勒（Friedrich Wohler，1800—1882 年），德国化学家，1800 年 7 月 31 日生于法兰克福附近埃施耳斯亥姆的一个医生家庭，1882 年 9 月 23 日在哥丁根逝世。维勒少年时代就特别喜爱收集、研究矿物和做化学实验，1820 年入马尔堡医科大学学医，但仍常在宿舍中进行化学实验。他的第一篇科学论文是“关于硫氰酸汞的性质”，发表在“吉尔伯特年鉴”上，并受到著名化学家贝采里乌斯（JonsJ. Berzelius）的重视。维勒后到海德堡大学，拜著名化学家格美林（Leopold Gmelin）、生理学家蒂德曼（Friedrich Tiedemann）为师。他在 1823 年取得外科医学博士学位。毕业后在贝采里乌斯的实验室工作一年，后曾在法兰克福、柏林等地任教。

1828 年他发表了“论尿素的人工制成”一文，引起了化学界的震动。这被认为是第一次人工合成有机物，对当时流行的生命力学说是巨大的冲击，开创了有机合成的新时代。他还曾研究苦杏仁油，发现了氢醌、尿酸，可卡因等。他完成了数量多得惊人的实验研究工作：他发现了硅烷；分析过大量矿物质并制备出许多稀有金属化合物；发现碳化钙并从中制取乙炔；研究出制备铝、磷的方法；证实氰与水作用生成草酸；分离出铍；还同李比希合作研究了许多有机化合物。维勒于 1854 年被选为伦敦皇家学会会员，1872 年获得该会的考普利奖章。还成为法国科学院院士和其他一些学术团体的成员。主要著作有《无机化学平面图》《有机化学平面图》《分析化学实验指南》等。

维勒终身热爱化学，一天不做实验他就不能安稳睡觉。他尊重科学，注重友谊。他与李比希在学术争论中相互促进，竞相争高的事迹成为科学史上的佳话。维勒曾写过这样一段话谈及他与李比希的友谊：“我可以打个比喻，如果以我俩的名义发表的某些小文章是我们中的一个人完成的。那么，这同时也是赠给另一个人的绝妙的小礼物。我想这就可以使你了解我俩之间的相互关系了。”维勒也是一位化学教育家，培养了许多化学良才，他的学生中有不少人后来成了著名的教授、工程师和化学工艺师。

单元12 重氮化反应

【知识目标】掌握重氮化反应和偶合反应的定义、产物和反应类型，能应用重氮化反应合成苯肼、甲基橙等产品。

【能力目标】通过完成工作任务，掌握重氮化反应过程的控制方法和产品分离鉴定的方法；了解重氮化反应合成的产品以及工业化过程的特点。

第一节 重氮化反应基础知识介绍

一、重氮化反应

芳香族伯胺在低温及强酸（主要是盐酸或硫酸）水溶液中，与亚硝酸作用生成重氮盐的反应称为重氮化反应。

$$ArNH_2+NaNO_2+2HX \longrightarrow ArN_2^+X^-+NaX+H_2O$$

式中，X 为 Cl、Br、NO_3、HSO_4等，其中以 HCl、H_2SO_4最为常用。

这里的芳伯胺称为重氮组分，亚硝酸称为重氮化剂。由于亚硝酸不稳定，在实践中采用亚硝酸钠和盐酸或硫酸混合，使生产的亚硝酸立即与芳伯胺发生重氮化反应，生成重氮盐，这样可以避免亚硝酸的分解。

1. 重氮化反应机理

苯胺在盐酸或稀硫酸介质中重氮化反应的动力学研究表明，在稀硫酸介质中，苯胺的重氮化反应为三级反应，重氮化速率与苯胺浓度和亚硝酸浓度的平方的积成正比。

$$\frac{d[ArN_2^+]}{dt}=K_1[ArNH_2][HNO_2]^2$$

在盐酸介质中，重氮化反应的速率除了与苯胺、亚硝酸的浓度平方成正比外，还与氢离子浓度及氯离子浓度成正比，因此氯离子浓度的增加将加速重氮化反应。

$$\frac{d[ArN_2^+]}{dt}=K_1[ArNH_2][HNO_2]^2+K_2[ArNH_2][H^+][Cl^-]$$

由上式可知，在盐酸介质中苯胺重氮化反应也是一个三级反应，由两个平行反应组成，即苯胺和亚硝酸反应和苯胺与亚硝酸、盐酸的反应。反应动力学数据测定表明，K_2远远大于K_1，说明后者是反应的控制步骤。

亚硝酸在不同介质中存在不同的平衡，分别生成亚硝酸酐、亚硝酰氯和亚硝基正离子。

$$2HNO_2 \rightleftharpoons N_2O_3+H_2O \qquad \text{（亚硝酸酐）}$$

$$HNO_2+HCl \rightleftharpoons NOCl+H_2O \qquad \text{（亚硝酰氯）}$$

$$HNO_2+H_3^+ \rightleftharpoons NO^++2H_2O \qquad \text{（亚硝基正离子）}$$

亚硝酸通常在稀硫酸介质中为亚硝酸酐，在浓硫酸介质中为亚硝基正离子，而在盐酸介质中可以生成亚硝酸酐和亚硝酰氯。由于氯原子有较大的电负性，故亚硝酰氯是比亚硝酸酐更强的亲电试剂，它们的亲电性大小为 $NO^+>NOCl>N_2O_3$。苯胺可与亚硝酸酐或亚硝酰氯等亚硝化试剂（Y—N═O）发生硝化反应，生成 *N*-亚硝基芳伯胺的中间产物（Ar—NH—NO），然后在酸性介质中迅速地发生脱质子化和脱水反应，经过重氮氢氧化物（Ar—NH—N—OH）转化成重氮盐。

$$\text{Ar—}\overset{\text{H}}{\overset{|}{\ddot{\text{N}}}}\text{—H} + \text{O═}\ddot{\text{N}}\text{—}\ddot{\text{O}}\text{—N═O} \xrightarrow{\text{慢}} \text{Ar—}\overset{\text{H}}{\overset{|}{\ddot{\text{N}}}}\text{—}\ddot{\text{N}}\text{═O+HNO}_2$$

$$\text{Ar—}\overset{\text{H}}{\overset{|}{\ddot{\text{N}}}}\text{—H} + \text{Cl—N═O} \xrightarrow{\text{慢}} \text{Ar—}\overset{\text{H}}{\overset{|}{\ddot{\text{N}}}}\text{—}\ddot{\text{N}}\text{═O+HCl}$$

不稳定的中间产物迅速分解，转化成重氮盐。

$$\text{Ar—}\overset{\text{H}}{\overset{|}{\ddot{\text{N}}}}\text{—}\ddot{\text{N}}\text{═O} \xrightarrow{\text{快}} \text{Ar—}\ddot{\text{N}}\text{═}\ddot{\text{N}}\text{—OH} \xrightarrow{\text{快}} \text{Ar—H}\overset{+}{\text{N}}\text{≡}\ddot{\text{N}}$$

第一步 *N*-硝化反应为亲电反应，由于反应速率较慢，因此，是重氮化反应的决速步骤。

2. 重氮化反应的影响因素

根据重氮化反应的机理和动力学理论，影响重氮化反应的因素主要有以下三个方面：酸度、无机酸性质和胺的碱性。

（1）酸度的影响

加入无机酸可以使原来不溶性的芳胺变成季铵盐而溶解，但季铵盐又是由弱碱性的芳胺和强酸生成的盐，在溶液中水解成游离的胺类而与亚硝酸反应：

$$ArNH_2+H_3^+O \rightleftharpoons ArN^+H_3+H_2O$$

当无机酸的浓度增加时，平衡向季铵盐方向移动，游离胺的浓度降低，重氮化速率变慢。另外，反应体系中还有亚硝酸盐的电离平衡：

$$HNO_2+H_2O \rightleftharpoons H_3^+O+NO_2^-$$

无机酸的增加可以抑制亚硝酸的电离，加速重氮化反应，若无机酸是盐酸还有利于亚硝酰氯的生成。一般来说，当无机酸浓度降低时，前一影响是次要的，随着酸浓度的增加，重氮化反应加快；但当酸的浓度增加到一定程度时，前一影响变成主要因素，酸的浓度增加就会使反应速率下降。

（2）无机酸性质的影响

无机酸的性质不同，参与重氮化反应的亲电试剂也不同。在稀硫酸介质中，参与反应的是亚硝酸酐；在盐酸介质中，除亚硝酸酐外还有亚硝酰氯参与反应；在浓硫酸介质中，则是亚硝基阳离子反应，它们的活泼性顺序为 $NO_2^+>NOCl>N_2O_3$。在盐酸中重氮化反应的速率比在稀硫酸中要快，一些弱碱性的芳胺可以在浓硫酸中进行重氮化反应，这是因为这些芳胺可以溶解在浓硫酸中，而在浓硫酸中有亚硝基阳离子产生，它是最强的亲电试剂，只有这种亲电试剂才能与弱碱性的芳胺发生重氮化反应。当重氮化反应系统中有溴离子存在时，可以使反应速率显著提高。

（3）胺的碱性的影响

从反应机理可知，芳胺的碱性越大，越有利于 *N*-亚硝化，从而使反应速率提高；在酸浓度较高的情况下铵盐水解的难易程度成为主要影响因素，这时，碱性较弱的芳胺重氮化速率较慢。当碱性非常弱时，*N*-亚硝化反应难以进行，就不能用普通的方法进行重氮化反应了。

3. 重氮化反应的方法

（1）直接法重氮化

对于具有给电子基碱性较强的芳胺，它们容易与酸形成稳定的铵盐。重氮化反应的操作一般是伯芳胺溶于盐酸或硫酸中，在冰冷却下保持温度在0~5℃之间，然后在搅拌情况下逐渐加入亚硝酸钠溶液。反应时，酸要过量，一般在2. 5~3mol之间，其中1mol是用来和亚硝酸钠作用生成亚硝酸的，另1mol是用来和产物结合的，多下来的酸是使溶液保持一定的酸度，以避免生成的重氮盐与未起反应的芳胺发生偶合反应。亚硝酸不能过量，因为它的存在会加速重氮盐本身的分解。当反应混合物使淀粉碘化钾试纸呈蓝紫色时，即为反应终点。过量的亚硝酸可以加入尿素来除去。

$$H_3C-O-C_6H_4-NH_2 \xrightarrow[0\sim5℃]{HCl,\ NaNO_2} [H_3C-O-C_6H_4-\overset{+}{N}\equiv N]Cl^-$$

（2）反加法重氮化

带有吸电子基碱性较弱的芳胺在进行重氮化时，应先将芳胺与亚硝酸调成糊状，然后加到冷的盐酸溶液中，使反应迅速完成，这种方法称为反加法重氮化。用这种方法进行重氮化时，酸应该过量，避免生成重氮氨基化合物。这种方法适合于在芳环上有强吸电子基（如硝基、磺酸基）的芳伯胺。

4. 各种芳胺的重氮化

（1）碱性较强的一元胺和二元胺

这类芳胺有苯胺、甲苯胺、甲氧基苯胺、二甲苯胺、萘胺、联苯胺等，它们的碱性较强，不含吸电子取代基，其胺盐易溶于水。重氮化时，先将芳胺溶于稀酸中，在冷却条件下加入亚硝酸钠溶液，即可生成稳定的重氮盐。

（2）碱性较弱的芳胺

硝基苯胺、硝基甲苯胺、多氯苯胺等分子中含有吸电子基团，碱性较弱，生成的胺盐不稳定，必须使用浓度较高的酸加热使其溶解，然后冷却析出芳胺沉淀，迅速加入亚硝酸钠溶液并保持亚硝酸在反应过程中过量，避免生成黄色的重氮氨基化合物沉淀。

（3）弱碱性芳胺

这类弱碱性芳胺有6-氯（或溴）-2,4-二硝基苯胺、2,6-二氯-4-硝基苯胺、6-甲氧基-2-氨基苯并硫氮茂等。即使用很浓的酸，这类芳胺也不易溶解，其胺盐不稳定，它们的重氮化必须用亚硝酰硫酸为重氮化剂，在浓硫酸或冰醋酸中进行。

（4）氨基酚类

邻氨基酚类的氯代衍生物和硝基衍生物都是按常法进行重氮化的，2-氨基-4,6-二硝基苯酚则需要先将其溶解在碱中。

1-氨基-2-萘酚-4-磺酸要在乙酸介质中进行重氮化，加入少量硫酸铜作为催化剂，该重氮化反应实际生成稳定的重氮氧化物：

$$\text{1-}NH_2\text{-2-}OH\text{-4-}SO_3Na\text{-萘} \xrightarrow[NaNO_2\ \ CuSO_4]{CH_3COOH} \text{(}N=N\text{, }O^+\text{)-4-}SO_3^-\text{-萘}$$

二、偶合反应

芳胺重氮化合物与酚、芳胺以及具有活性亚甲基化合物作用，生成偶氮化合物的反应称为偶合反应。可以用下式表示：

$$Ar—\overset{+}{N}≡NX^- + HR \longrightarrow Ar—N═N—R + HX$$

式中，R 为 ArO、Ar—NH—、$—\underset{\underset{O}{\|}}{C}—CH_2—\overset{\overset{O}{\|}}{C}—$。

其中，芳胺重氮化合物称为重氮组分，酚、芳胺等称为偶合组分。重要的偶合组分大致有以下四类。

① 酚类。如苯酚、萘酚及其衍生物。

② 胺类。如苯胺、萘胺及其衍生物。

③ 氨基萘酚磺酸。如 H 酸、J 酸、芝加哥 SS 酸等。

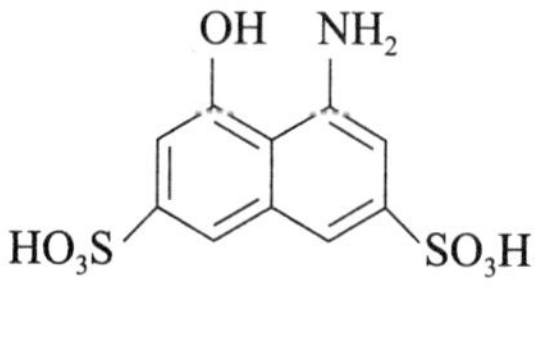

H酸 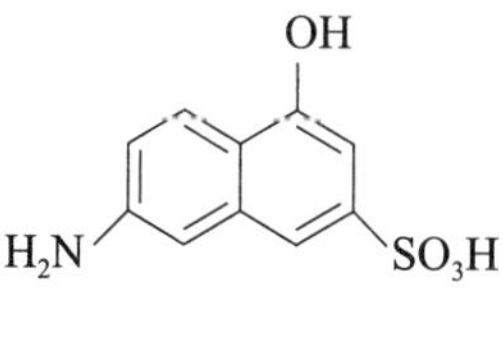　　J酸 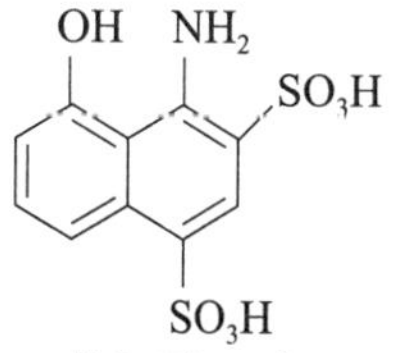　　芝加哥SS酸

④ 活泼亚甲基化合物。如乙酰乙酰苯胺、吡唑啉酮、吡啶酮等。

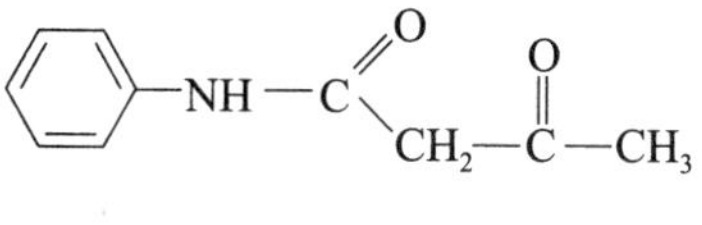

乙酰乙酰苯胺 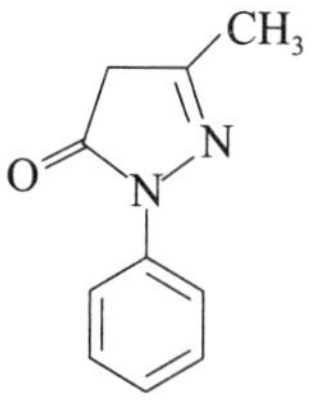　　5–吡唑啉酮 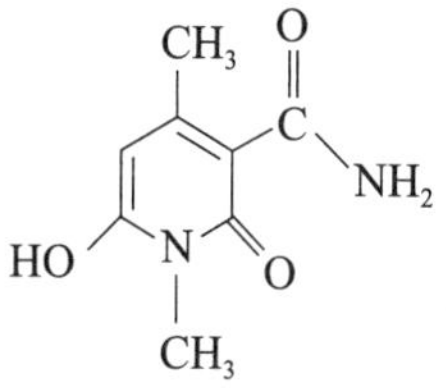　　3-氨基羰基-4-甲基-6-羟基-N-甲基吡啶酮

（一）偶合反应机理

动力学研究表明，偶合反应时，以带正电荷的重氮正离子 ArN_2^+进攻偶合组分芳核上电子云密度较高的碳原子，形成中间产物，并迅速失去一个氢原子，生成相应的偶氮化合物。

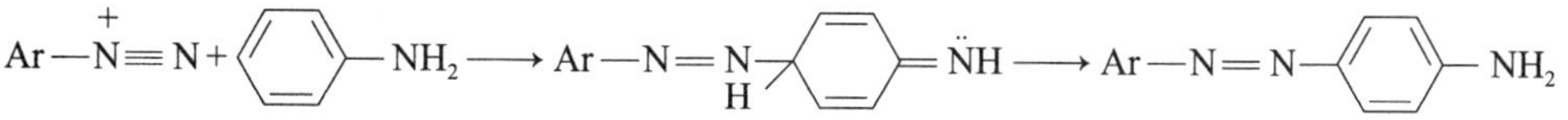

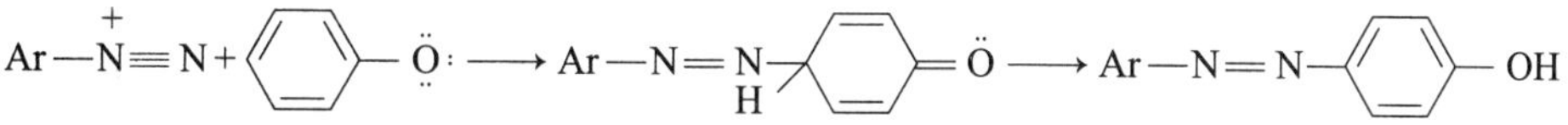

偶合反应是一个亲电取代反应，一般发生在偶合组分芳核上电子云密度较高的碳原子上，偶合组分大多为电子云密度较高的化合物。由于重氮组分中含有重氮正离子，故偶合组分的电子云密度越高，则偶合能力越强，反应速率就越快。

（二）偶合反应的影响因素

1. 重氮盐

重氮盐芳核上的取代基不同，其偶合能力也有差别。当芳核上有吸电子取代基时，重氮盐的亲电子性较高，偶合活泼性高，反应速率快；当芳核上由吸电子基时，减弱了重氮盐的亲电子性，偶合活泼性降低，偶合速率变慢。不同对位取代苯胺的重氮盐和酚类偶合时的相对活泼性如表 12-1 所示。

表 12-1 不同取代基偶合的相对速率

R	NO_2	SO_3^-	Br	H	CH_3	OCH_3
相对速率	1300	13	13	1	0.4	0.1

2. 偶合组分的性质

与重氮组分相反，在偶合组分上有给电子基的存在时，电子云的密度增加，可以提高偶合组分的偶合能力，使偶合反应容易进行，加快反应速率。当芳核上有吸电子基团时，如氯、磺酸基、硝基等，通常会降低偶合能力，偶合反应不容易进行。取代基的位置，介质的 pH 值，会影响重氮组分的偶合位置。下图中的箭头表示偶氮键形成的位置：

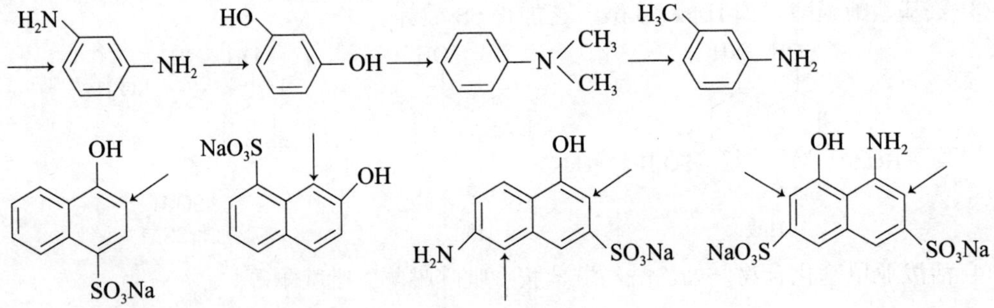

H_2N NH_2 HO OH CH_3 N CH_3 H_3C NH_2

OH SO_3Na NaO_3S OH OH H_2N SO_3Na OH NH_2 NaO_3S SO_3Na

3. 介质的 pH 值

介质的 pH 值对不同偶合组分的影响不同，现分类介绍如下。

(1) 酚类

以酚为偶合组分，随 pH 值的增加，偶合速率增大，当 pH 值到 9 时，偶合达到最大值，继续增加 pH 值，偶合速率反而降低。由下式可以看出，pH 值的增加有利于酚类负离子的生成，而酚类负离子的活性要高于酚类，故反应速率增加。

$$Ar—OH+OH^- \rightleftharpoons Ar—O^- +H_2O$$

$$Ar'—N_2^+ +Ar—O^- \rightleftharpoons Ar'—N=N—Ar—O^-$$

当 pH>9 时，活泼的重氮盐就会转变成不活泼的反式重氮盐，使偶合反应速率降低。

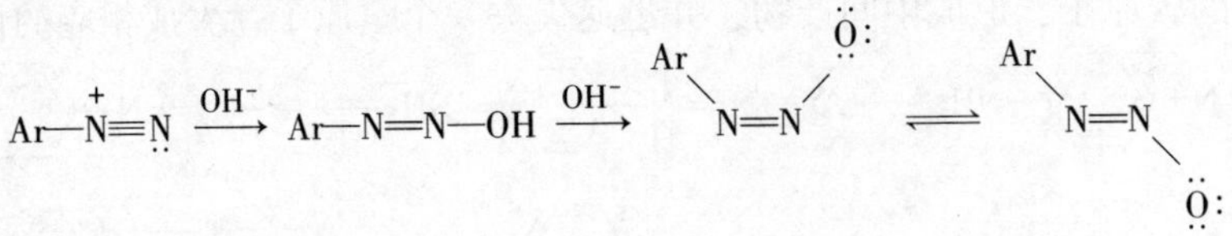

$$Ar—\overset{+}{N}\equiv N: \xrightarrow{OH^-} Ar—N=N—OH \xrightarrow{OH^-} \begin{matrix}Ar \quad \ddot{O}:\\ N=N\end{matrix} \rightleftharpoons \begin{matrix}Ar\\ N=N\\ \ddot{O}:\end{matrix}$$

(2) 胺类

以芳胺为偶合组分时，随着介质 pH 值的增加，偶合速率增加，当 pH 值增加到 5 时，偶合反应的速率与 pH 值关系不大，当 pH 值>9 时，偶合反应速率下降。由于芳胺在酸性介质中转变成为氨基正离子，使芳环上电子云的密度降低，不利于重氮正离子的进攻，反应速率较低。当介质的 pH 值逐渐上升时，所形成的铵盐容易水解成游离胺，使偶合反应速率增加。

$$ArNH_2\text{（固，不溶）}+H_3O^+ \rightleftharpoons ArNH_3^+\text{（溶）}+H_2O$$

$$ArNH_3^+（溶）+H_2O \rightleftharpoons ArNH_2（溶）+H_3O^+$$

当 pH>9 时，活泼的重氮盐转变为不活泼的反式重氮盐，使反应速率降低。一般来讲，偶合组分为芳胺时，介质的 pH 值应在 4~9 的范围内。

（3）氨基萘酚磺酸

介质的 pH 值对氨基萘酚磺酸的偶合位置有决定性影响，在弱碱性介质中，偶合的位置主要在羟基的邻位进行，在酸性介质中主要在氨基的邻位进行。在羟基邻位的偶合反应速率比氨基邻位快得多。利用氨基萘酚磺酸的这一性质，可以制得双偶氮染料，但必须首先在酸性介质中偶合，然后进行羟基邻位的偶合。若先在碱性介质中偶合，则不能进行二次偶合。

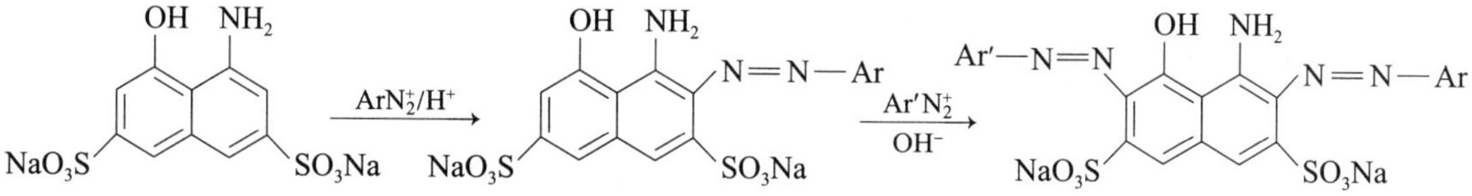

$$\text{(OH, NH}_2\text{, NaO}_3\text{S, SO}_3\text{Na 萘)} \xrightarrow{ArN_2^+/H^+} \text{(OH, NH}_2\text{, N=N—Ar, NaO}_3\text{S, SO}_3\text{Na)} \xrightarrow[OH^-]{Ar'N_2^+} \text{(Ar'—N=N, OH, NH}_2\text{, N=N—Ar, NaO}_3\text{S, SO}_3\text{Na)}$$

（4）其他因素

还有一些因素会影响偶合反应，如反应温度、电解质浓度和催化剂等。一般来说，反应温度提高 10℃偶合反应速率增加 2~2.4 倍，重氮盐的分解速率增加 3~5 倍，因此，偶合反应经常在较低温度下进行。当重氮盐及偶合组分所带的电荷相同时，适量加入电解质可以加速偶合反应速率，对重氮盐的分解速率影响不大。在偶合组分的偶合位置有空间位阻时，加入适量的吡啶作为催化剂，可加速反应。

第二节　甲基橙的合成

甲基橙（Methyl Orange）是酸碱指示剂，pH 值变色范围为 3.1（红）~4.4（黄），是测定多数强酸、强碱和水的酸碱度、容量测定锡（热时 Sn^{2+} 使甲基橙褪色）、强还原剂（Ti^{3+}、Cr^{2+}）和强氧化剂（氯、溴）的消色指示剂。可用于分光光度测定氯、溴和溴离子；与靛蓝二磺酸钠或溴甲酚绿组成混合指示剂，可缩短变色域和提高变色的锐灵性；还可作为氧化还原指示剂，如用于溴酸钾滴定三价砷或锑；也用于印染纺织品。

甲基橙又称金莲橙 D、对二甲氨基偶氮苯磺酸钠，为橙红色鳞状晶体或粉末。分子式为 $C_{14}H_{14}N_2NaO_3S$，分子量为 327.34，相对密度为 1，熔点为 300℃，沸点为 100℃，微溶于冷水，易溶于热水，溶液呈金黄色，不溶于乙醇，有毒。最大吸收波长：505nm。CAS 号：547-58-0。

甲基橙的分子结构式：

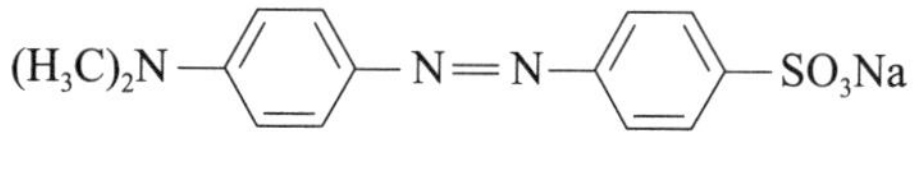

$$(H_3C)_2N—C_6H_4—N=N—C_6H_4—SO_3Na$$

一、制备甲基橙的方法

由对氨基苯磺重氮盐与 *N*，*N*-二甲基苯胺的醋酸盐，在弱酸介质中偶合得到，偶合先得到的是红色酸性甲基橙，称为酸性黄，在碱性介质中，酸性黄转变为甲基橙的钠盐，即甲基橙。

$$H_2N-C_6H_4-SO_3H + NaOH \longrightarrow H_2N-C_6H_4-SO_3Na + H_2O$$

$$H_2N-C_6H_4-SO_3Na \xrightarrow[HCl]{NaNO_2} \left[HO_3S-C_6H_4-\overset{+}{N}\equiv N \right] Cl^- \xrightarrow[HOAc]{C_6H_5N(CH_3)_2}$$

$$\left[HO_3S-C_6H_4-N=N-C_6H_4-\underset{H}{\underset{|}{N}}(CH_3)_2 \right]^+ OAc^- \xrightarrow{NaOH}$$

$$NaO_3S-C_6H_4-N=N-C_6H_4-N(CH_3)_2 + NaOAc + H_2O$$

二、甲基橙的实验室合成

1. 试剂及仪器

(1) 主要反应试剂及产物的物理常数

制备甲基橙主要反应试剂及产物的物理常数参见表 12-2。

表 12-2　制备甲基橙主要反应试剂及产物的物理常数

药品名称	分子量	用量	熔点/℃	沸点/℃	相对密度 d_4^{20}	水溶解度 /(g/100mL)
二水对氨基苯磺酸	209.21	2.1g（0.01mol）	288		1.485	不溶于水
N，*N*-二甲基苯胺	121.18	1.3mL（0.01mol）	2.45	194.5	0.9563	不溶于水
甲基橙	327.34		>300		0.987	微溶于水
亚硝酸钠	69	0.8g（0.11mol）	271	320（分解）	2.168	易溶于水
浓盐酸	36.46	3mL	−114.2	−85	1.187	易溶于水
冰醋酸	60.05	1mL	16.7	118	1.049	易溶于水
其他药品	5%氢氧化钠溶液、乙醇、乙醚、KI-淀粉试纸					

(2) 仪器

100mL 烧杯、研钵、试管、玻璃棒、布氏漏斗、吸滤瓶、水循环式真空泵、电热套、铁架台。

2. 合成步骤

原料 ⟹ 重氮化 ⟹ 偶合 ⟹ 盐析 ⟹ 过滤 ⟹ 后处理 ⟹ 成品

(1) 重氮盐的制备

在烧杯中放 10mL5%氢氧化钠溶液及 2.1g 对氨基苯磺酸晶体，温热使溶。另取 0.8g 亚硝酸钠于 6mL 水中，加入上述烧杯里，用冰盐浴冷至 0~5℃。在不断搅拌下，将 3mL 浓盐酸与 10mL 水配成的溶液缓缓滴加到上述混合溶液中，并控制温度在 5℃以下。滴加完后用淀粉碘化钾试纸检验。直到试纸刚变蓝，否则再加亚硝酸钠水溶液。然后在冰盐浴中放置 15min 以保证反应完全。

(2) 偶合反应

在试管内混合 1.2g*N*，*N*-二甲基苯胺和 1mL 冰醋酸，在不断搅拌下，将溶液慢慢加到上述冷却的重氮盐溶液中。加完后，继续搅拌 10min，然后慢慢加入 25mL5%氢氧化钠溶液，直至反应物变为橙色，这时反应液呈碱性，粗制的甲基橙呈细粒状沉淀析出。

(3) 分离纯化

将反应物在沸水浴上加热5min，冷至室温后，再在冰水浴中冷却，使甲基橙晶体析出完全。抽滤收集晶体，依次用少量水、乙醇、乙醚洗涤、压干。若要得到较纯产品，可用溶有少量氢氧化钠（约0.1~0.2g）的沸水（每克粗产物约需25mL）进行重结晶。待结晶析出完全后，抽滤收集，沉淀依次用少量乙醇、乙醚洗涤，得到橙色的小叶片状甲基橙晶体，产量2.5g。

溶解少许甲基橙于水中，加几滴稀盐酸溶液，接着用稀的氢氧化钠溶液中和，观察颜色变化。

3. 操作重点及注意事项

① 对氨基苯磺酸是两性化合物，其酸性比碱性强，以酸性内盐形成存在。但重氮化时，又要在酸性溶液中进行，因此，首先将对氨基苯磺酸与碱作用变成水溶性较大的盐。

② 重氮化过程中，严格控制温度很重要，反应温度高于5℃，则生成的重氮盐易分解，产率降低。

③ 粗产品呈碱性，温度稍高，易使产物变质、颜色变深，温的甲基橙受日光照射，亦会颜色变淡，通常在55~78℃下烘干。

4. 产品鉴定和分析

5. 数据记录、计算产率

分析与讨论

1. 本实验中，制备重氮盐时，为什么要加NaOH溶液于氨基苯磺酸中？
2. 什么叫偶合反应？试结合本实验讨论一下偶合反应条件。
3. 为什么制备重氮盐时，反应温度要控制在5℃以下？

第三节 酸性嫩黄G的工业合成

酸性嫩黄G又称酸性淡黄G。属于酸性偶氮类染料。酸性嫩黄G主要用于羊毛、蚕丝及其织物的染色和直接印花，拔染性及匀染性均好。通常在乙酸染浴中染色，还可用于拼染米色、驼色、灰色等浅至中的色泽，也可用于锦纶的染色。用于羊毛与其他纤维同浴染色时，锦纶可上染，蚕丝严重沾色，醋酸纤维略沾色，纤维素纤维不沾色。可在毛织物上直接印花，还可用于喷漆、烘漆、赛璐珞、聚氯乙烯、有机玻璃的着色喷漆，橡胶、有机玻璃、赛璐珞、铝箔及胺基漆的着色剂。

酸性嫩黄G分子式为$C_{16}H_{13}N_4NaO_4S$，分子量为380.35，为淡黄色粉末。染色时遇铜离子色泽较绿暗，遇铬、铁离子均略有变化。该品对丝绸的染色牢度比毛差，易溶于水、乙醇、丙酮，微溶于苯。

酸性嫩黄G结构式：

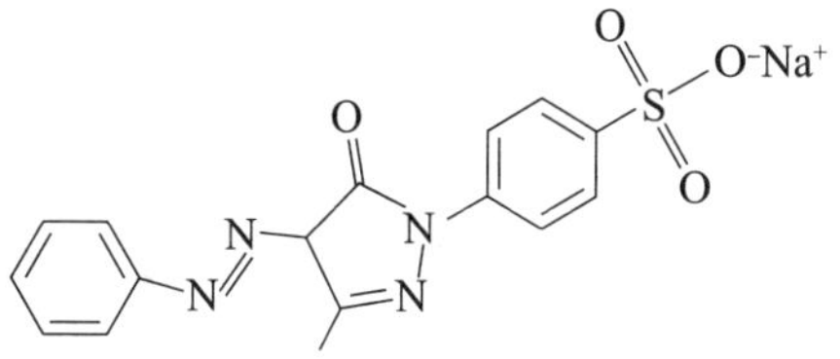

酸性嫩黄 G 属于强酸性染料，可将苯胺重氮化，与 1-(对磺酸基苯基)-3-甲基-5-吡唑酮偶合，盐析而得。

一、合成原理

（1）重氮化反应

$$C_6H_5NH_2 + NaNO_2 + 2HCl \longrightarrow C_6H_5N_2Cl + NaCl + 2H_2O$$

（2）偶氮反应

$$C_6H_5N_2Cl + \text{1-(对磺酸钠苯基)-3-甲基-5-氧钠基吡唑 (NaO—C)} \longrightarrow C_6H_5\text{—N=N—}\text{(5-羟基-3-甲基-1-(4-}SO_3Na\text{苯基)吡唑-4-基)} + NaCl$$

二、合成路线

苯胺 ⟹ 重氮化 ⟹ 偶合 ⟹ 盐析 ⟹ 过滤 ⟹ 后处理 ⟹ 成品

1. 合成前的准备

（1）合成原料

合成酸性嫩黄 G 所需药品：苯胺、盐酸、亚硝酸钠、碘化钾淀粉试纸、纯碱、氯化钠、1-(对磺酸基苯基)-3-甲基-5-吡唑酮。

（2）相关原料的物理常数

合成酸性嫩黄 G 相关原料的物理常数如表 12-3 所示。

表 12-3　合成酸性嫩黄 G 相关原料的物理常数

名称	沸点/℃	熔点/℃	溶解度	分子量
苯胺	184.4	-6.2	溶	93.13
盐酸	108.6	-114.8	易溶	36.46
亚硝酸钠	320（分解）	271	易溶	69
纯碱		851	易溶	105.99
食盐	1413	801	溶	58.5

2. 合成步骤

偶氮颜料典型生产流程如图 12-1 所示。

（1）重氮化反应操作

在 560L 水中，加 30%盐酸 163kg，加 100%苯胺 55.8kg，搅拌溶解，加冰降温至 0℃，自液面下加入 30%亚硝酸钠溶液（相当于 100%41.4kg），重氮化温度 0~2℃，时间 30min，此时用刚果红试纸测试呈蓝色，用碘化钾淀粉试纸测试呈微蓝色。最后把体积调整到 1100L，重氮化反应完成。

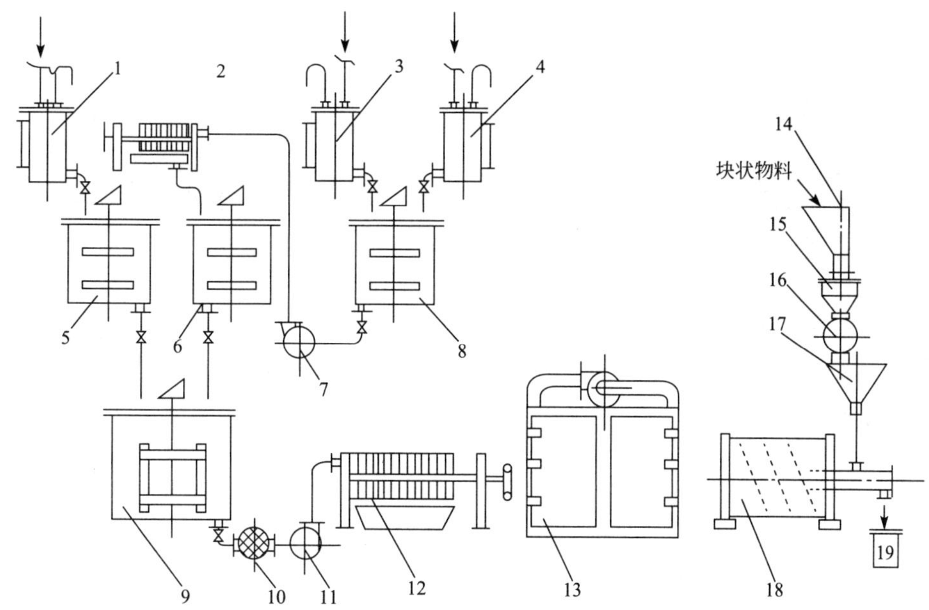

图 12-1 偶氮颜料的典型生产流程

1—液碱计量槽；2—重氮液澄清用过滤机；3—盐酸计量槽；4—亚硝酸钠溶液计量槽；5—偶合组分溶解槽；6—重氮液贮槽；7—泵；8—重氮槽；9—偶合槽；10—过滤器；11—泵；12—压滤机；13—厢式干燥器；14—料斗；15—粗碎机；16—粉碎机；17—料斗；18—鼓形混合机；19—成品

（2）偶氮反应操作

在铁锅中放水 900L，加热至 40℃，加纯碱 60kg，搅拌全溶。然后加入 1-(对磺酸基苯基）-3-甲基-5-吡唑酮 154.2kg，溶后再加入 10%纯碱溶液（相当于 100%48kg）。加冰及水调整体积至 2400L，温度为 2～3℃。把重氮液过筛放入锅内进行偶合，放料时间 30～40min。在整个偶合过程中，保持 pH8～8.4，温度不超过 5℃。偶合反应完成后，1-(对磺酸基苯基）-3-甲基-5-吡唑酮应过量。继续搅拌 2h，升温至 80℃，按体积 10%～20%计算加入食盐量，进行盐析，搅拌冷却至 45℃以下过滤，在 80℃下干燥。

3. 注意事项

① 在重氮化反应中，温度升高，反应速率增快，在 10℃时的反应速率比 0℃时要大 2~3 倍。

② 重氮化反应速率在溴氢酸中进行比在盐酸中要快好几倍，在硝酸、硫酸中进行比盐酸要慢。

③ 要使重氮化反应顺利完成，要保持足够的酸度和亚硝酸钠的用量。

④ 产物酸性嫩黄 G 的检测和鉴定。观察酸性嫩黄 G 的产品外观和性状；测定酸性嫩黄 G 的折射率；测定酸性嫩黄 G 的熔点；红外光谱检测。

4. 数据记录及产率计算

分析与讨论

1. 在重氮化反应中，影响产量的主要因素有哪些？
2. 在偶合反应中，影响产量的主要因素有哪些？
3. 反应完毕后“三废”问题如何解决？
4. 如何鉴定产物的纯度？

人物小知识

杨石先（1897—1985年），中国化学家和教育家，中国科学院院士，蒙古族。1910年考入清华留美预备学校，1918年被保送到美国康奈尔大学留学，先学农科，后改学应用化学科，1922年获该校理学硕士学位。1923年任南开大学教授，后兼任理学院院长。1929年再度去美国耶鲁大学研究院学习，1931年获耶鲁大学博士学位并被选为美国科学研究工作者学会荣誉会员，同年回国，继续执教于南开大学。1937年任西南联大化学系主任及该校师范学院理化系主任，后又兼任教务长。1945年第三次赴美，在印第安纳大学任访问教授兼研究员，从事药物化学的研究。1948年任南开大学教务长并代理校长，1954年任南开大学校长。曾任中国化学会理事长，中国科协副主席。

杨石先是中国农药化学和元素有机化学的奠基人和开拓者。早在20世纪40年代，杨石先就对植物生长调节剂进行了大量的文献普查，并写出了《植物生长激素》的书稿，为50年代开展植物生长调节剂的研究奠定了基础。50年代初，首先合成出我国独特的植物生长调节剂；1957年年末，他系统地开展了元素有机化学研究，对有机化合物的互变异构现象、水解动力学、有机磷离子交换剂、有机磷化学的反应机理，特别是对有机磷化合物的化学结构和生理性能关系等理论极为重视。1962年，杨石先筹建了我国高等学校第一个有机化学专门研究机构——南开大学元素有机化学研究所，继有机磷化学研究后，又开展了有机氟、有机硅、有机硼、金属有机化学等新领域的研究工作。先后研制出杀虫剂、除草剂、杀菌剂、植物生长调节剂等多种新农药。1966年，他们研制的三种有机磷农药获得国家一等奖。他又开展了对拟除虫菊酯类、非抗胆碱酶型杀虫剂、内吸性杀虫剂、大豆生长激素、骆驼蓬草碱、异噻唑杂环化学等新课题的研究工作。1978年研究所有10项成果均获全国科学大会奖。由于对有机磷生物活性物质与有机磷化学方面的研究成果，获得了1987年度国家自然科学二等奖。

杨石先一生在南开大学执教60年，除科学成就外，在教育事业特别是化学教育方面，奉献了毕生的精力，他多次撰文阐述化学的重要地位和作用，促进了我国化学科学和化学和事业的发展。他为人正直，处事公道，胸怀全局，作风民主。赢得了化学界和教育界的尊敬和爱戴。杨石先治学十分严谨，几十年如一日，摘录农药资料卡片10余万张，发表学术论文97篇。主要著作有《无机化学》《有机化学》《有机磷化学进展》等。为了纪念这位著名的科学家和教育家，并鼓励年轻的大学生、研究生在化学方面做出成绩，南开大学设立了“杨石先教授奖学金”。

第二部分

有机合成综合反应

单元 13　有机合成综合反应

在实验、实训过程或工业生产中，从常见的试剂或原料开始，要想合成某种有机产品，只经过一步就能完成的情况很少。一般都要经过几步，甚至几十步的反应，才能得到一个较为复杂的产物分子。对这类多步骤的合成，除了制定合理的策略及合成路线外，娴熟的实验技巧和实践经验也是必不可少的。因此，练习从基本原料开始，合成一个较复杂的分子，是提高有机合成基本功不可缺少的过程。

在多步有机合成中，由于各步反应的产率常低于理论产率，反应步骤多的合成，总产率必然受到累加的影响而降低。例如，一个五步反应的合成，若每步产率均为 80%，其最终收率仅为 $(0.8)^5 \times 100\% = 32.8\%$。因此，要做好多步合成，必须不断改进相关实验技术，熟练掌握实验操作技巧、减少每一步的损失、提高产品质量，这对提高产品收率是十分重要的。

此外，在多步有机合成中，中间产物一般不要提纯，可直接用于下一步反应，但有些中间体必须经过提纯，才能确保下一步反应的顺利进行。是否需要提纯，这要根据对每步有机反应的不断认识和深入理解，做出恰当的选择。

第一节　农药除草醚的合成

【知识目标】巩固氯化、硝化、芳基化反应的相关知识。

【能力目标】学习除草醚的合成方法；掌握尾气吸收的处理过程；掌握氯代反应及氯气钢瓶的使用方法。

农药主要是指用于防治危害农作物的病菌、害虫和杂草的药剂，有时泛指除化肥外，能用于保护农业、林业、畜牧业、渔业生产及环境卫生的化学药品。农药按组成可分为化学农药、植物性农药和生物性农药等。虽然化学农药具有毒性和残留，但仍在大量使用。一种原药可加工成多种剂型，以便于经济、安全、合理、有效地使用农药。农药的加工剂型可分为粉剂、可湿性粉剂、乳剂、液剂、颗粒剂、毒饵剂、气雾剂、胶囊包层剂、原液等。按防治对象可将农药分为杀虫剂、杀菌剂、除草剂、杀鼠剂、杀线虫剂、植物激素及生长调节剂等，其中杀虫剂、杀菌剂和除草剂是三个大类产品。

除草剂可以节省人力，其增产及节能效果显著。由于喷洒除草剂的时间通常距离作物收获期较远，所以，可以使除草剂发生分解，从而减少残留。按化学结构，除草剂可分为多种类型，目前，常用的除草剂有如下几种类型：氮杂环化合物（如溴去津）；羧酸衍生物（如2,4-滴）；酰胺类除草剂（如敌稗）；二硝基苯胺类（如氟乐灵）；取代脲类（如利谷隆）；氨基甲酸酯类（如灭草灵）；芳香醚类（如除草醚）等。

一、基本性质

除草醚为芽前或芽后早期使用的接触性除草剂，可杀死大多数一年生杂草。它属于输导型触杀剂，常用于水田、旱地、菜地以及茶园和苗圃的除草。对一年生杂草如水田中的稗草、牛毛草、鸭舌草、三棱草等防除效果达90%以上，也可杀死旱田中的马唐、狗尾草、旱稗等，对胡萝卜、芹菜、白菜等伞形花科和十字花科的菜地可防除杂草，对某些多年生杂草有一定抑制用，但不能根除。

除草醚为奶油色针状晶体，分子式 $C_{12}H_7Cl_2NO_3$，分子量为284.19，熔点为70～71℃，不溶于水，溶于乙醇、甲苯等有机溶剂。毒性低，对金属无腐蚀性。

分子结构式为：

Cl（2,4-二氯苯基）—O—（4-硝基苯基）NO_2

除草醚基本结构为二苯醚结构，其中一个芳环上连接有硝基。从基团（官能团）的位置看，硝基和醚键处于对位，另一苯环上连有两个氯原子。从芳环上取代基的定位规律看，氯相对于羟基为邻、对位定位基；硝基则为间位定位基。

二、合成路线

（1）2,4-二氯苯酚的合成

$$C_6H_5OH + 2Cl_2 \longrightarrow \text{2,4-}Cl_2C_6H_3OH + 2HCl$$

（2）对硝基氯苯的合成

$$C_6H_5Cl + 2HNO_3 \xrightarrow{H_2SO_4} p\text{-}ClC_6H_4NO_2 + o\text{-}ClC_6H_4NO_2$$

（3）除草醚的合成

$$\text{2,4-}Cl_2C_6H_3OH + Cl\text{-}C_6H_4\text{-}NO_2 \xrightarrow{K_2CO_3} \text{2,4-}Cl_2C_6H_3\text{-}O\text{-}C_6H_4\text{-}NO_2 + HCl$$

三、合成操作

1. 仪器及药品

（1）仪器

圆底烧瓶、电热套、四口烧瓶、球形冷凝管、分液漏斗、电动搅拌器、温度计、真空泵、布氏漏斗、玻璃棒、滤纸、抽滤瓶、熔点测定仪、氯气钢瓶。

（2）药品

苯酚、发烟硫酸、氯苯、乙醇、碳酸钾、二氯苯、浓硝酸、氯气。

2. 合成步骤

(1) 2,4-二氯苯酚的合成

在圆底烧瓶中加入50g (0.531mol) 苯酚，加热使其溶化，通入氯气进行氯化反应。在2.5~3h内，氯化液增重36g，达到终点。反应结束后，收集210~214℃馏分。收集液冷却结晶，可得到60~70g 2,4-二氯苯酚。计算产率。

(2) 对硝基氯苯的合成

将15g (0.357mol) 发烟硫酸与23g (0.24mol) 浓硝酸混合后缓慢加入含有22.5g (0.2mol) 氯苯的250mL烧杯中，用冷水冷却，搅拌，并放置24h。倒入冰中即有对硝基氯苯结晶和邻硝基氯苯油状物析出。分出晶体，用乙醇重结晶。

(3) 除草醚的合成

在四口瓶中加入66.7g (0.423mol) 上一步产品对硝基氯苯、44.5g (0.449mol) 碳酸钾、73.6g (0.452mol) 2,4-二氯苯酚及144mL二氯苯，加热，搅拌，减压脱水。升温至208~210℃，保温2h后进行水蒸气蒸馏，直至无油状物馏出为止。倾出四口瓶中剩余物，分出油层，油层用等体积热水洗涤2~3次，冷却、结晶、过滤、干燥、得到产品。称量计算收率。

3. 实验记录与数据处理

记录① 2,4-二氯苯酚产量及收率；② 对硝基氯苯产量及收率；③ 除草醚产量及收率；④ 除草醚熔点测定值。

第二节 香兰素的合成

【知识目标】 巩固还原、重氮化、羟基化反应知识。

【能力目标】 掌握香兰素的合成技术；熟悉水蒸气蒸馏、减压蒸馏操作技术；了解运用氯仿的醛化反应。

一、香兰素的性质和作用

香兰素一般可分为甲基香兰素和乙基香兰素两种。通常所说的香兰素为甲基香兰素，化学名为3-甲氧基-4-羟基苯甲醛，化学式为 $C_8H_8O_3$，香兰素的分子结构式：

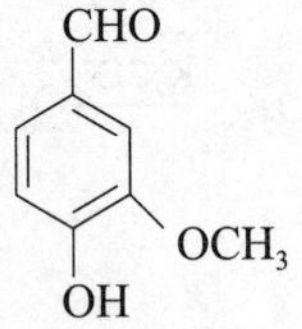

CHO

OCH$_3$

OH

香兰素为白色至微黄色针状晶体，熔点为81~83℃，沸点为284℃，闪点大于147℃，微溶于水，易溶于乙醇和香料中。具有类似香荚兰豆的香气，味微甜。

香兰素是人类所合成的第一种香精，由德国的M. 哈尔曼博士与G. 泰曼博士于1874年成功合成，是食品添加剂行业中不可缺少的重要原料，它是一种食用调香剂，能形成浓烈的奶香气息，是人们普遍喜爱的奶油香草香精的主要成分。现为香料工业中产量最大的品种，应用领域十分广泛，在食品、日化、烟草工业中作为香原料、矫味剂或定香剂，尤其在饮料、糖果、糕点、饼干、蛋糕、冷饮、巧克力、面包、方便面和炒货等食品行业中，大量用作调香剂。香兰素也用于香皂、牙膏、香水、化妆品等行业中，起增香和定香作用，还可用于制造橡胶、塑料、医药等产品。另外，香兰素可作饲料的添加剂、电镀行业的增亮剂，是制药行业的中间体，符合 FCCIV 标准。目前还没有香兰素对人体有害的相关报道。

二、香兰素合成方法

（一）典型合成路线

目前香兰素的生产方法较多，典型的主要有以下几种。

1. 路线一（以愈创木酚为原料，采用乙醛酸缩合再氧化的方法）

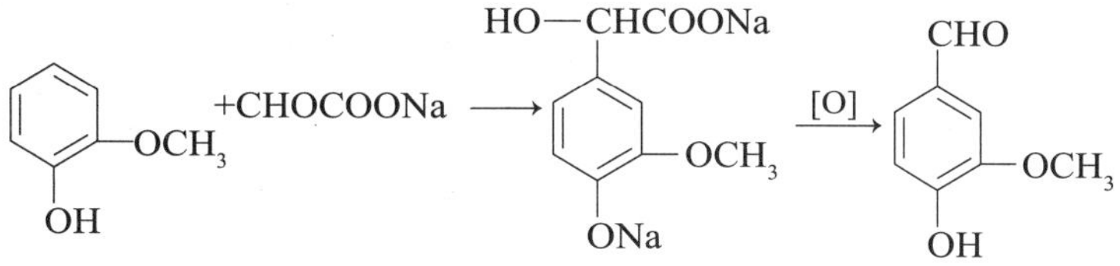

$$\text{(OH, }-OCH_3\text{ 苯环)} + CHOCOONa \longrightarrow \text{(HO—CHCOONa, }-OCH_3\text{, ONa 苯环)} \xrightarrow{[O]} \text{(CHO, }-OCH_3\text{, OH 苯环)}$$

2. 路线二（以邻硝基氯苯为原料的多步合成法）

（1）甲氧基化反应

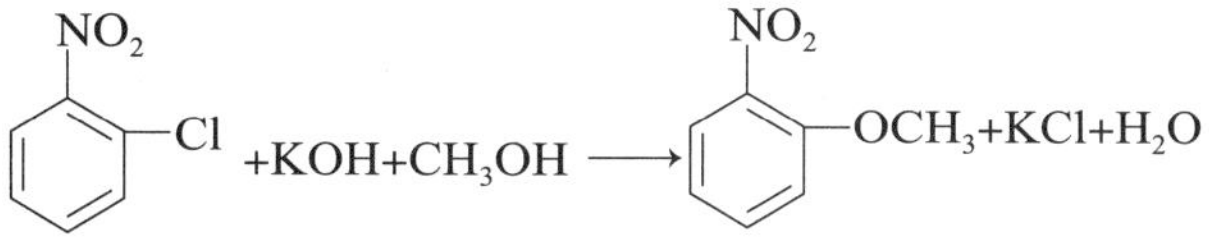

$$\text{(}NO_2\text{, }-Cl\text{ 苯环)} + KOH + CH_3OH \longrightarrow \text{(}NO_2\text{, }-OCH_3\text{ 苯环)} + KCl + H_2O$$

（2）还原反应

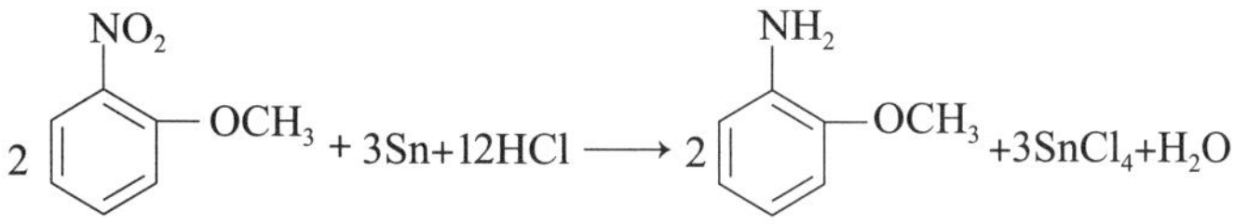

$$2\,\text{(}NO_2\text{, }-OCH_3\text{ 苯环)} + 3Sn + 12HCl \longrightarrow 2\,\text{(}NH_2\text{, }-OCH_3\text{ 苯环)} + 3SnCl_4 + H_2O$$

（3）重氮化反应

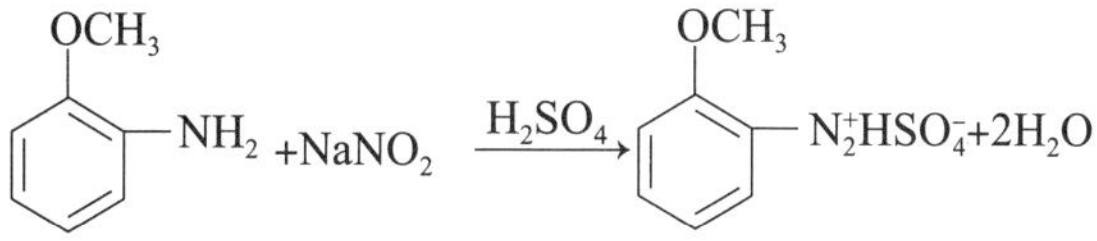

$$\text{(}OCH_3\text{, }-NH_2\text{ 苯环)} + NaNO_2 \xrightarrow{H_2SO_4} \text{(}OCH_3\text{, }-N_2^+HSO_4^-\text{ 苯环)} + 2H_2O$$

（4）水解反应

$$\text{(}OCH_3\text{, }-N_2^+HSO_4^-\text{ 苯环)} + H_2O \longrightarrow \text{(}OCH_3\text{, }-OH\text{ 苯环)} + N_2\uparrow + H_2SO_4$$

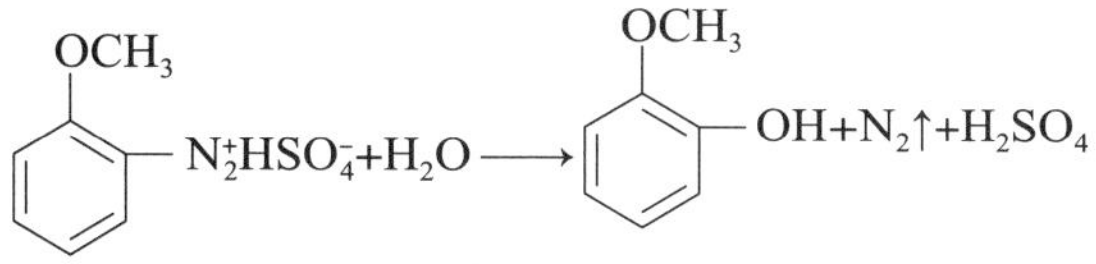

（5）醛基化反应

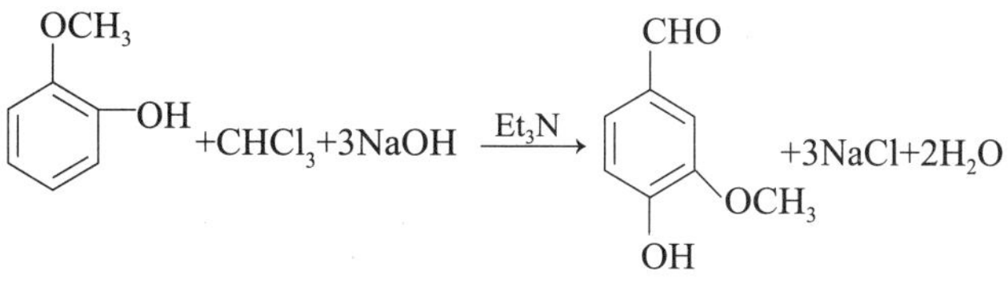

$$\text{(}OCH_3\text{, }-OH\text{ 苯环)} + CHCl_3 + 3NaOH \xrightarrow{Et_3N} \text{(CHO, }-OCH_3\text{, OH 苯环)} + 3NaCl + 2H_2O$$

3. 路线三（以丁香酚为原料，经异构化，再氧化的方法）

$$\mathrm{C_6H_3(CH_2CH{=}CH_2)(OCH_3)(ONa)} \xrightarrow{\mathrm{NaOH}} \mathrm{C_6H_3(CH{=}CH{-}CH_3)(OCH_3)(ONa)} \xrightarrow{[\mathrm{O}]} \mathrm{C_6H_3(CHO)(OCH_3)(ONa)} \xrightarrow{\mathrm{HCl}} \mathrm{C_6H_3(CHO)(OCH_3)(OH)}$$

因此，合成香兰素采用何种工艺路线，只能根据各种实际情况进行综合考察。下面从合成路线二出发合成香料香兰素。

（二）以邻硝基氯苯为原料合成香兰素

1. 合成原理

以邻硝基氯苯为原料，采用甲氧基化、还原、重氮化、水解，经过分离后得到相对较为纯净的愈创木酚，然后经 *C*-甲酰化反应即可得到产物。反应式如下：

$$\mathrm{C_6H_4(NO_2)Cl} + \mathrm{KOH} + \mathrm{CH_3OH} \longrightarrow \mathrm{C_6H_4(NO_2)OCH_3} + \mathrm{KCl} + \mathrm{H_2O}$$

$$2\,\mathrm{C_6H_4(NO_2)OCH_3} + 3\mathrm{Sn} + 12\mathrm{HCl} \longrightarrow 2\,\mathrm{C_6H_4(NH_2)OCH_3} + 3\mathrm{SnCl_4} + \mathrm{H_2O}$$

$$\mathrm{C_6H_4(OCH_3)NH_2} + \mathrm{HNO_2} \xrightarrow{\mathrm{H_2SO_4}} \mathrm{C_6H_4(OCH_3)NH_2^{+}}\ \mathrm{HSO_4} + 2\mathrm{H_2O}$$

$$\mathrm{C_6H_4(OCH_3)NH_2^{+}HSO_4^{-}} + \mathrm{H_2O} \longrightarrow \mathrm{C_6H_4(OCH_3)OH} + \mathrm{N_2^{-}} + \mathrm{H_2SO_4}$$

$$\mathrm{C_6H_4(OCH_3)OH} + \mathrm{CHCl_3} + 3\mathrm{NaOH} \xrightarrow{\mathrm{Et_3N}} \mathrm{C_6H_3(CHO)(OCH_3)(OH)} + 3\mathrm{NaCl} + 2\mathrm{H_2O}$$

2. 合成装置

重氮化、水解、*C*-甲酰化反应装置如图 13-1 所示。

在合成装置中，进行重氮化反应，要采用冰水加以冷却，在低温（不超过5℃）下进行，三口烧瓶中内装浓硫酸、邻氨基苯甲醚。水解时，在三口烧瓶中装入硫酸铜和水。醛基化反应时，三口烧瓶中为愈创木酚、乙醇、氢氧化钠及三乙胺。

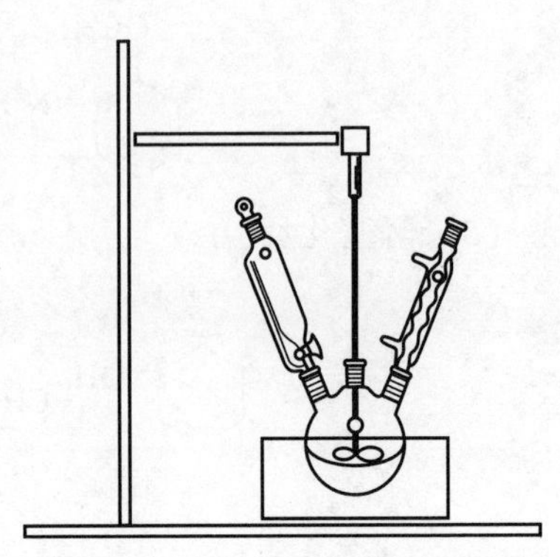

图 13-1　香兰素合成反应装置图

3. 分离方法

在香兰素合成反应中涉及多步反应，除了重氮化反应产物无须分离，需对重氮盐水解反应产物、*C*-酰化反应产物进行分离纯化处理。

（1）重氮盐水解反应产物的分离

① 愈创木酚粗产物的分离。如果采用水蒸气蒸馏的方式将反应产生的酚从体系中分离出来，即边反应边分离，故反应结束时就能得到愈创木酚的粗产物。

② 愈创木酚的纯化。可将愈创木酚转变成钠盐，再用水蒸气蒸馏的方法将其中的杂质除去，馏出物酸化后，用有机溶剂萃取出来，再减压蒸馏，即可收集到较纯净的愈创木酚。

（2）*C*-甲酰化反应结束后反应物的后处理

反应后主产物香兰素溶解在反应体系中，副产物 NaCl 主要以固体形式析出。体系为非均相体系。由于常温下香兰素为固体，不能用水蒸气蒸馏的方法从体系中分离，而反应体系中杂质有机物多数是液体，可以被水蒸气蒸馏从体系中带出。

分离方法：首先中和体系中的碱停止反应，然后过滤除去 NaCl，再用水蒸气蒸馏除杂质有机物，蒸馏母液用溶剂萃取，得到较纯的香兰素萃取液，再经浓缩后得到粗产物。

（3）香兰素的纯化

利用重结晶的方法进行提纯。

重结晶溶剂为稀乙醇。依据为香兰素在稀乙醇中溶解度随温度变化较大。

三、合成操作

1. 仪器及药品

仪器：四口烧瓶、球形冷凝管、分液漏斗、电动搅拌器、萃取装置、电热套、温度计、真空泵、布氏漏斗、玻璃棒、滤纸、抽滤瓶、旋转蒸发仪、熔点测定仪。

药品：邻硝基氯苯、甲苯、氯仿、甲醇、乙醇、锡、盐酸、硫酸、氢氧化钾、亚硝酸钠、淀粉-碘化钾试纸、刚果红试纸。

2. 合成步骤

（1）甲氧基化反应。

将 36.5g（0.65mol）氢氧化钾溶于 400mL 甲醇中，在甲醇中再溶解 100g（0.63mol）邻硝基氯苯。移入 1L 高压釜中，通氮气排净空气，密闭高压釜，加热，在 120~130℃保温 5h，压力约 0.65MPa（表压）。反应结束后，冷却，滤除生成的氯化钾。滤液移入蒸馏烧瓶中，蒸去甲醇。将剩余物进行减压蒸馏（真空度为 2659Pa，粗邻硝基苯甲醚沸点为 140~160℃）。粗邻硝基苯甲醚用 200mL 乙醚溶解稀释，加氢氧化钾干燥后蒸去乙醚。常压下蒸出邻硝基苯甲醚，收集沸点为 258~265℃的馏分（产量约 70g，收率 70%~75%）。

（2）还原反应。

将 60g（0.3mol）邻硝基苯甲醚及 94g 碎锡粒，加入带有温度计、回流冷凝器的圆底烧瓶，搅拌，分批加入盐酸，使反应液保持在沸腾状态。酸全部加完后，加热 2h，冷却，加入氢氧化钠溶液，使反应液呈碱性，用水蒸气蒸出邻氨基苯甲醚。将馏出物中的邻氨基苯甲醚层分出，水层用 200mL 乙醚萃取。将萃取液与邻氨基苯甲醚合并，用氢氧化钾干燥，蒸出乙醚，收集 218~228℃之间的馏分，得到浅黄色油状物邻氨基苯甲醚（产量约 31g，收率为 65%）。

（3）重氮化、水解反应。

将 35g 浓硫酸和 35mL 水配成的溶液加至 200mL 冰水中，搅拌下将 31g 邻氨基苯甲醚溶于其中，冷却。另用17g亚硝酸钠溶于50mL水中配成溶液，冷却后，在搅拌下加入邻氨基苯甲醚中，温度不超过5℃。用淀粉-碘化钾试纸测试反应终点，过量的亚硝酸用氨磺酸破坏，冷却重氮液。

在1L的四口烧瓶中加入70g硫酸铜和70mL水，加热至沸腾，并向四口烧瓶中通入蒸汽流进行水蒸气蒸馏。同时向瓶中滴加重氮液，调节加入速率，让生成的泡沫不进入冷凝管，而馏出液均匀流入接收器。当馏出液中不含有愈创木酚（邻羟基苯甲醚）气味时，蒸馏结束。

(4) 提纯愈创木酚。

向馏出液中加入20g氢氧化钠，再重新进行水蒸气蒸馏，主要杂质苯甲醚可通过蒸馏除去。将蒸馏出的残余液冷却，用稀硫酸中和至对刚果红试纸呈蓝色，愈创木酚析出。用水蒸气将愈创木酚蒸出，馏出液用食盐水饱和，用50mL苯提取3次。萃取液用10g无水硫酸镁干燥，蒸去苯。残余物减压蒸馏，在绝对压力1330Pa时，收集81~91℃馏分，约得到9g愈创木酚（熔点为33℃）。

(5) 醛基化反应。

在四口烧瓶中加入12.4g（0.1mol）愈创木酚、45mL质量分数95%乙醇、15g固体氢氧化钠及0.2g三乙胺。在回流温度下，于1h内加入氯仿10mL，回流1~2h，反应结束后，用稀硫酸调节pH值为7，过滤除去氯化钠，用乙醇充分洗尽残渣。合并滤液并用水蒸气蒸馏，除去三乙胺、氯仿和2-羟基-3-甲氧基苯甲醛，直到无油珠出现停止蒸馏。剩下的反应液用80mL乙醚分三次萃取。乙醚萃取液用无水硫酸镁干燥，减压蒸去乙醚，得到白色晶体。将上述白色晶体1~1.3份溶于1份40~60℃的热水中，上层为香兰素水层，下层为杂质层。分层，减压浓缩，得到香兰素（收率约为76.3%）。

(6) 香兰素纯化。

将香兰素溶于40℃水中，以苯为溶剂，用转盘式液-液萃取塔进行逆流萃取，此时香兰素溶液从萃取塔上端进入，成为连续相，而苯则从萃取塔底部进入，作为分散相。连续萃取出的香兰素，利用旋转蒸发仪回收苯，得到粗香兰素，将香兰素加入稀乙醇中，在搅拌下，加热至60~70℃，使之溶解成透明溶液，然后在慢速搅拌下，慢慢冷却至16~18℃，使其结晶析出，保持1h，过滤或离心分离。将经过稀乙醇重结晶后的香兰素，置于烘箱中，用50~60℃的热气流进行烘干，约12h后，让其慢慢冷却至室温，测定香兰素的熔点。

3. 实验记录与数据处理

记录：① 邻氨基苯甲醚产量及收率；② 愈创木酚产量及收率；③ 香兰素产量及收率；④ 香兰素熔点测定值。

4. 讨论

① 重氮化反应影响因素有哪些？反应要在低温下进行吗？

② 水蒸气蒸馏时要注意哪些问题。

③ 香兰素还有哪些合成方法？请查阅资料说明其中的一种。

④ 甲酰化反应的主要影响因素有哪些？各是怎样影响的？

⑤ 请举例说明*C*-甲酰化反应的应用。

第三节　对氨基苯甲酸乙酯（苯佐卡因）的合成

【知识目标】巩固氧化、酯化、还原等反应知识。
【能力目标】掌握合成对氨基苯甲酸乙酯（苯佐卡因）的不同方法。

对氨基苯甲酸乙酯是有机合成中间体，用于制染料、医药丁卡因，是广泛使用的局部麻醉药物，可用于创面、溃疡面及痔疮的止痛，也是镇咳、止嗽的药物中间体，还被用于遮蔽日光的防护剂。

最早的局部麻醉药是从南美洲生长的古柯植物中提取的古柯生物碱，或称古柯碱，但古柯碱有容易引起上瘾和毒性大等缺点。在搞清了古柯碱的药理和结构之后，人们已经合成出数以千计的有效代用品，苯佐卡因只是其中的一个：

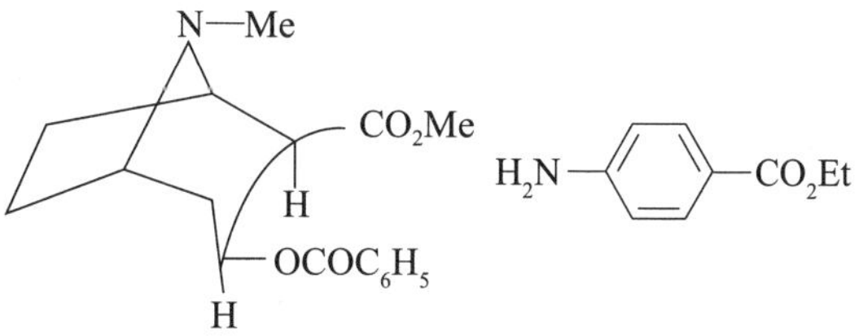

N—Me　CO_2Me　H　$OCOC_6H_5$　H

古柯碱

H_2N—⟨苯环⟩—CO_2Et

苯佐卡因

通过对众多具有局麻作用的合成化合物研究表明，其结构一般具有如下共同特征：分子的一端含有必不可少的苯甲酰基，另一端是仲胺或叔胺，中间插入不同数目的烷氧基（氮、硫等）。

可用下式表示：

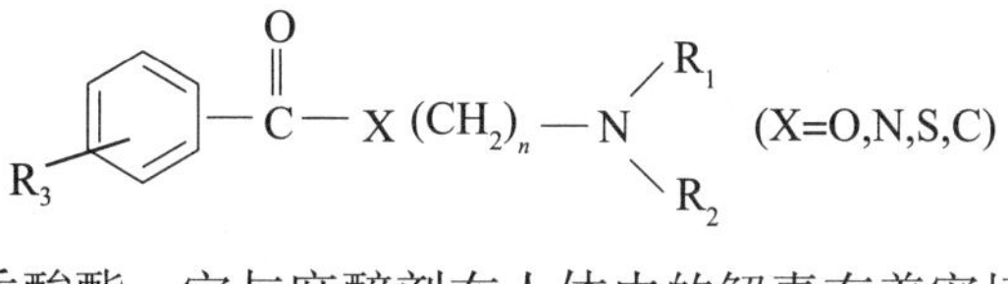

$$R_3-C_6H_4-\overset{O}{\overset{\|}{C}}-X(CH_2)_n-N\begin{matrix}R_1\\R_2\end{matrix}\quad (X=O,N,S,C)$$

苯环部分通常为芳香酸酯，它与麻醉剂在人体内的解毒有着密切的关系；氨基还有助于使此类化合物形成溶于水的盐酸盐以制成注射液。

一、基本性质

对氨基苯甲酸乙酯又名苯佐卡因（Ethyl p- aminobenzoate；Benzocaine），呈白色粉末，分子式为 $C_9H_{11}NO_2$，分子量为 165. 19，CAS 号为 94-09-7，熔点为 88～90℃，沸点为 172℃（2. 26kPa），难溶于水，易溶于醇、醚、氯仿。

二、制备方法

苯佐卡因的制备一般有两条合成路线，一条是由对硝基甲苯首先被氧化成对硝基苯甲酸，再经酯化后还原而得。

$$p\text{-}CH_3C_6H_4NO_2 \xrightarrow{[O]} p\text{-}COOHC_6H_4NO_2 \xrightarrow[H_2SO_4]{C_2H_5OH} p\text{-}C_2H_5O\text{-}C(=O)C_6H_4NO_2 \xrightarrow{[H]} p\text{-}COOC_2H_5C_6H_4NH_2$$

这是一条比较经济的路线，但由于还原时对位上的酯基较为敏感，须采用弱酸性条件（pH=6），因此，反应必须加入大量锌粉，且回流较长时间。

另一条路线是采用对甲基苯胺为原料，经酰氧化、水解、酯化一系列反应，合成苯佐卡因。

$$p\text{-}NH_2C_6H_4CH_3 \xrightarrow{(CH_3CO)_2O} p\text{-}NHCOCH_3C_6H_4CH_3 \xrightarrow[②H_2O/H^+]{①KMnO_4} p\text{-}COOHC_6H_4NH_2 \xrightarrow[H_2SO_4]{C_2H_5OH} p\text{-}COOC_2H_5C_6H_4NH_2$$

上述路线虽然比第一条路线多一步反应，但原料易得，且操作方便，适合实验室的制备。生成的苯佐卡因与 *N*，*N*-二乙基乙醇胺发生酯变换反应即可得到普鲁卡因：

$$p\text{-}NH_2C_6H_4C(=O)OEt \xrightarrow[H^+]{HO\diagup\diagdown N(Et)_2} p\text{-}NH_2C_6H_4C(=O)O\diagup\diagdown N(Et)_2$$

（一）对硝基甲苯法

对硝基甲苯法，分三步完成。

第一步：对硝基苯甲酸的合成。

$$p\text{-}NO_2C_6H_4CH_3+Na_2Cr_2O_7+H_2SO_4 \longrightarrow p\text{-}NO_2C_6H_4COOH+Na_2SO_4+Cr_2(SO_4)_3$$

苯环对氧化剂很稳定，常用的氧化剂不可使之氧化，但在适当的条件下，侧链烷基却可被氧化，而且无论烷基碳链的长短，一般都生成苯甲酸和其衍生物。这是因为 α-氢受苯环影响比较活泼，侧链氧化是从进攻与苯环相连的碳氢键开始的。如果某芳烃没有 α-氢，如取代基为叔烷基，则一般不被氧化，故利用芳烃支链的氧化是制备芳香族羧酸最重要的方法。

对硝基苯甲酸在工业上可由对硝基甲苯用铬酸等氧化剂氧化制得，也是对硝基乙苯制备对硝基苯乙酮（氯霉素的中间体）时的副产物。它是一种重要的化工原料，主要用于医药工业，是生产局部麻醉药（苯佐卡因[1]或普鲁卡因）、止血药（对羧基苄胺）、抗心律失常药（普鲁卡因酰胺）的原料。

第二步：对硝基苯甲酸乙酯的合成。

$$p\text{-}NO_2C_6H_4COOH \xrightarrow[H_2SO_4]{EtOH} p\text{-}NO_2C_6H_4COOEt$$

第三步：对氨基苯甲酸乙酯（苯佐卡因）的合成。

---

[1] 本实验若用作多步合成苯佐卡因的中间体，则投料量扩大一倍较为合适。

$$\text{对硝基苯甲酸乙酯}\ (p\text{-}O_2N\text{-}C_6H_4\text{-}CO_2Et) \xrightarrow[\text{Zn粉}]{EtOH} p\text{-}H_2N\text{-}C_6H_4\text{-}CO_2Et$$

1. 对硝基苯甲酸的合成

（1）试剂

对硝基甲苯、重铬酸钠（$Na_2Cr_2O_7 \cdot 2H_2O$）、浓硫酸6.5mL、5%硫酸溶液、15%硫酸溶液、5%氢氧化钠溶液。

（2）步骤

在配有搅拌器、回流冷凝管、滴液漏斗的100mL三口烧瓶中加入1.5g对硝基甲苯、4.5g重铬酸钠及13mL水。边搅拌边缓慢滴入6.5mL浓硫酸，反应开始，放热，温度很快上升，反应混合物颜色逐渐变深、变黑❶；待硫酸加完后，将烧瓶在石棉网上加热、搅拌、回流25~30min❷。可看到反应液呈黑色。

冷却反应物，在搅拌下加入20mL冰水（反应结束后，反应液还会有浓度较高的残余硫酸，加入冰水是为了冷却硫酸在稀释时放出的大量的热），即有沉淀析出，抽滤，用15mL水分两次洗涤黄黑色的对硝基苯甲酸的粗产物。把粗产物放入盛有7mL5%硫酸的烧杯中，于沸水浴中加热5min，使未反应的铬盐溶解。冷却，抽滤，把固体溶于15mL5%氢氧化钠溶液中，用50℃的水浴温热后再抽滤❸。

向滤液再加入少量（约0.25g）的活性炭，用沸水浴煮沸后趁热抽滤，在充分搅拌下把已冷却的滤液倒入盛有15mL15%硫酸溶液的烧杯中（不可反过来把硫酸加入到滤液中，否则生成的沉淀会包含一些钠盐而影响产物的纯度），用pH试纸检验混合液为强酸性，否则需补加少量的酸。用少量冷水洗涤两次抽滤析出的黄色沉淀干燥，称量。此时产物已足够纯净，若需进一步提纯，可用乙醇-水重结晶，产品为浅黄色针状晶体。产量约1.5g，对硝基苯甲酸熔点❹241~242℃。

对硝基苯甲酸的合成实验约需5~6h。

2. 对硝基苯甲酸乙酯的合成

（1）试剂

对硝基苯甲酸、无水乙醇、浓硫酸、10%氢氧化钠溶液。

（2）步骤

在100mL圆底烧瓶中加入2.5g对硝基苯甲酸和24mL无水乙醇，在冷却和摇动下慢慢加入4mL浓硫酸，加入几粒沸石，装上回流冷凝器，回流1h，直至固体全溶为止。冷却后倒入盛40mL10%氢氧化钠和40g冰的烧杯中，待结晶析出完全，过滤，用少量冷水洗涤固体1~2次，干燥后称量，约2.0g。粗品可用乙醇-水重结晶，熔点为56℃。实验约需4h。

---

❶ 冷凝管壁上。

❷ 加热过程可适当关小冷凝水，使凝华在冷凝管壁上的对硝基甲苯熔融而进入三口烧瓶中进行反应。

❸ 此步的目的是除去未作用的对硝基甲苯（熔点51.3℃），也可进一步滤去铬盐（生成氢氧化物沉淀），过滤温度也不能太低，否则，对硝基苯甲酸钠也会析出而被滤去。

❹ 因产物熔点较高，普通硫酸熔点浴或油浴容易发生危险，最好用熔点仪测定熔点。

3. 对氨基苯甲酸乙酯（苯佐卡因）的合成

（1）试剂

锌粉 18.5g（0.28mol），对硝基苯甲酸乙酯 1.83g（0.01mol）、结晶氯化钙 0.8g、95%乙醇 40mL、乙醚、食盐、石油醚、无水硫酸镁。

（2）步骤

在 250mL 的圆底烧瓶中加入 0.8g 氯化钙和 10mL 水，氯化钙溶解后加入 40mL95%乙醇、1.83g 对硝基苯甲酸乙酯和 18.5g 锌粉，装上回流冷凝管，在不时振荡下，加热回流 2.5~3.0h 后，冷却到室温，滤去未反应的锌粉。蒸去乙醇，水相再用 40mL 乙醚分两次提取，合并有机相，用无水硫酸镁干燥后蒸去乙醚，直到残留液体积为 8~12mL 时停止蒸馏。把残留液倒入盛有 15mL 石油醚的锥形瓶中结晶。过滤，干燥后称量，约 1.2g。粗品可用乙醚-石油醚重结晶，熔点为 90℃。本实验约需 5~6h。

4. 讨论

在对硝基苯甲酸的合成中，如何对粗制的对硝基苯甲酸提纯？请画出操作流程图，并解释下列操作原理：

① 反应结束，为何要加入 25mL 冰水？

② 为何要将粗品放入盛有 7mL 5%硫酸的烧瓶中，于沸水浴中加热 5min？

③ 为何将沉淀溶于氢氧化钠溶液中，并在 50℃左右的温度下进行过滤？

④ 为何要将脱色后的溶液倒入 15%硫酸中？硫酸为何不能反加到滤液中？

（二）对甲基苯胺法

对甲基苯胺法，主要分两步。

① 第一步（对氨基苯甲酸的制备）

对甲基乙酰苯胺的制备：

$$\text{CH}_3\text{-C}_6\text{H}_4\text{-NH}_2 \xrightarrow[\text{CH}_3\text{CO}_2\text{Na}]{(\text{CH}_3\text{CO})_2\text{O}} \text{CH}_3\text{-C}_6\text{H}_4\text{-NHCOCH}_3 + \text{CH}_3\text{CO}_2\text{H}$$

将对甲基苯胺用乙酸酐转化成相应的酰胺，其目的在于第二步氧化反应中以保护氨基。

对乙酰氨基苯甲酸的制备：

$$\text{CH}_3\text{-C}_6\text{H}_4\text{-NHCOCH}_3 + 2\text{KMnO}_4 \longrightarrow \text{KO}_2\text{C-C}_6\text{H}_4\text{-NHCOCH}_3 + 2\text{MnO}_2 + \text{H}_2\text{O} + \text{KOH}$$

对甲基乙酰苯胺中的甲基被高锰酸钾氧化为相应的羧基。氧化中，紫色高锰酸盐被还原成棕色的二氧化锰沉淀。鉴于溶液中有氢氧根离子的生成，故要加入少量的硫酸镁作缓冲剂，使溶液碱性变得不致太强而使酰氨基发生水解。反应产物为羧酸盐，经酸化后可使生成的羧酸从溶液中析出。

对氨基苯甲酸的制备：

$$p\text{-}KO_2C{-}C_6H_4{-}NHCOCH_3 + H^+ \longrightarrow p\text{-}HO_2C{-}C_6H_4{-}NHCOCH_3 \xrightarrow[H_2O]{H^+} p\text{-}HO_2C{-}C_6H_4{-}NH_2 + CH_3CO_2H$$

酰胺的水解，除去起保护作用的乙酰基，此反应在稀酸溶液中很容易进行。

② 第二步［对氨基苯甲酸乙酯（苯佐卡因）的合成］

$$p\text{-}HO_2C{-}C_6H_4{-}NH_2 \xrightarrow[H_2SO_4]{C_2H_5OH} p\text{-}C_2H_5O_2C{-}C_6H_4{-}NH_2 + H_2O$$

1. 对氨基苯甲酸的制备

（1）试剂

对甲基苯胺、醋酸酐、结晶醋酸钠、高锰酸钾、硫酸镁晶体、乙醇、盐酸、硫酸、氨水。

（2）步骤

① 对甲基乙酰苯胺的制备。在 500mL 烧杯中，加入 7.5g 对甲基苯胺、175mL 水和 7.5mL 浓盐酸，必要时在水浴上温热搅拌促使其溶解。若溶液颜色较深，可加入适量的活性炭脱色后过滤。同时用 12g 三水合醋酸钠溶于 20mL 水中配制成溶液，必要时温热至所有的固体溶解。

将脱色后的盐酸对甲基苯胺溶液加热至 50℃加入 8mL 醋酸酐，并立即加入预先配制好的醋酸钠溶液，充分搅拌后将混合物置于冰浴中冷却，此时应析出对甲基乙酰苯胺的白色固体。抽滤，用少量冷水洗涤，干燥后称量，纯对甲基乙酰苯胺的熔点为 154℃，产量约为 7.5g。

② 对乙酰氨基苯甲酸的制备。在 600mL 烧杯中，加入上一步制得的对甲基乙酰苯胺（7.5g）、20g 七水合结晶硫酸镁和 350mL 水，将混合物在水浴上加热到 85℃。同时制备 20.5g 高锰酸钾溶于 70mL 沸水的溶液。

在充分搅拌下，将热的高锰酸钾溶液在 30min 内分批加到对甲基乙酰苯胺的混合物中，以免氧化剂局部浓度过高破坏产物。加完后，继续在 85℃下搅拌 15min。混合物变成深棕色，趁热用两层滤纸抽滤除去二氧化锰沉淀，并用少量热水洗涤二氧化锰。若滤液呈紫色，可加入 2~3mL 乙醇煮沸直至紫色消失，将滤液再用折叠滤纸过滤一次。

冷却无色溶液，加 20%硫酸酸化至溶液呈酸性，此时应生成白色固体，抽滤，压紧，干燥后称量，约为 5~6g；纯对乙酰氨基苯甲酸的熔点为 251~252℃。湿产品可直接进行下一步合成。

③ 对氨基苯甲酸的制备。称量上步产物，以每克湿产物用 5mL18%的盐酸进行水解。将反应物置于 250mL 圆底烧瓶中，在石棉网上用小火缓缓回流 30min。待反应物冷却后，加入 30mL 冷水，然后用 10%氨水中和，使反应混合物对石蕊试纸恰好呈碱性，但不要使氨水过量。每 30mL 最终溶液加 1mL 冰醋酸，充分摇振后置于冰浴中骤冷以引发结晶，必要时用玻璃棒磨擦瓶壁或放入晶种引发结晶。抽滤收集产物，干燥后以对甲基苯胺为标准计算总产率，测定产物熔点。纯对氨基苯甲酸熔点为 186~187℃，不必重结晶而可以直接用于苯佐卡因的合成。本实验约需 6~8h。

2. 对氨基苯甲酸乙酯（苯佐卡因）的合成

（1）试剂

对氨基苯甲酸、95%乙醇、浓硫酸、10%碳酸钠溶液、乙醚、无水硫酸镁。

（2）步骤

在100mL圆底烧瓶中，加入2g对氨基苯甲酸和2mL95%乙醇，旋摇烧瓶使大部分固体溶解。将烧瓶置于冰浴中冷却，加入2mL浓硫酸，立即产生大量沉淀（随后在回流过程中沉淀将逐渐溶解），将反应混合物在水浴上回流1h，并间歇摇动。

将反应混合物转入烧杯中，冷却后分批加入10%碳酸钠中和（约用12mL），可观察到有气体逸出（发生了什么反应?），直至加入碳酸钠溶液后无明显气体释放。反应混合物接近中性时，检查溶液pH，再加入少量碳酸钠溶液至pH为9左右。在中和过程中产生少量固体沉淀（生成了什么物质?）。将溶液倾滗到分液漏斗中，并用少量乙醚洗涤烧杯中的固体后并入分液漏斗。向分液漏斗中加入40mL乙醚，振摇后分出乙醚层。经无水硫酸镁干燥后，在水浴上蒸去乙醚和大部分乙醇，至残余油状物约为2mL为止。残余液用乙醇-水重结晶，产量约为1g，熔点为90℃。

纯对氨基苯甲酸乙酯的熔点为91~92℃。本实验约需4~6h。

3. 讨论

对甲基苯胺法合成对氨基苯甲酸乙酯（苯佐卡因）的操作要点有哪些?

（三）微量法

对硝基甲苯法、对甲基苯胺法合成对氨基苯甲酸乙酯需要的试剂量大，反应时间长，对一些不具备条件的实验室可采用微量法合成。

$$CH_3\text{-}C_6H_4\text{-}NO_2 \xrightarrow[CH_3CO_2H]{CrO_3+H_2SO_4} CO_2H\text{-}C_6H_4\text{-}NO_2 \xrightarrow{Sn+HCl} COOH\text{-}C_6H_4\text{-}NH_2 \xrightarrow[\text{② } Na_2CO_3]{\text{① EtOH, HCl(g)}} CO_2Et\text{-}C_6H_4\text{-}NH_2$$

此反应路线及反应条件与前两种方案略有不同。第一步反应采用铬酸酐-冰醋酸为氧化剂，操作简便，产物分离也较容易。第二步用Sn-HCl为还原剂，其反应速率快，收率也较高。第三部进行酯化时，不能按常规方法使用浓硫酸催化。因为氨基可与浓硫酸形成盐而使过量硫酸不易分离。本步反应采用Fischer-Spier（费歇尔-斯皮尔）酯化法，反应中同样会生成盐酸盐，但过量的HCl较硫酸易于除去。

1. 试剂

对硝基甲苯、冰醋酸、铬酸酐、浓硫酸、甲醇、对硝基苯甲酸（自制）、锡粉、盐酸、氨水、氯化氢乙醇饱和溶液、碳酸钠饱和水溶液。

2. 合成步骤

（1）对硝基苯甲酸的制备

在锥形瓶中加入1.5g铬酸酐和3mL水，小心滴入1.5mL浓硫酸，使其混合均匀。把0.5g对硝基甲苯和2.7mL冰醋酸加入到10mL圆底烧瓶中，装上球形冷凝管，温热，回流，搅拌，使反应物溶解成均匀的液体。用毛细滴管将配好的$CrO_3+H_2SO_4$从冷凝管顶端逐滴加入，当全部加入后，温热搅拌回流0.5h。然后加入7mL水后，即有对硝基苯甲酸析出。抽滤，再用水洗涤，所得粗产物用适量甲醇溶解，滤去不溶物❶，滤液中加适量的水，直至析出晶体为止。再温热使之溶解，放冷后有晶体析出❷，过滤，控制温度在 100~110℃下烘干，得浅黄色对硝基苯甲酸针状晶体，约 0.95g。

（2）对氨基苯甲酸的制备

在 5mL 圆底烧瓶中加入 0.25g 对硝基苯甲酸、0.9g 锡粉及 2.5mL 盐酸，装上回流冷凝管，搅拌并缓慢加热至微沸。若反应太剧烈，可移去热浴。待溶液澄清后（加入的锡不一定全部溶解），放冷，把液体倾滗到烧杯中，剩余的锡用少量水洗涤，洗涤液与烧杯中液体合并在一起。

在不断搅拌下滴加浓氨水至刚好呈碱性。放置后滤去生成的二氧化锡，滤渣用少量水洗涤。收集滤液于一个适当大小的蒸发皿中，滴加冰醋酸于滤液中使呈微酸性，在水浴上浓缩直至有晶体析出。放置后冷却过滤。干燥后得粗晶约为 160mg❸。若要获得纯品可用乙醇或乙醇-乙醚混合溶剂重结晶，得黄色晶体，熔点为 184~186℃。

（3）对氨基苯甲酸乙酯的制备

在一锥形瓶内加入 5mL 无水乙醇，在冰浴中冷却，通入经浓硫酸干燥的氯化氢气体至饱和状态［100mL 饱和溶液中含 HCl：45.4g（0℃）、42.7g（10℃）、41.0g（20℃）］。

① 酯化方法Ⅰ：在一个 5mL 圆底烧瓶中，加入 150mg 对氨基苯甲酸及 1.5mL 上述制备的氯化氢-乙醇溶液，装上冷凝管，加热回流 1h 左右，即有对氨基苯甲酸乙酯盐酸盐生成，其结构式如下：

$$C_2H_5O-\overset{\overset{\displaystyle O}{\|}}{C}-C_6H_4-NH_2\cdot HCl$$

将制得的盐酸盐趁热倾入 25mL 沸水中，加入饱和碳酸钠水溶液至溶液呈中性，即有白色沉淀生成。抽滤，用水洗涤沉淀，抽滤后干燥，得白色粉状对氨基苯甲酸乙酯固体。粗品用乙醇-水混合溶剂重结晶❹，得白色针状晶体。

② 酯化方法Ⅱ：将对氨基苯甲酸先溶于无水乙醇，然后通入干燥的氯化氢使之饱和，回流加热，所得结果相同。本实验约需 7~8h。

分析与讨论

通过学习以上三种方法，比较其各自优缺点。

第四节　磺胺药物对氨基苯磺酰胺的合成

【知识目标】巩固磺化、乙酰化等反应知识。

【能力目标】掌握苯胺乙酰化反应的原理和实验操作；掌握固体有机化合物提纯的方法——重结晶；

---

❶ 此不溶物为反应后生成的硫酸铬［$Cr_2(SO_4)_3$］以及过量的氧化剂等无机物。

❷ 这步操作实际上是甲醇-水混合溶剂的重结晶。

❸ 该粗品不需重结晶，可直接用于下一步合成。

❹ 必要时可加入 10mg 活性炭脱色。

学习乙酰氨基苯磺酰氯的制备方法和意义；熟悉使用气体捕集器和结晶与过滤操作；通过对氨基苯磺酰胺的制备，掌握酰氯的氨解和乙酰氨基衍生物水解；巩固回流脱色重结晶等基本操作。

磺胺类药物是指结构上为对氨基苯磺酰胺的衍生物的药物。磺胺类药物能抑制多种细菌及少数病毒的生长和繁殖，用于防治多种病菌感染。磺胺类药曾在保障人类生命健康方面发挥过重要作用，在抗生素问世后，虽失去原来的重要地位，但在目前一些疾病的治疗中仍在使用。磺胺类药物的一般结构为：

$H_2N-C_6H_4-SO_2NHR$

由于磺胺基上氮原子的取代基不同可形成不同的磺胺药物。虽然合成的磺胺衍生物多达五千种以上。但真正显示抑菌性的只有为数不多的几十种。例如：

磺胺噻唑（ST）

磺胺嘧啶（SD）

磺胺胍（SG）

长效磺胺（SMP）

磺胺吡啶（SP）

磺胺甲基噁唑（SMZ）

磺胺的制备从苯和简单的脂肪族化合物开始，其中包括许多中间体，有的中间体需要提纯分离，有的不需要精制就可以用于下一步的合成。

合成路线：

苯 $\xrightarrow[H_2SO_4]{HNO_3}$ 硝基苯 $\xrightarrow[HOAc]{Fe}$ 苯胺 $\xrightarrow[CH_3COONa]{(CH_3CO)_2O}$ 乙酰苯胺 $\xrightarrow{2ClSO_3H}$ 对乙酰氨基苯磺酰氯（SO_2Cl）

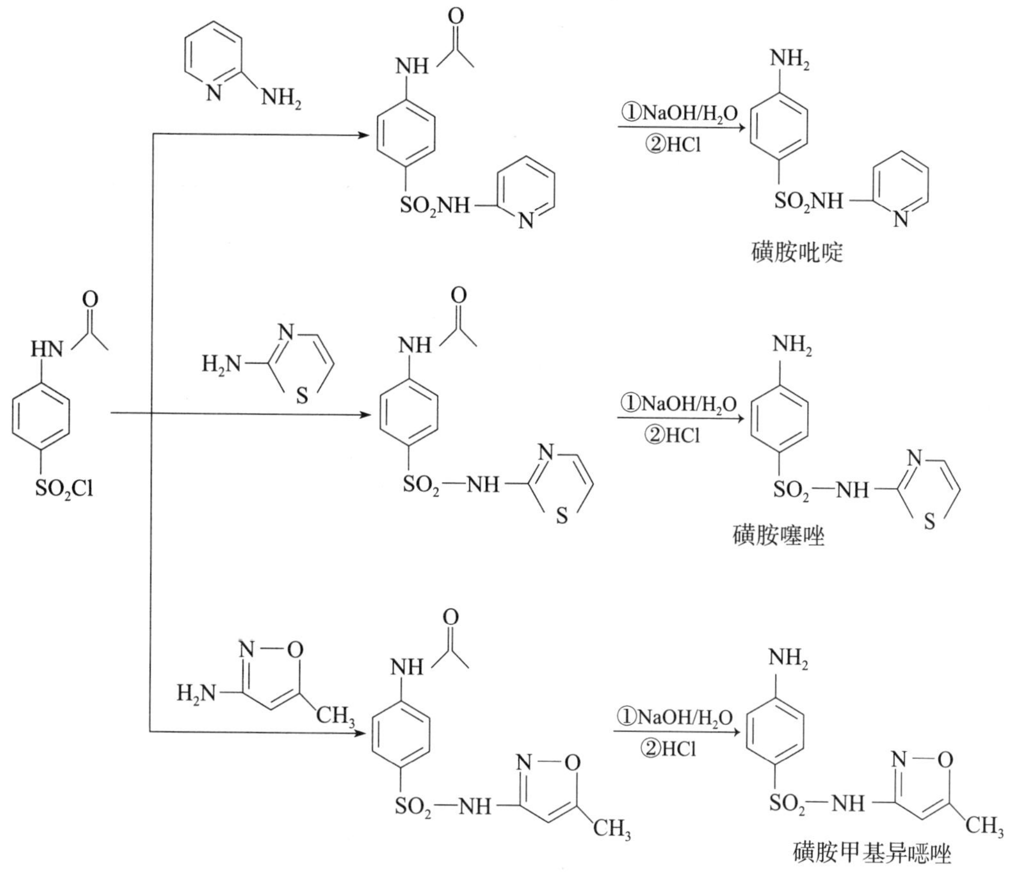

磺胺吡啶

磺胺噻唑

磺胺甲基异噁唑

一、乙酰苯胺的合成

乙酰苯胺是磺胺类药物的原料，可用作止痛剂、退热剂和防腐剂，用来制造染料中间体对硝基乙酰苯胺、对硝基苯胺和对苯二胺。其在第二次世界大战的时候，大量用于制造对乙酰氨基苯磺酰氯。乙酰苯胺也用于制硫代乙酰胺，在工业上可作橡胶硫化促进剂、纤维脂涂料的稳定剂、过氧化氢的稳定剂，以及用于合成樟脑等。此外，乙酰苯胺还用作制青霉素 G 的培养基。

实验中合成的乙酰苯胺将用于合成对氨基苯磺酰胺的原料。

1. 基本性质

乙酰苯胺又名 *N*-苯基乙酰胺、退热冰，分子式为 $CH_3CONHC_6H_5$，分子量为 135. 1652，其分子结构式为：

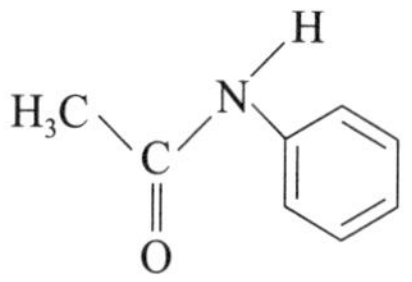

乙酰苯胺为白色有光泽片状晶体或白色结晶粉末，在水中重结晶析出的晶体呈正交晶片状，无臭或略有苯胺及乙酸气味。乙酰苯胺熔点为 114～116℃，沸点为 304℃，闪点为 173. 9℃，自燃点为 546℃，相对密度为 1. 2105。在空气中稳定。乙酰苯胺微溶于乙醚、丙酮、甘油和苯，不溶于石油醚，在水、乙醇、甲醇、氯仿中的溶解情况见表 13-1。呈中性或极弱碱性。遇酸或碱性水溶液易分解成苯胺及乙酸。

表 13-1　乙酰苯胺的溶解情况

溶剂	温度/℃	溶解度/(g/100mL)	溶剂	温度/℃	溶解度(g/100mL)
水	25	0.56	乙醇	20	36.9
水	80	3.5	甲醇	20	69.5
水	100	5.5	氯仿	20	3.6

2. 合成分析

氨基的乙酰化在有机合成中有着重要的作用。乙酰化反应在有机合成中常用来保护芳香环上的氨基，使其不被反应试剂破坏。例如，苯胺在与具有氧化性的硝酸、硫酸等反应时，通常都需要乙酰化保护氨基，以防氧化。氨基经乙酰化保护后，尽管其定位效应不改变，但对芳环的活化能力降低了，可使反应由多元取代变为有用的一元取代。同时，由于乙酰氨基的空间效应，往往使乙酰氨基对位的反应活性较邻位高，生成选择性的对位产物。芳胺可用酰氯、酸酐或冰醋酸加热来进行酰化。使用冰醋酸，试剂易得，价格便宜，但反应速率慢，需要较长的反应时间；用冰醋酸和乙酸酐的混合物，反应就快得多。醋酐一般来说是比酰氯更好的酰化试剂。用游离胺与纯乙酸酐进行酰化时常伴有二乙酰化物的生成，但在醋酸-醋酸钠的缓冲溶液中进行酰化，由于酸酐的水解速率比酰化速率慢，可以获得高纯度的一酰化产物。

3. 合成路线及步骤

路线一：以醋酸酐为酰化剂合成。

$$C_6H_5NH_2 \xrightarrow{HCl} C_6H_5\overset{+}{N}H_3Cl^- \xrightarrow[CH_3COONa]{(CH_3CO)_2O} C_6H_5NHCOCH_3 + 2CH_3COOH + NaCl$$

路线二：以冰醋酸为酰化剂合成。

$$C_6H_5NH_2 + CH_3COOH \xrightleftharpoons{\triangle} C_6H_5NHCOCH_3 + H_2O$$

(1) 路线一

试剂：苯胺、醋酸酐、结晶醋酸钠（$CH_3CO_2Na \cdot 3H_2O$）、浓盐酸。

步骤：在 500mL 圆底烧杯中，先加入 120mL 水、5mL 浓盐酸，然后在搅拌下加入 5.6g（5.5mL）苯胺，待苯胺溶解后，再加入少量活性炭（约 1g），把溶液煮沸 5min 左右，停止加热，趁热滤去活性炭及其他不溶性杂质。将滤液转移到 400mL 烧杯中，冷却至 50℃，加入 7.3mL 醋酸酐，充分摇动使其溶解后，立即加入事先配制好的 9g 结晶醋酸钠溶于 20mL 水的溶液，充分摇动混合。然后将混合物置于冰浴中冷却，使其析出晶体。抽滤，晶体用少量冷水洗涤，压紧，抽干；经干燥后称量，产量约 5~6g，熔点 113~114℃。用此法制备的乙酰苯胺已足够纯净，可直接用于下一步合成。如需进一步提纯，可用水进行重结晶。实验约需 2~3h。

(2) 路线二

试剂：苯胺、冰醋酸、锌粉。

步骤：在 50mL 圆底烧瓶中，加入 6mL 苯胺，8.8mL 冰醋酸及少许锌粉（约 0.05g）❶，装上一垂刺型分馏柱，其上端装一温度计，支管通过接引管与接受瓶相连，接受瓶外部用冷水浴冷却。

将圆底烧瓶加热，使反应物保持微沸 15min。然后逐渐升高温度，当温度计读数达到 100℃左右时，支管即有液体流出❷。维持温度在 100~110℃之间，反应约 1.5h，当生成的

❶ 加入锌粉的目的是防止苯胺在反应过程中被氧化，生成有色的杂质。

❷ 由于小量制备，有时温度计读数很难达到 100℃，可将分馏柱用石棉布包裹住，以保持温度，也可用短型分馏柱代替。

水及大部分醋酸已被蒸出时❶，温度计读数会下降，表示反应已经完成。在搅拌下趁热将反应物倒入 100mL 冰水中❷，冷却后抽滤析出的晶体，用冷水洗涤。粗产物用水重结晶，产量约为 5~5.5g，熔点 113~144℃，纯乙酰苯胺的熔点为 143℃。实验约需 4h。

分析与讨论

1. 路线二中，反应为什么要控制在 100~110℃之间？温度过高有什么不好？

2. 路线二中，根据理论计算，完全反应时应生成多少毫升水？为什么实际收集的量远远大于理论量。

3. 路线一中，用醋酸酐进行乙酰化时，加入盐酸和醋酸钠的目的是什么？

4. 用苯胺作原料进行苯环上的某些取代时，为什么常常要先进行酰化呢？

二、对氨基苯磺酰胺合成方法

对氨基苯磺酰胺为磺胺类药物中最简单的一种，用于外敷消炎药和兽药。

1. 基本性质

对氨基苯磺酰胺又名 1-甲基-4-乙氧羰基-5-磺酰氨基吡唑、工业磺胺、4-氨基苯磺酰胺、结晶磺胺、SN、氨基磺胺、氨基苯磺酰胺、磺酰胺。分子式为 $C_6H_8N_2O_2S$，结构式：

对氨基苯磺酰胺分子量为 172.22，密度为 1.08（20℃），熔点为 164.5~166.5℃，毒性 LD_{50}为 2000mg/kg（狗经口），为白色颗粒或粉末状晶体，无臭，味微苦，微溶于冷水、乙醇和丙酮，易溶于沸水、甘油、乙醚和氯仿。

2. 合成分析

利用氯磺化反应可以制备芳基磺酰氯，理论上需要 2mol 的氯磺酸。反应先经过中间体芳基磺酸，而磺酸进一步与氯磺酸作用得到磺酰氯。磺酰氯是制备一系列磺胺类药物的基本原料。

制备磺胺时不必将对乙酰氨基苯磺酰氯干燥或进一步提纯，因为下一步为水溶液反应，但必须做完后马上使用，不能长久放置。一般认为磺酰氯对水的稳定性要比羧酸酰氯高，但也可以慢慢水解而得到相应的磺酸。对乙酰氨基苯磺酰氯与氨或氨的衍生物反应，是制备磺胺类药物的关键一步，因此必须首先合成对乙酰氨基苯磺酰氯。

三、合成操作

1. 合成路线

对氨基苯磺酰胺的合成分三步：

① 对乙酰氨基苯磺酰氯的合成

$$C_6H_5\text{—}NHCOCH_3 + 2HOSO_2Cl \longrightarrow p\text{-}ClO_2S\text{—}C_6H_4\text{—}NHCOCH_3 + HCl + H_2SO_4$$

❶ 收集醋酸与水的总体积大约为 2.2mL。

❷ 反应物冷却后，固体产物立即析出，沾在瓶壁上不易处理。故应趁热在不断搅动下倒入冷水中，以除去过量的醋酸及未反应的苯胺（它可成为苯胺醋酸盐而溶于水）。

② 对乙酰氨基苯磺酰胺的合成

$$p\text{-}ClO_2S—C_6H_4—NHCOCH_3 + NH_3 \longrightarrow p\text{-}CH_3CONH—C_6H_4—SO_2NH_2 + HCl$$

③ 对氨基苯磺酰胺的合成

$$p\text{-}CH_3CONH—C_6H_4—SO_2NH_2 + H_2O \longrightarrow p\text{-}H_2N—C_6H_4—SO_2NH_2 + CH_3CO_2H$$

2. 试剂

乙酰苯胺（自制）、氯磺酸❶、浓氨水（28%，d=0.9）、浓盐酸、碳酸钠或碳酸氢钠。

3. 合成步骤

（1）对乙酰氨基苯磺酰氯的制备

在100mL干燥的锥形瓶中，加入5g干燥的乙酰苯胺，在石棉网上用小火加热熔化❷。瓶壁上若有少量水汽凝结，应用干净的滤纸吸去。冷却使熔化物凝结成块。将锥形瓶置于冰浴中冷却后，迅速倒入12.5mL氯磺酸，立即塞上带有氯化氢导气管的塞子。反应很快发生，注意防止倒吸。若反应过于激烈，可用冰水浴冷却。待反应缓和后，微微摇动锥形瓶使固体全部反应，然后于温水浴中加热至不再有氯化氢气体产生为止❸。将锥形瓶在冷水中充分冷却后，于通风橱中在充分搅拌下，将反应液慢慢倒入盛75g碎冰的烧杯中❹，用约10mL冷水洗涤锥形瓶。洗涤液并入烧杯中搅拌数分钟，并尽量将大块固体粉碎❺，使成颗粒小而均匀的白色固体。抽滤收集固体，用少量冷水洗涤，压紧抽干，立即进行下一步反应。若要制作纯品可进行重结晶❻。制取对乙酰氨基苯磺酰氯的吸收装置如图13-2所示。

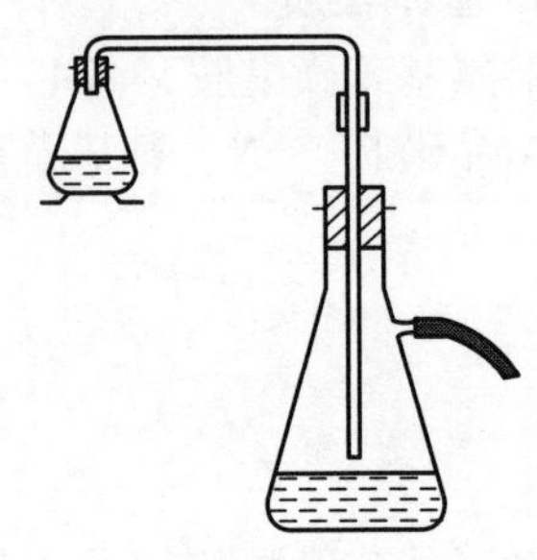

图13-2　制取对乙酰氨基苯磺酰氯的吸收装置

（2）对乙酰氨基苯磺酰胺的制备

将上述粗产物移入烧杯中，在不断搅拌中慢慢加入17.5mL浓氨水（在通风橱内），此时立即发生放热反应并产生白色黏稠状固体。加完后继续充分搅拌15min，使反应

---

❶ 氯磺酸对皮肤和衣服有强烈的腐蚀性，暴露在空气中会冒出大量氯化氢气体，遇水会发生猛烈的放热反应，甚至爆炸，故取用时需加小心。反应中所用仪器及药品皆需十分干燥。含有氯磺酸的废液不可倒入水槽，而应倒入废液缸中。工业氯磺酸常呈棕黑色，使用前宜用磨口仪器蒸馏纯化，收集148~150℃的馏分。

❷ 氯磺化反应非常剧烈，难以控制，将乙酰苯胺凝结成块状后再反应，可使反应缓和进行。当反应过于激烈时，应适当冷却。反应的温度应保在15℃以下，否则反应太激烈会局部过热而发生下列副反应：

$$C_6H_5—NH—\overset{\overset{\displaystyle O}{\|}}{C}CH_3 \xrightarrow{ClSO_3H} ClO_2S—C_6H_3(SO_2Cl)—NH—\overset{\overset{\displaystyle O}{\|}}{C}CH_3 + H_2SO_4 + HCl$$

$$C_6H_5—NH—\overset{\overset{\displaystyle O}{\|}}{C}CH_3 \xrightarrow{ClSO_3H} CH_3CONH—C_6H_4—O_2S—C_6H_4—NH—\overset{\overset{\displaystyle O}{\|}}{C}CH_3$$

❸ 在氯磺化过程中，将有大量氯化氢气体放出。为避免污染室内空气，装置应严密，导气管的末端要与接收器内的水面接近，但不能插入水中，否则可能倒吸而引起严重事故。

❹ 加入速率必须缓慢，必须充分搅拌，以免局部过热而使对乙酰氨基苯磺酰氯水解。这是实验成功的关键。

❺ 尽量洗去固体所夹杂和吸附的盐酸。否则产物在酸性介质中放置过久，会很快水解，因此在洗涤后，应尽量压干，且在1~2h内将它转变为磺胺类化合物。

❻ 粗制的对氨基苯磺酰氯久置容易分解，甚至干燥后也不可避免。若要得到纯品，可将粗品放入250mL圆底烧瓶内，先加入少许氯仿，加热回流，再逐渐加入氯仿直至固体全部溶解。然后将溶液迅速移入250mL事先温热的分液漏斗中，分出氯仿层，在冰浴中冷却，即有结晶析出，减压过滤，用少量氯仿洗涤晶体，抽干，称重，纯品对氨基苯磺酰氯的熔点为149℃。

完全❶。然后加入 10mL 水，在石棉网上用小火加热 10min，并不断搅拌，以除去多余的氨。如不能完全将氨赶净，可加入微量的盐酸中和。得到的混合物可直接用于下一步合成❷。

（3）对氨基苯磺酰胺的制备

将上一步生成物放入圆底烧瓶中，加入 3.5mL 浓盐酸，在石棉网上用小火加热回流 0.5h。冷却后，应得一几乎澄清的溶液❸，若有固体析出，应继续加热，使反应完全。如溶液呈黄色，可加入少量活性炭脱色，煮沸 10min 后过滤。在滤液中慢慢加入固体碳酸氢钠，并不断搅拌，在快接近中性（即固体磺胺还未析出前）时，慢慢加入饱和碳酸氢钠溶液直至溶液呈中性❹，此时有固体磺胺析出。在冰水浴中冷却，抽滤收集固体，用少量冰水洗涤，压干。粗产物用水重结晶（每克产物约需 12mL 水），产量约 3~4g，熔点 161~162℃。

纯品对氨基苯磺酰胺为白色针状晶体，熔点 163~164℃。

本实验实验约需 6~8h。

分析与讨论

1. 为什么在氯磺化反应完成以后处理反应混合物时，必须移到通风橱中，且在充分搅拌下缓缓倒入碎冰中？若在未倒完前冰就融化完了，是否应补加冰块？为什么？
2. 为什么苯胺要乙酰化后再氯磺化？直接氯磺化行吗？
3. 如何理解对氨基苯磺酰胺是两性物质？试用反应式表示磺胺与稀酸和稀碱的作用。

$$H_3^+N-C_6H_4-SO_2NH_2 \underset{H^+}{\overset{OH^-}{\rightleftharpoons}} H_2N-C_6H_4-SO_2NH_2 \underset{H^+}{\overset{NaOH}{\rightleftharpoons}} H_2N-C_6H_4-SO_2NHNa$$

第五节　苯酚的工业生产

【知识目标】巩固烷基化反应、氧化反应等反应知识。

【能力目标】掌握苯酚的工业生产方法和生产流程。

苯酚（C_6H_6O，PhOH）又名石炭酸、羟基苯，是最简单的酚类有机物，是一种弱酸，常温下为一种无色晶体，有毒，有腐蚀性，常温下微溶于水，易溶于有机溶液；当温度高于 65℃时，能跟水以任意比例互溶，其溶液沾到皮肤上用酒精洗涤。苯酚暴露在空气中呈粉红色。

苯酚主要用于制造酚醛树脂、双酚 A 及己内酰胺。其中生产酚醛树脂是其最大用途，占苯酚产量的一半以上。此外，有相当数量的苯酚用于生产卤代酚类。从一氯苯酚到五

---

❶ 该反应是由一种固体化合物转变成另一种固体化合物的反应，若搅拌不充分，将会有一些未反应物被产物包在里面。

❷ 为了节省时间，这一步的粗产物可不必分出。若要得到产品，可在冰水浴中冷却、抽滤、用冰水洗涤、干燥，再用水重结晶，纯品熔点为 219~220℃。

❸ 对乙酰胺基苯磺酰胺在稀酸中水解成磺胺，后者又与过量的盐酸形成水溶性的盐酸盐，所以水解完成后，反应液冷却时应无晶体析出。由于水解前溶液中氨的含量不同，加 3.5mL 盐酸有时不够，因此，在回流至固体全部消失前，应测一下溶液的酸碱性，若酸性不够，应补加盐酸回流一段时间。

❹ 中和反应中放出大量二氧化碳气体，故应控制加热速率并不断搅拌使其逸出。磺胺是一种两性化合物，在过量的碱溶液中也易变成盐类而溶解。故中和时必须仔细控制碳酸氢钠用量。

氯苯酚，它们可用于生产2,4-二氯苯氧乙酸（2,4-滴）和2,4,5-三氯苯氧乙酸（2,4,5-涕）等除草剂；五氯苯酚是木材防腐剂；其他卤代酚衍生物可作为杀螨剂、皮革防腐剂和杀菌剂。由苯酚所制得的烷基苯酚是制备烷基酚-甲醛类聚合物的单体，并可作为抗氧剂、非离子表面活性剂、增塑剂、石油产品添加剂。苯酚也是很多医药（如水杨酸、阿司匹林及磺胺药等）、合成香料、染料的原料。此外，苯酚的稀水溶液可直接用作防腐剂和消毒剂。

一、基本性质

苯酚为无色针状晶体或白色结晶熔块。瓶口的苯酚显粉红色，原因是苯酚易被空气中的氧气氧化，有特殊的臭味和燃烧味，极稀的溶液具有甜味，分子量为94.11，分子式为C_6H_5OH，熔点为43℃，沸点为181.7℃，凝固点为41℃，相对密度为1.0576，折射率为1.54178，闪点为79.5℃。在水中溶解性不大，但当温度高于65℃时，则能与水混溶，易溶于乙醇、乙醚、氯仿、甘油、二硫化碳、凡士林、挥发油、固定油、强碱水溶液，几乎不溶于石油醚。CAS号为108-95-2。

二、苯酚的生产方法

苯酚产量大，用途广泛。第一次世界大战前，苯酚的唯一来源是从煤焦油中提取。现在绝大部分通过合成方法得到。合成方法有磺化法、氯苯法、拉西法（氯氯化发）、环己烷法、甲苯氧化法、苯氧化法、异丙苯法等。由苯的磺化-碱熔法和氯苯水解法制取苯酚有很多缺点。人们在20世纪40年代又研究了以石油化工产品苯和丙烯为原料的异丙苯氧化酸解法。此法在生产苯酚的同时，可联产丙酮，且不需要消耗大量的酸、碱，而且“三废”少，能连续操作，生产能力大，成本低。此方法已发展成为生产苯酚的主要方法，工业上已有数万吨装置。合成苯酚的工艺流程如图13-3所示。

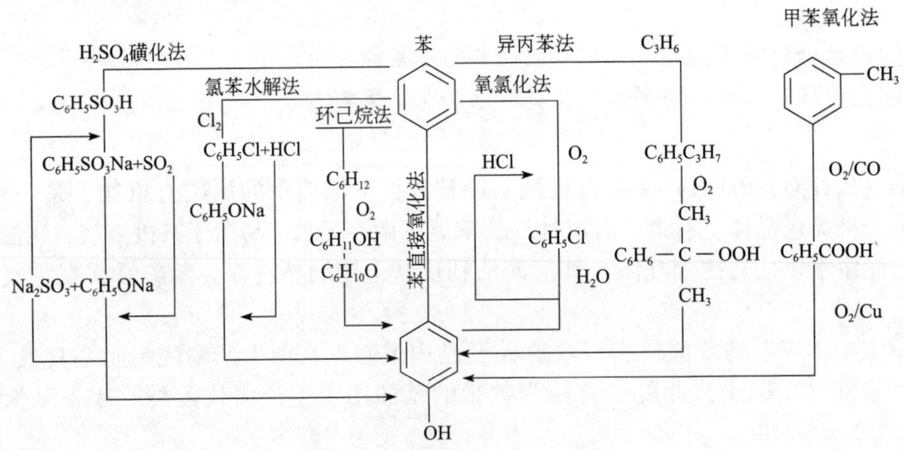

图13-3　合成苯酚的工艺流程

三、异丙苯法生产苯酚

异丙苯法生产苯酚、丙酮的工艺路线最早由苏联实现工业化，苏联于1949年建成了第一座异丙苯法合成苯酚、丙酮的工厂，但其发展速度和技术水平不及欧美国家。欧美国家采用这一工艺路线的第一个工厂建于1951年，它是由加拿大夏威尼根（Shawinigan）公司和英美油（British American oil Co.）投资，采用迪斯提勒公司（Distillers Co.）的技术，建在加拿大的蒙特利尔，规模为年产 3000t 苯酚和 2500t 丙酮。从这以后，在美国陆续建厂，从 1954 年开始，美国市场上出现异丙苯法合成的苯酚。发展到 20 世纪 60 年代中期，异丙苯法合成的苯酚的产量已占苯酚总产量的 50%，目前世界上有近 90%的苯酚是通过此工艺生产的。异丙苯法不仅成为苯酚的主要来源，而且已经成为生产丙酮最有竞争性的路线之一。为了追求经济效益，目前装备规模都在年产 10 万吨苯酚以上。

异丙苯法制苯酚包括以下三步反应。

① 异丙苯的合成。副产物为二异丙苯及多异丙苯（异丙苯焦油）。

$$C_6H_6 + CH_2{=}CH{-}CH_3 \xrightarrow{\text{烷基化}} C_6H_5{-}CH(CH_3)_2$$

② 过氧化氢异丙苯（CHP）的合成。副产物为二甲基苯甲醇、苯乙酮、甲酸。

$$C_6H_5{-}CH(CH_3)_2 + O_2 \xrightarrow{\text{氧化}} C_6H_5{-}C(CH_3)_2{-}OOH$$

③ CHP 分解生成苯酚和丙酮。副产物为 α-甲基苯乙烯（α-MS）、酚焦油（α-MS 二聚体、枯酚等）。

$$C_6H_5{-}C(CH_3)_2{-}OOH \xrightarrow{\text{酸分解}} C_6H_5{-}OH + CH_3\overset{O}{\overset{\|}{C}}CH_3$$

苯与丙烯以三氯化铝或固体磷酸为催化剂进行反应生成异丙苯，异丙苯经空气氧化生成过氧化氢异丙苯（CHP）；过氧化氢异丙苯经过提浓后，在强酸性催化剂（如硫酸、磷酸或强酸性离子交换树脂等）的存在下，可分解为苯酚和丙酮，其反应历程如下：

$$C_6H_5{-}C(CH_3)_2{-}OOH \xrightarrow[\text{质子化}]{H^+} C_6H_5{-}C(CH_3)_2{-}OOH_2^+ \xrightarrow{-H_2O} C_6H_5{-}C(CH_3)_2{-}O^+ \xrightarrow{\text{重排}}$$

$$C_6H_5{-}O{-}C^+(CH_3)_2 \xrightarrow{H_2O} C_6H_5{-}O{-}C(CH_3)_2{-}OH_2^+ \xrightarrow{\text{分解}} C_6H_5{-}OH + CH_3\overset{O}{\overset{\|}{C}}CH_3 + H^+$$

酸解是放热反应，如果温度过高，异丙苯过氧化氢会按其他方式分解为副产物，甚至会发生爆炸事故。若用硫酸作催化剂，以 80%异丙苯过氧化氢氧化液在 86℃左右进行酸解为最好，可利用丙酮的沸腾回流来控制反应温度。

酸解液中约含有苯酚 30%~35%、丙酮 44%、异丙苯 8%~9%、α-甲基苯乙烯 3%~4%、二甲基卞醇 9%~10%，苯乙酮 2%，其他杂质 2%。经过中和、水洗和精馏，即可得到丙酮和苯酚，回收的异丙苯可循环利用。

此法在经济上最大收益是副产丙酮，从而使苯酚的成本大为降低，同时中间产品 CHP

可分离出来作橡胶工业的引发剂，便于大型化连续生产。缺点是经济性依赖于丙酮售价，从氧化产物中分离酚较复杂。目前，国际上该法的技术市场基本上由美国 M. W. Kellogg 公司和 UOP 公司垄断。美国专利提出，当以（$(C_6H_5)_3CBF_4$代替 H_2SO_4进行异丙苯过氧化氢分解时，转化率大于95%，选择性为91%，得到的分解产物为浅黄色，而用 H_2SO_4分解得到的是黑色不透明产物。

（一）合成工艺

异丙苯法生产苯酚、丙酮工艺流程如图 13-4 所示：

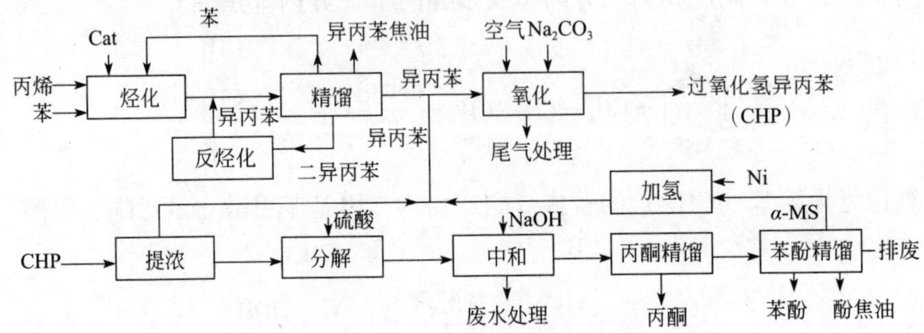

图 13-4　异丙苯法生产苯酚、丙酮流程示意图

1. 固体磷酸催化法（SPA）生产异丙苯

美国 UOP 公司开发的 SPA 法生产异丙苯工艺，由于催化剂使用寿命长、生产大型化、三废少并易处理、能源利用合理等优点，在异丙苯生产中占优势。全世界共有 40 多套装置采用此法生产异丙苯，总生产能力达 3.5×10^4t/a。我国 1978 年首次引进美国 UOP 公司开发的固体磷酸催化剂技术，用于用苯、丙烯合成异丙基甲苯。典型的 UOP 固体磷酸催化剂生产异丙苯工艺流程简图如图 13-5 所示。

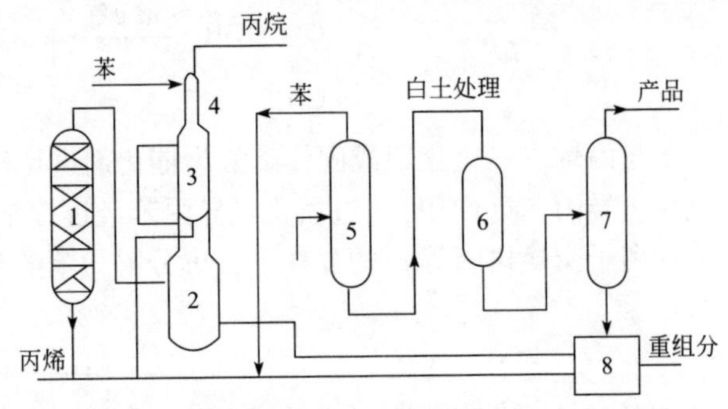

图 13-5　UOP 公司 SPA 法生产异丙苯简单流程
1—烃化反应器；2~4—丙烷；5—苯塔
6—白土处理塔；7—异丙苯塔；8—反烃化反应器

在异丙苯生产过程中主要操作工序有：烃化反应、丙烷脱除、苯回收精制、烃化液白土处理、异丙苯精制、多异丙苯回收及反烃化反应。进料可以是纯丙烯或丙烷-丙烯混合物，但原料中应尽量少含乙烯和丁烯；过量的苯可以减少多烷基苯或烯烃缩合等副反应，为了保持催化剂活性，必须严格控制反应进料中的含水量，过量的水不仅使催化剂活性下降，还会使催化剂泥化结块失活。采用 SPA 法生产异丙苯工艺技术的关键是采用最理想的固体磷酸催化剂和在无二异丙苯反烃化的工艺条件下获得高产率的异丙苯。

2. 非均相 $AlCl_3 \cdot HCl$ 配合催化法生产异丙苯工艺

日本、苏联和我国大都采用传统的非均相 $AlCl_3 \cdot HCl$ 配合物催化苯和丙烯生产异丙苯，进而制造苯酚和丙酮。其主要工艺条件是在温度 80℃、接近常压下，采用浓度为 50%~90% 的丙烯和干燥的苯在 $AlCl_3 \cdot HCl$ 配合物催化剂存在下生产异丙苯，同时生成二、三、多异丙苯，后者送回反应器或送入反烃化反应器进行反烃化反应再生成异丙苯，再进一步氧化分解生成苯酚、丙酮。三井油化公司的烃化反应工艺流程如图 13-6 所示。

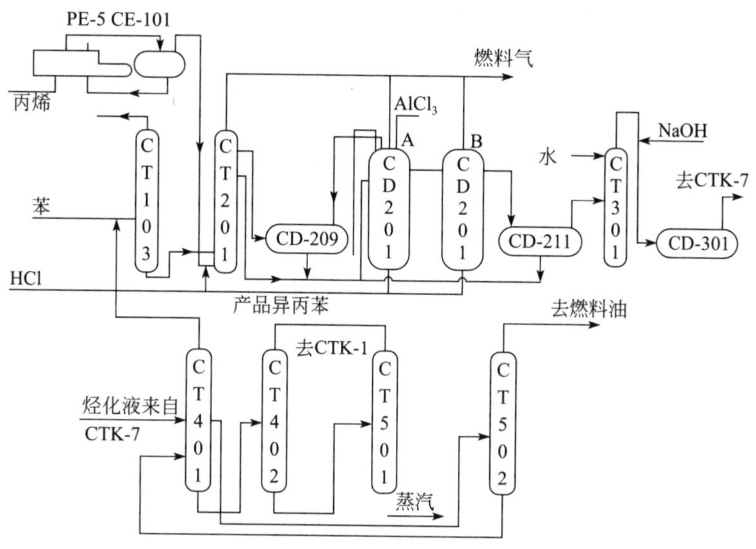

图 13-6 苯酚-丙酮装置简单工艺流程（烃化系统）

PE-5—冷却器；CE-101—丙烯蒸发器；CT-103—干苯塔；CD-209—第一催化剂沉降缸；CD-201A，B—反烃化器；CD-211—第二催化剂沉降器；CT-301—水洗塔；CD-301—碱沉降缸；CT-401—苯塔；CT-402—异丙苯塔；CT-501—多聚物闪蒸塔；CT-502—乙苯塔；CT-201—烃化塔

其主要工艺操作工序有：HCl 发生系统、配合物配制、苯干燥及精制、烃化反应、反烃化反应、反应混合物水洗中和、四塔精馏、Al（OH）$_3$脱除。

本工艺特点是反应温度低、反应压力低、条件温和、可在烃化反应的同时进行反烃化反应，并且其使多烷基苯转变为异丙苯选择性好，收率略高于 UOP 的 SPA 法流程。但由于使用 $AlCl_3$ · HCl 催化剂、腐蚀设备和管线，需要采用衬耐酸砖、搪瓷、聚四氟乙烯等防腐设备和配管及特殊仪表，因此投资大。另外，该工艺大量消耗 $AlCl_3$催化剂，$AlCl_3$经水解生产 Al（OH）$_3$絮凝物，产生大量的氢氧化铝废水和废渣造成环境污染。

3. 均相 $AlCl_3$配合催化法生产异丙苯工艺

1979 年美国 Mosanto 公司在传统的非均相 $AlCl_3$法的基础上成功地开发了均相烃化法生产异丙苯新工艺。1989 年已实现工业化并向 4 个厂家出售了自己的专利技术。该工艺的烃化、反烃化反应是在具有特定组成的催化剂配合物（用量少于达到饱和溶解度的需要量）中，在较高温度和压力下迅速溶解呈均相催化反应体系，使苯和丙烯瞬间反应生成异丙苯，限制了多异丙苯的生成。工艺特点是使用催化剂少、设备少、无须非均相催化剂配合物循环。

Mosanto-Kellegg 异丙苯法生产工艺示意流程图如图 13-7 所示。

均相法主要操作工序有 HCl 发生系统、催化剂配合物配制系统、苯精制及干燥系统，烃化、反烃化系统、反应混合物水洗中和、三塔精制、Al（OH）$_3$脱除等。与非均相方法比较，其设备减少，流程简化，节约催化剂，废水、废渣量减少；由于无循环的催化剂带回大量多烷基苯，产品的杂质减少，提高了产品质量。由于提高了反应温度和压力，使反应热能可以回收利用，能耗降低。

（二）三废处理

异丙苯法生产苯酚过程的一个重要特点是生成的副产物和排放的三废比较多。为了降低原料消耗，取得更大的经济效益，必须尽可能地回收副产物。在搞好生产的同时，也应当认真地治理三废，做好环境保护。

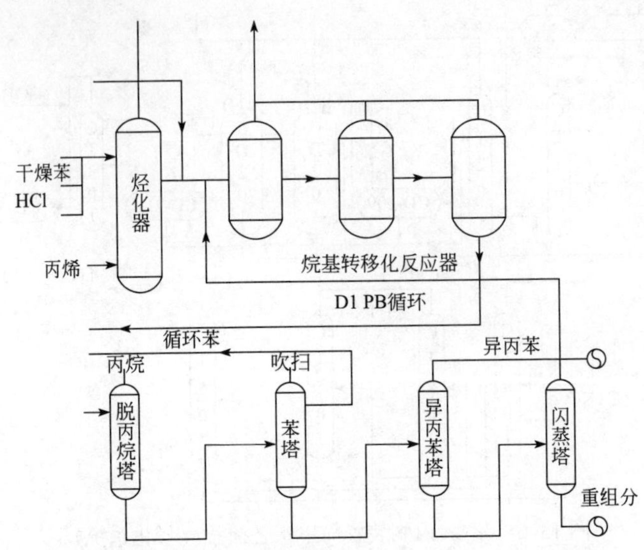

图 13-7 均相 $AlCl_3$配合催化法生产异丙苯工艺流程

1. α-甲基苯乙烯的回收利用

α-甲基苯乙烯（以下简称 α-MS）是苯酚生产中主要的副产物，它是由异丙苯氧化以及 CHP 分解时生成的副产物二甲基苄醇脱水生成的。其数量因反应和精馏条件不同而异，大约每吨苯酚生成 50~100kg α-MS。如何利用这部分副产物，对苯酚生产的技术经济指标有很大影响。当前国外大部分厂家都把 α-MS 加氢，使之变成异丙苯返回氧化，以降低苯酚单耗，也有一些厂家将 α-MS 分离提纯，作为一种单体出售。α-MS 是一种类似苯乙烯的单体，在生产某些合成材料时可以部分或全部代替苯乙烯，这使得 α-MS 的分离与提纯变得更为重要。

2. 废渣的利用

苯酚生产排出的废渣主要是异丙苯焦油和酚焦油两种，顾名思义，异丙苯焦油是苯烃化生成异丙苯过程中生成的高沸点物质，而酚焦油则是异丙苯过程氧化和 CHP 分解时产生的副产物。由于对这两种焦油综合利用的程度直接关系到苯酚生产过程的技术经济指标，所以必须引起足够的重视。

（1）异丙苯焦油的综合利用

异丙苯焦油的主要成分是多异丙苯和烃化过程中产生的其他副产物。其数量取决于所用的催化剂和反应条件。例如，在用三氯化铝作催化剂时，每生产一吨异丙苯，副产焦油 10~50kg。目前异丙苯焦油综合利用的途径是尽可能将其中的二异丙苯，甚至三异丙苯回收，并使之返回反烃化反应器重新转化为异丙苯。四异丙苯以上的多烷基化物虽然也可以发生转移烷基化反应，但速率很慢，没有工业化价值。根据这一情况，在异丙苯精制时应尽量把焦油中可以反烃化的二、三异丙苯蒸出，以减少焦油量，提高苯酚的收率。

异丙苯焦油也可以用来生产均苯四甲酸二酐（一种重要的耐高温树脂的单体），其方法是将丙烯通入异丙苯焦油中，使之反应生成四异丙苯，然后将四异丙苯分离提纯，再将其汽化生成均苯四甲酸二酐（这一反应与均四甲苯氧化相似）。

（2）酚焦油的综合利用

酚焦油是苯酚生产中的主要残渣，大约每生产 1t 苯酚副产酚焦油 100~200kg。由于在氧化反应、分解反应和产品精馏过程中都会产生一些副产物，所以酚焦油的成分非常复杂，各组分含量也常有波动。目前主要采用热裂解或加氢裂解的方法回收酚焦油。

（3）苯乙酮的回收利用

苯乙酮用途很广，可作医药、香料、农药、染料和油漆等有机合成工业的原料，同时也是一个很好的溶剂和萃取剂。苯乙酮的一个重要来源是从酚焦油中加工提取，从酚焦油中

回收苯乙酮的关键在于苯乙酮-苯酚和苯乙酮-二甲基苄醇的分离。前者是一个共沸混合物，后两者沸点相同，故给苯乙酮的提纯工作带来困难。目前从酚焦油中回收苯乙酮的方法

主要有溶剂萃取法、精馏法和钠盐法，这三种方法原理虽然不同，但共同点是必须首先将二甲基苄醇进行高温脱水，再行分离。

3. 废气治理

为了减少操作人员与有害物料的蒸气接触，防止大气污染，对生产装置排出的废气必须进行处理。整个装置排放出的废气主要是烃化反应和氧化反应放出的尾气，此外就是各冷凝器排出的不凝气和储罐呼吸阀所排出的物料蒸气，所有这些废气都应进行适当的处理。

（1）烃化反应尾气的治理

烃化反应排出的尾气主要是丙烷，其数量取决于所用丙烯原料的纯度。这部分尾气一般都用作燃料气，由于尾气呈微酸性，故首先经过水洗和碱洗再送入燃料气系统，有时也单独将其送入气柜，再用压缩机送出。

（2）氧化反应尾气的治理

以年产一万吨苯酚计算，氧化反应尾气的排放量约为 2500~2800m^3/h，尾气中主要含异丙苯、甲醇和甲烷，其余是氮气和少量氧气。目前尾气治理的方法主要有冷冻法、吸附法、直接燃烧法和催化燃烧法四种。

（3）在生产过程中其他废气的治理

在生产过程中，各精馏塔的冷凝器放空尾气和各储罐的排气均含有机物料蒸气，其治理方法是根据物料含量不同分别处理的。对于含物料较多的尾气（如异丙苯精制中脱苯塔的尾气和 α-MS 加氢时排放的循环氢等），因其可燃气体含量大，可直接送入火炬系统或通入再沸器的管式炉中作燃料烧掉。其余尾气含物料较少，可以送到尾气冷冻系统，经冷凝回收物料后排空。

应当指出，到底采用哪一种处理方法，与装置所在的地理位置和工厂的具体条件有关，比如工厂不具备安装尾气冷冻系统的条件，可采取其他简单的办法，例如，在储罐上安装呼吸阀并通入氮气进行氮封也是很好的办法。

4. 废水治理

苯酚装置排放的废水中主要含芳烃和苯酚。一般应该采取分别处理的办法，即把排放的废水分为含酚污水、不含酚污水以及含有机过氧化物的污水三部分分别进行处理。不论是哪一部分污水都要经过两级处理才能排放，首先在装置内部进行一次处理以回收污水中大部分物料，然后在污水处理厂进行二次处理，经过二次处理后的废水一般能够达到国家规定的排放标准。近年来，为了提高处理水平，使废水经处理和净化后返回装置使用，又开展了深度处理的研究。

分析与讨论

查阅相关文献资料，分析说明固体磷酸催化法（SPA）生产异丙苯、非均相 $AlCl_3 \cdot HCl$ 配合催化法生产异丙苯及均相 $AlCl_3$ 配合催化法生产异丙苯的工艺条件。

第三部分

有机合成基本技能

附录　有机合成基本技能

附录 1　常见有机合成反应装置及操作

1. 回流装置

许多有机化学反应需要在反应体系的溶剂或液体反应物的沸点附近才能完成。为了防止蒸气逸出，常用回流冷凝装置。附图 1 中（a）装置在冷凝管上口连接氯化钙干燥管，可防止空气中的湿气侵入反应体系；（b）装置可吸收反应物中放出的有毒气体；（c）为回流时可以同时滴加液体的回流装置。回流加热前应先放入沸石，根据瓶内液体的沸腾温度，可选用水浴、油浴或石棉网直接加热等方式。回流的速率应控制在液体蒸气浸润不超过两个球为宜。

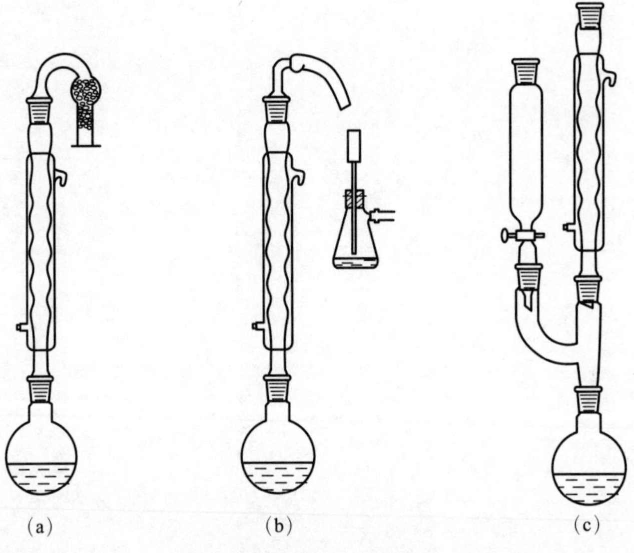

附图 1　回流装置示意图

2. 气体吸收装置

气体吸收装置（如附图 2）用于吸收反应过程中生成的有刺激性和水溶性的气体（如 HCl、SO_2等）。其中附图 2（a）和附图 2（b）可作少量气体的吸收装置。附图 2（c）中的玻璃漏斗应略微倾斜，使漏斗口一半在水中，一半在水面上，这样，既能防止气体逸出，亦可防止水被倒吸至反应瓶中。反应过程中有大量气体生成或气体逸出很快时，

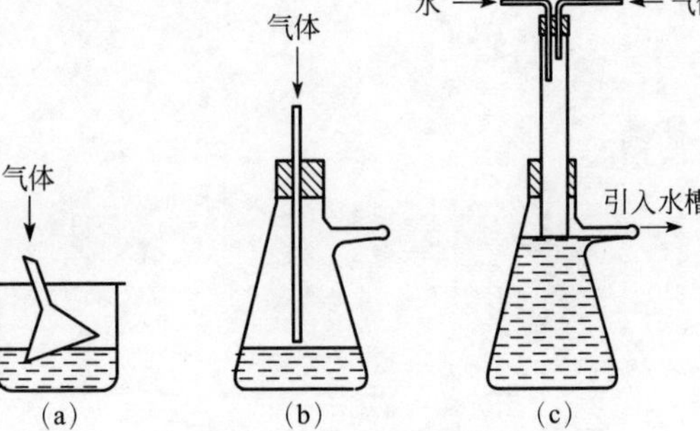

附图 2　气体吸收装置示意图

可使用图附图 2（c）的装置，水自上端流入抽滤瓶中，在恒定的平面上溢出。粗的玻璃管恰好伸入水面，被水封住，以防止气体逸入大气中，图中的粗玻管也可用 Y 形管代替。

3. 搅拌装置

为了使反应物迅速均匀地混合，以避免因局部过热和局部浓度过大而导致其他副反应发生或有机物的分解，需进行搅拌操作。

常用的搅拌和回流装置见附图 3。附图 3（a）是普通带搅拌可测温的回流反应装置；附图 3（b）是可同时进行搅拌、回流和滴加液体的实验装置；附图 3（c）的装置则可同时滴加液体、搅拌、回流和测量反应温度。

搅拌所用的搅拌棒通常是由玻璃棒制成的，式样很多，常见的见附图 4。其中附图 4（a）、（b）两种可以很容易地用玻璃棒弯制。（c）、（d）较难制得，其优点是可以伸入狭颈的瓶中，并且搅拌效果较好。（e）为筒形搅拌棒，适用于两相不混溶的体系，其优点是搅拌平稳，搅拌效果好。

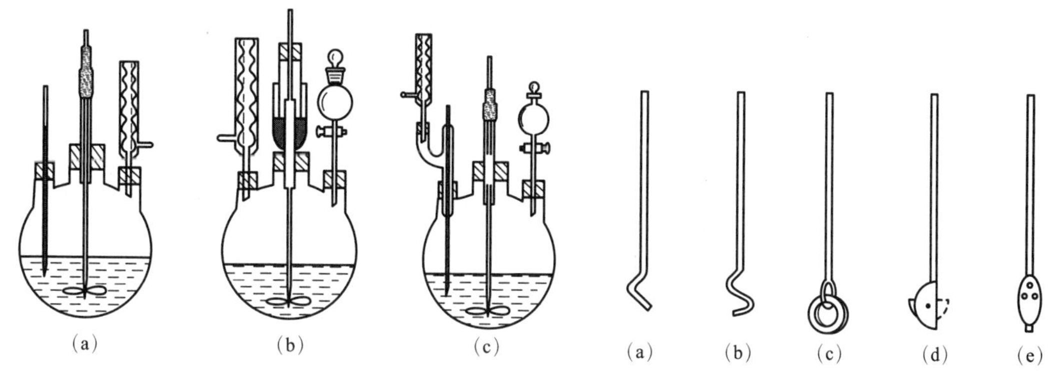

附图 3　搅拌回流装置示意图　　附图 4　不同形状搅拌棒示意图

4. 分水装置

在进行某些可逆平衡性质的反应时，为了使正向反应进行到底，可将反应产物之一不断地从混合物体系中蒸出来，完成这样的反应需要采用分水装置（见附图 5）。该装置有一个分水器，回流下来的蒸气冷凝液进入分水器，分层后，有机层自动被送回烧瓶，而生成的水从分水器中放出去，这样可使某些生成水的可逆反应进行到底。

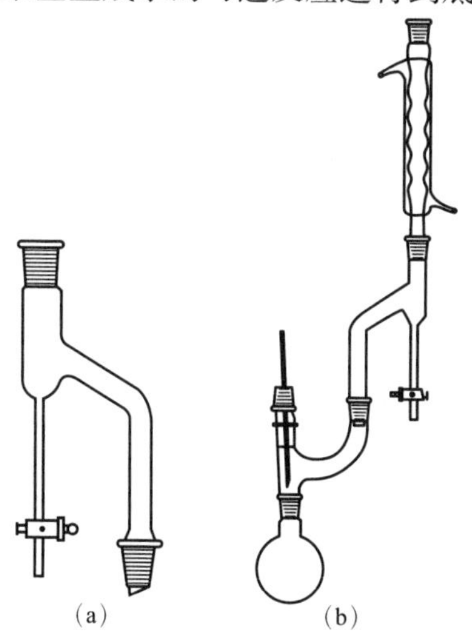

附图 5　分水器及分水装置示意图

附录 2　物质的分离和提纯

试样在进行测定（或检出）以前，常常需要使待测（或检出）物质与干扰物质彼此分离。样品中待测物质的含量极少，以致其在试液中的浓度仅接近或甚至低于分析方法的测定（检出）下限，此时就需要进行富集。富集可认为是提高浓度的分离方法，而提纯则可视为主体物质与所含杂质的分离。分离方法很多，主要有以下几种。

1. 蒸馏

粗原料、粗溶剂、反应中间体或粗产物常由几种组分组成，对于液体物料，通常采取蒸馏的方法进行分离和提纯。蒸馏是利用混合物在同一温度和压力下，各组分具有不同的蒸气压（挥发度）的性质将它们分离的方法和过程。与其他分离方法相比，蒸馏显示出较多的优点，例如操作方便、在操作过程中不会产生大量的废弃物等。实验室中常用的蒸馏有：简单蒸馏、减压蒸馏、分馏、水蒸气蒸馏、共沸蒸馏、萃取蒸馏、等温蒸馏和亚沸点蒸馏等。

（1）简单蒸馏

简单蒸馏在常压下使混合物受热逐渐蒸发，并不断地将生成的蒸气转移至冷凝器中冷凝，将易挥发组分从混合物中分离出来。简单蒸馏装置及温度计在蒸馏头中所处位置示意图见附图 6。简单蒸馏一般是在不需要将溶液中各组分完全分离，或各组分的沸点相差很大且不易分解，或只要求粗略分离多组分混合液的情况下采用的。

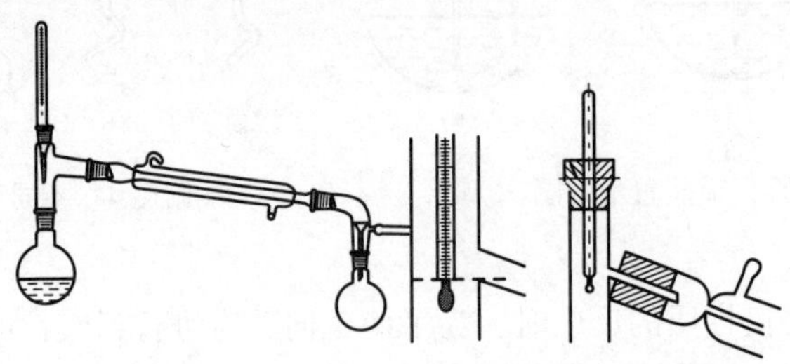

附图 6　简单蒸馏装置及温度计在蒸馏头中所处位置示意图

（2）减压蒸馏

物质的沸点随外界压力变化而改变，压力低，沸点也低。因此，对于沸点较高或热敏性物质，可采用减压蒸馏进行分离。一般来说，当系统内压力降到 20mm 汞柱时，大多数有机化合物的沸点比常压（760mm 汞柱）下低 100~220℃。部分化合物压力与沸点的关系见附表 1。

附表 1　某些有机化合物压力与沸点的关系　　单位：℃

化合物 压力/Pa（mmHg）	水	氯苯	苯甲醛	乙二醇	甘油	蒽
101.325（760）	100	132	178	197	290	354
6.665（50）	38	54	95	101	204	225
3.999（30）	30	43	84	92	192	207
3.332（25）	26	39	79	86	188	201
2.666（20）	22	34.5	75	82	182	194
1.999（15）	17.5	29	69	75	175	186
1.333（10）	11	22	62	67	167	175
666（5）	1	10	50	55	156	159

注：1mmHg≈133Pa。

例如苯酚的蒸馏，若在常压下进行，则蒸馏温度在180℃以上，而在此温度下，苯酚易发生氧化和树脂化，影响产品的质量和收率。用减压蒸馏，在真空度为66.7kPa时，在145℃以下即可将苯酚蒸出。无论是工业生产还是在实验室的有机合成实验方面，减压蒸馏都被广泛地应用于提纯和分离操作中。

减压蒸馏可采用如附图7装置。其中，*C*为克氏蒸馏头，有两个颈，可避免减压蒸馏瓶内液体由于沸腾而冲入冷凝管中。常用的减压蒸馏系统可分为蒸馏、抽气及保护和测压装置三部分。

① 蒸馏部分。这一部分与普通蒸馏相似，亦可分为三个组成部分。

a. 减压蒸馏瓶和克氏蒸馏头，克氏蒸馏头有两个颈，其中一颈插入温度计，另一颈中插入一根距瓶底约1~2mm的末端拉成细丝的毛细管的玻管（如附图7*D*）。毛细管的上端连有一段带螺旋夹的橡胶管，螺旋夹用以调节进入空气的量，使极少量的空气进入液体，呈微小气泡冒出，作为液体沸腾的汽化中心，使蒸馏平稳进行，又起搅拌作用。

b. 冷凝管和普通蒸馏相同。

c. 尾接管和普通蒸馏不同的是，尾接管上具有可供接抽气的小支管。蒸馏时，若要收集不同的馏分而又不中断蒸馏，则可用两尾（附图8）或多尾接液管。转动多尾接液管，就可使不同的馏分进入指定的接收器中。

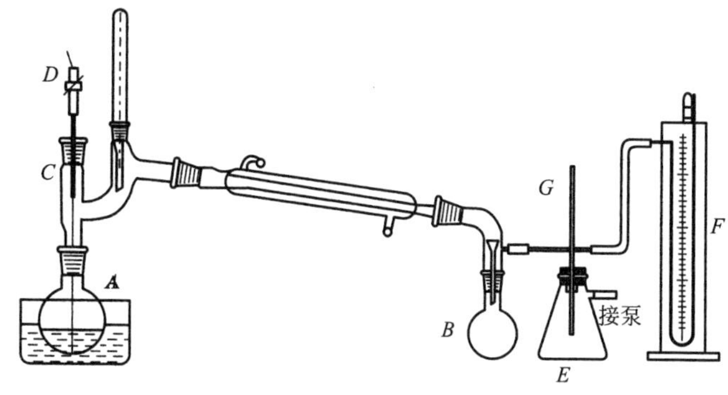

附图7 减压蒸馏装置示意图

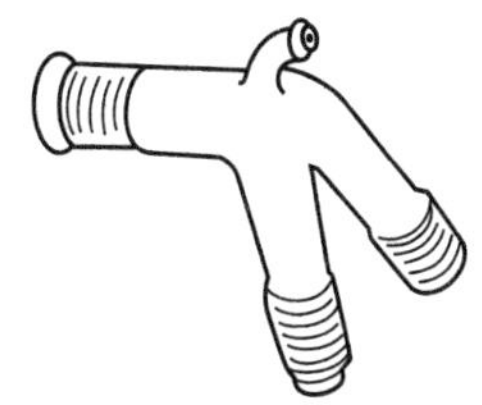

附图8 两尾接液管示意图

② 抽气部分。实验室通常用水泵或油泵进行减压。

③ 保护和测压装置部分。为了保护泵，必须在接收器与泵之间安装缓冲装置，缓冲装置上的活塞可调节系统内压力和在实验结束后放气恢复常压，同时防止倒吸。实验室通常采用水银压力计（如附图9所示）来测量减压系统的压力。开口式水银压力计两臂汞柱高度之差即为大气压力与系统中压力之差。因此蒸馏系统内的实际压力（真空度）应是大气压力减去这一压力差。封闭式水银计比较轻巧、读数方便，但常常因为有残留空气以致不够准确，需用开口式压力计来校正。

（3）分馏

对于沸点相近的液体混合物，仅通过一次蒸馏不可能把各组分完全分开。若要获得较纯组分，就必须进行多次蒸馏。这样既费时，产品损失也大。这种情况下，要获得良好的分离效果，通常采用分馏的方法。所谓分馏，就是采用一个分馏柱将几种沸点相近的液体混合物进行分离的方法，它在化学工业和实验室中被广泛应用。现在最精密的分馏设备已能将沸点相差仅1~2℃的混合物分开。分馏的原理和蒸馏是一样的，分馏实际上就是多次蒸馏。利用分馏柱进行分馏，实际上就是在分馏柱内使液体混合物进行多次汽化和冷凝，上升的蒸气部分冷凝放出热量使下降的冷凝液部分汽化，两者发生热量交换。结果上升蒸气中易挥发(低沸点）组分增加，而下降的冷凝液中难挥发（高沸点）组分增加，如此进行多次的气-液平衡，即达到了多次蒸馏的效果。如果分馏柱的柱效率足够高，从分馏柱顶部出来的几乎是纯净的易挥发组分，而高沸点组分则残留在烧瓶中。常用分馏柱及简单分馏装置示意图见附图 10。

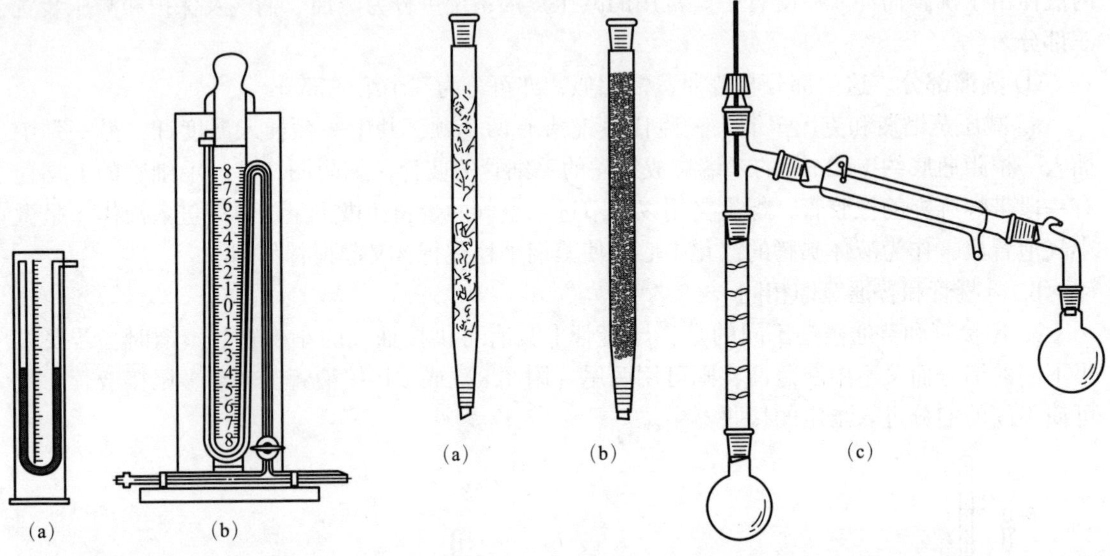

附图 9　水银压力计示意图

(a）开口式；(b）封闭式

附图 10　常用分馏柱及简单分馏装置示意图

要很好地进行分馏必须注意以下几点：① 分馏一定要缓慢进行，要控制好恒定的蒸馏速率；② 要保证相当量的液体从分馏柱自主流回烧瓶中，即要选择合适的回流比；③ 必须尽量减少分馏柱的热量散失和波动。

2. 升华

固态物质不经液态直接转变成气态的现象称作升华，升华可作为一种应用固-气平衡进行分离的方法。升华的温度应当低于该物质的熔点，升华适用于提纯那些在温度不太高时蒸气压较大的固体物质。升华特别适用于少量物质的提纯，所得物质的纯度较高。升华法可分为常压升华、真空升华和低温升华。

3. 重结晶和沉淀

重结晶和沉淀都是从液相中产生一个可分离的固相的过程。固体在溶剂中的溶解度一般随温度增高而增大，把固体溶在较高温的溶剂中达到饱和，冷却后因溶解度降低使溶液达到过饱和而析出结晶，这种结晶技术称为重结晶。该技术是提纯物质的常用方法。沉淀表示一个新的难溶固相的形成过程，或由于加入沉淀剂使某些组分成为难溶化合物而沉积的过程。在一定温度下，难溶化合物的饱和溶液中组成沉淀的各组分的浓度的乘积是一常数，称为溶度积常数。溶度积常数决定了从溶液中可分离出组分的限度。

重结晶的效果与溶剂的选择大有关系，最好选择对主要化合物是可溶性的、对杂质是微溶或不溶的溶剂，滤去杂质后，将溶液浓缩、冷却，即得纯物质的结晶。选择溶剂时应遵循“相似相溶”的一般原理。可查阅有关的文献和手册，了解某化合物在各种溶剂中不同温度下的溶解度而进行溶剂的选择。

4. 溶剂萃取

溶剂萃取又称液-液萃取，指溶于水相的溶质与有机溶剂接触后经过物理或化学作用，部分或几乎全部转移到有机相的过程。常用分配比（D）和萃取率（E）表示萃取的情况。分配比定义为有机相中被萃取物的总浓度与水相中被萃取物的总浓度之比，它随实验条件（如被萃物浓度、溶液的酸度、萃取剂的浓度、稀释剂的性质等）的变化而异。分配比大的物质，易从水相中转移到有机相，分配比小的物质，易留在水相，借此将它们分离。萃取率则是指萃入有机相的物质总量占两相中物质总量的百分比，是表示萃取的完全程度。分配比愈大，萃取率愈高。

萃取最常用的仪器是分液漏斗，其操作为在分液漏斗中加入混合物及萃取剂，用右手握住漏斗上端玻璃塞，左手握住漏斗下端旋塞，在振摇过程中玻璃塞和旋塞均需夹紧。上下轻轻振摇分液漏斗几次后，将漏斗倒置（见附图 11），打开下端旋塞以平衡内外压力。重复上述操作 2～3 次可提高萃取率。操作结束后，将分液漏斗置于铁架台上，静置使混合液分层。下层液体从漏斗下端流出，上层液体从漏斗上方倒出。

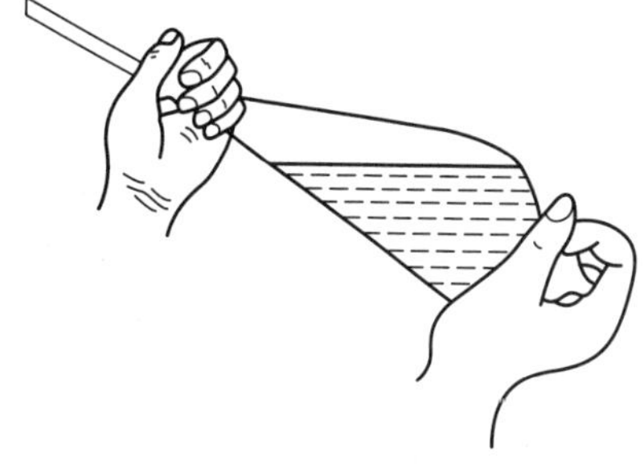
附图 11　振摇分液漏斗示意图

5. 离子交换

离子交换是以离子交换树脂上的可交换离子与液相中离子间发生交换为基础的分离方法。离子交换树脂是一种具有网状结构和可电离的活性基团的难溶性高分子电解质，可分为阳离子交换树脂、阴离子交换树脂、两性离子交换树脂、螯合树脂和氧化还原树脂等。

6. 色谱分离

色谱分离是利用欲分离的诸组分在体系中两相的分配有差异（即分配系数或吸附等温线不同）而达到分离的：当两相作相对运动时，这些组分随着移动，可反复进行多次的分配，虽然组分的分配系数只有微小差异，但在移动速度上却有颇大的差别，于是这些组分得到分离。色谱法两相中，一个相是固定不动的，称为固定相；另一相是移动着的，称为流动相。根据流动相和固定相的不同，分为以下几种。

① 气相色谱法。其中流动相是气体、固定相是固体的叫气固色谱，固定相是惰性固体上涂着液体的叫气液色谱。

② 液相色谱法。其流动相是液体，又分为液固色谱和液液色谱。

有时为了强调某一特点，就以其特点命名、分类，如薄层层析、凝胶色谱法、离子色谱法和电泳等。色谱法特点是分离效能很高，但通常处理量较少，故很适合于作微量组分的分析分离。

7. 离心分离

离心分离是借助于离心力，使密度不同的物质进行分离的方法。除常见的固-液离心分离、液-液离心分离、气-气离心分离（如 235U 的浓缩）、固-气离心分离等以外，由于超速离心机的发明，不仅能分离胶体溶液中的胶粒，更重要的是它能测定胶粒的沉降速率、平均分子量及混合体系的重量分布，因而在胶体化学研究、测定高分子化合物（尤其是天然高分子）的分子量及其分布以及生物化学研究和细胞分离等都起到了重大作用。离心分离法与色谱法结合而产生的场流分级法（或称外力场流动分馏法），则是新的更有效的分离方法，不但对大分子和胶体有很强的分离能力，而且其可分离的分子量有效范围约为 103~1017。

8. 电渗析

利用半透膜的选择透过性来分离不同的溶质粒子的方法称为渗析。在电场作用下进行渗析时，溶液中的带电的溶质粒子（如离子）通过膜而迁移的现象称为电渗析。电渗析法就是利用电渗析进行提纯和分离物质的技术，也可以说是一种除盐技术，最初用于海水淡化，现在广泛用于制备纯水和在环境保护中处理三废等。

9. 电化学分离方法

电化学分离方法还有以下几种。

① 控制电位的电解分离法。采用饱和甘汞电极作参比电极，在电解过程中不断调整电阻 R 以控制并保持阴极电位不变，可以将溶液中氧化还原电位相近的一些金属离子进行电解分离。

② 汞阴极电解分离法。利用 H^+在汞阴极上被还原时有很大的超电压，可以在酸性溶液中电解分离掉一些易被还原的金属离子，使一些重金属（如铜、铅、锌、镉）沉积在汞阴极上，形成汞齐，而和那些不容易被还原的离子分离。

③ 内电解分离法。在酸性溶液中，利用金属氧化还原电位的不同，可以组成一个内电解池，即不需要外加电压就可以进行电解，分离出微量的易还原的金属离子。

10. 其他方法

除以上常用方法外，还有共沉淀、吸附、选择溶解、浮选、毛细管电泳、分子筛分离、富集技术和区域熔融等提纯手段。

附录 3　物质的结构鉴定

1. 熔点测定

熔点是固体有机化合物固液两态在大气压力下达成平衡的温度，纯净的固体有机化合物一般都有固定的熔点，固液两态之间的变化是非常敏锐的，纯固体物质自初熔至全熔（称为熔程）温度不超过 0.5~1℃。当有杂质存在时固体物质的熔点会下降。一般通过测定固体物质的熔点，可以判断其纯净度。目前测熔点常用的方法有毛细管法测熔点和熔点测定仪测熔点。

（1）毛细管法测熔点

① 样品的装入。将少许样品放于干净表面皿上，用玻璃棒将其研细并集成一堆。把毛细管开口一端垂直插入堆集的样品中，使一些样品进入管内，然后将熔点管开口端向上，轻轻地在桌面上敲击，以使粉末落入并填紧管底。或将装有样品、管口向上的熔点管，放入长约 50~60cm 垂直桌面的玻璃管中，管下可垫一表面皿，使之从高处落于表面皿上，如此反复几次后，可把样品装实，样品高度为 2~3mm。熔点管外的样品粉末要擦干净，以免污染热浴液体。装入的样品一定要研细、夯实，否则会影响测定结果。

② 熔点测定。按图（见附图 12）搭好装置，加入热浴液体（浓硫酸或石蜡油），剪取一小段橡胶圈套在温度计和熔点管的上部［见附图 12（d）］。将附有熔点管的温度计小心地插入热浴液中，以小火在图示部位加热。开始时升温速率可以快些，当热浴液温度距离该化合物熔点约 10~15℃时，调整加热速率，使每分钟温度上升约 1~2℃，愈接近熔点，升温速率应愈缓慢，最后每分钟约升高 0.2~0.3℃。为保证有充分时间让热量

由管外传至毛细管内使固体熔化，升温速率是准确测定熔点的关键；另外，观察者不可能同时观察温度计所示读数和试样的变化情况，只有缓慢加热才可使此项误差减小。记下试样开始塌落并有液相产生时（初熔）和固体完全消失时（全熔）的温度读数，即为该化合物的熔程。要注意在加热过程中试样是否有萎缩、变色、发泡、升华、炭化等现象，均应如实记录。

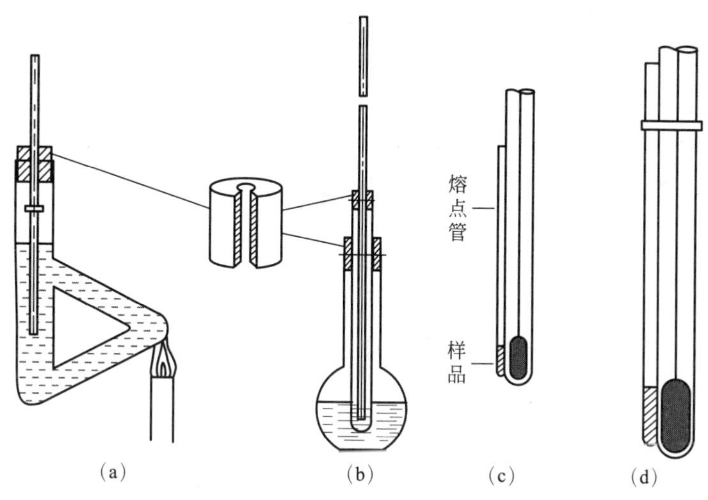

附图 12　熔点测定装置示意图

熔点测定，至少要有两次的重复数据。每一次测定必须用新的熔点管另装试样，不得将已测过熔点的熔点管冷却，使其中试样固化后再做第二次测定。因为有时某些化合物部分分解，有些经加热会转变为具有不同熔点的其他结晶形式。

如果测定未知物的熔点，应先对试样粗测一次，加热可以稍快，知道大致的熔距。待浴温冷至熔点以下 30℃左右，再另取一根装好试样的熔点管做准确的测定。

一定要等熔点浴冷却后，方可将浓硫酸（或液体石蜡）倒回瓶中。温度计冷却后，用纸擦去硫酸方可用水冲洗，以免硫酸遇水发热使温度计水银球破裂。熔点测定后，温度计的读数须对照校正图进行校正。

③ 温度计校正。

测熔点时，温度计上的熔点读数与真实熔点之间常有一定的偏差，这可能是由于以下原因：首先，温度计的制作质量差，如毛细管孔径不均匀，刻度不准确；其次，温度计有全浸式和半浸式两种，全浸式温度计的刻度是在温度计汞线全部均匀受热的情况下刻出来的，而测熔点时仅有部分汞线受热，因而露出的汞线温度较全部受热者低。为了校正温度计，可选用纯有机化合物的熔点作为标准或选用一标准温度计校正。

选择数种已知熔点的纯化合物为标准，测定它们的熔点，以观察到的熔点作纵坐标，以测得熔点与已知熔点差值作横坐标，画成曲线，即可从曲线上读出任一温度的校正值。

（2）熔点测定仪测熔点

熔点测定仪的型号很多，不同型号的熔点测定仪的测定方法不同，在使用前实验者需认真阅读使用说明，严格按照使用说明进行操作。熔点测定仪多用电热丝直接加热，在使用中严防触电或灼伤。

2. 沸点测定

沸点是液体化合物的重要常数之一，在液体化合物的使用、分离和纯化过程中，其具有十分重要的意义。液体化合物的分子由于分子运动有从液体表面逸出的倾向，这种倾向随着温度的升高而增大，进而在液面上部形成蒸气。当分子由液体逸出的速率与分子由蒸气中回到液体中的速率相等时，液面上的蒸气达到饱和，称为饱和蒸气，它对液面所施加的压力称为饱和蒸气压。实验证明，液体的蒸气压只与温度有关，即液体在一定温度下具有一定的蒸气压。

当液体的蒸气压增大到与外界施于液面的总压力（通常是大气压力）相等时，就有大量气泡从液体内部逸出，即液体沸腾。这时的温度称为液体在该压力下的沸点。通常所说的沸点是指在101.3kPa下液体沸腾时的温度。在一定外压下，纯液体有机化合物都有一定的沸点，而且沸点距也很小（0.5~1℃）。所以测定沸点是鉴定液体有机化合物和判断物质纯度的依据之一。测定沸点常用的方法有常量法（蒸馏法）和微量法（沸点管法）两种。

现介绍微量法测定沸点。

① 沸点管的制备：沸点管由外管和内管组成，外管用长7~8cm、内径0.2~0.3cm的玻璃管将一端烧熔封口制得，内管用毛细管截取3~4cm封其一端而成。测定时将内管开口向下插入外管中。

② 沸点的测定：取1~2滴待测样品滴入沸点管的外管中，将内管插入外管中，然后用小橡胶圈把沸点管附于温度计旁，再把该温度计的水银球位于b形管两支管中间，然后开始加热。加热时由于气体膨胀，内管中会有小气泡缓缓逸出，当温度升到比沸点稍高时，管内会有一连串的小气泡快速逸出。这时停止加热，使溶液自行冷却，气泡逸出的速率即渐渐减慢。在最后一气泡不再冒出并要缩回内管的瞬间记录温度，此时的温度即为该液体的沸点。待温度下降15~20℃后，可重新加热再测一次（2次所得温度数值不得相差1℃）。

3. 折射率的测定

光线自介质A射入介质B，其入射角α与折射角β的正弦之比和两种介质的折射率成反比，即

$$\frac{\sin\alpha}{\sin\beta}=\frac{v_A}{v_B}=\frac{n_B}{n_A}$$

当介质A为真空时，即$\nu_A=c$，规定$n_A=n$，真空时$n=1$，则有

$$\frac{\sin\alpha}{\sin\beta}=\frac{C}{V_B}=n_B$$

n_B称为介质B的绝对折射率，各种物质与空气绝对折射率的比称为相对折射率。折射率测定常用仪器为Abbe折光仪（见附图13）。

Abbe折光仪的使用：

① 打开折光仪直角棱镜，用擦镜纸沾少量乙醇或丙酮轻轻擦洗镜面，不能来回擦，只能单向擦，待晾干后方可使用。

② 校正折光仪：将蒸馏水2~3滴均匀地置于磨砂棱镜上，关紧棱镜，使光线射入，先轻轻转动左面刻度盘，并在镜筒内找到明暗分界线。若出现彩色带，则调节消色散镜，使明暗界线清晰。调节刻度盘，使明暗分界线对准交叉线中心，记录读数。重复3次，测定的折射率和标准值进行比较，算出折光仪的误差。

③ 将待测液体样品或其溶液按上述方法测定折射率，测3次，算出测定的平均值。

④ 测完样品后，应擦洗镜面，晾干后关闭。

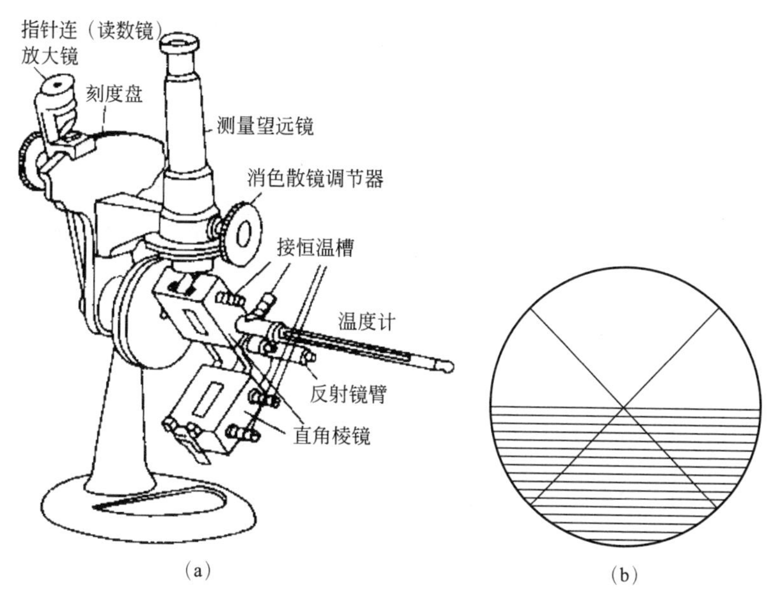

附图 13　Abbe 折光仪结构与明暗界线以及“十”字线交点的重合示意图
（a）Abbe 折光仪结构示意图；（b）明暗界线以及“十”字线交点的重合示意图

4. 色谱法的应用

色谱法是分离、提纯和鉴定有机化合物的重要方法，有着极其广泛的用途。色谱法的基本原理是利用混合物中各组分在某一物质中的吸附或溶解性能（即分配）的不同，或其他亲和作用性能的差异，使混合物的溶液流经该物质时进行反复的吸附或分配等作用，从而将各组分分开。流动的混合物溶液称为流动相，固定的物质称为固定相（可以是固体或液体）。根据组分在固定相中的作用原理不同，可分为吸附色谱、分配色谱、离子交换色谱、排阻色谱等；根据操作条件不同，可分为柱色谱、纸色谱、薄层色谱、气相色谱、液相色谱等。

（1）薄层色谱

薄层色谱（thin layer chromatography）常用 TLC 表示，又称薄层层析，属于固-液吸附色谱。TLC 是近年来发展起来的一种微量、快速而简单的色谱法，它兼备了柱色谱和纸色谱的优点。一方面适用于微量样品（几到几十微克，甚至 0.01μg）的分离；另一方面，若在制作薄层板时，把吸附层加厚，将样品点成一条线，则可分离多达 500mg 的样品，因此又可用来精制样品。故此法特别适用于挥发性较小或在较高温度下易发生变化而不能用气相色谱分析的物质。此外，在进行化学反应时，常利用薄层色谱观察原料斑点的逐步消失来判断反应是否完成。

薄层色谱是在被洗涤干净的玻璃板（10cm×3cm 左右）上均匀的涂一层吸附剂，待干燥、活化后将样品溶液用管口平整的毛细管滴加于离薄层板一端约 1cm 处的起点线上，晾干或吹干后，置薄层板于盛有展开剂的展开槽内，浸入深度为 0.5cm。待展开剂前沿离顶端约 1cm 附近时，将色谱板取出，干燥后喷以显色剂，或在紫外灯下显色。记下原点至主斑点中心及展开剂前沿的距离，计算比移值（R_f）：

$$R_f=\frac{\text{溶质的最高浓度中心至原点中心的距离}}{\text{溶剂前沿至原点中心的距离}}$$

化合物的吸附能力与它们的极性成正比，具有较大极性的化合物吸附较强，因而 R_f 值较小。因此利用化合物极性的不同，用硅胶和氧化铝薄层色谱可将一些结构相近或顺、反异构体分开。

此外，薄层色谱作为有机合成反应中检测和跟踪的手段，已成为快速判断有机反应进程的一种有效技术。如进行反应一段时间，附图 14 所示的 1h 和 2h 后，将反应混合物和产品的样品分别点在同一块薄层板上，展开后观察反应混合物中反应物斑点不断减少和产物斑点逐步加深，了解反应进行的情况，以寻找出该反应的最佳反应时间和达到的最高反应产率。

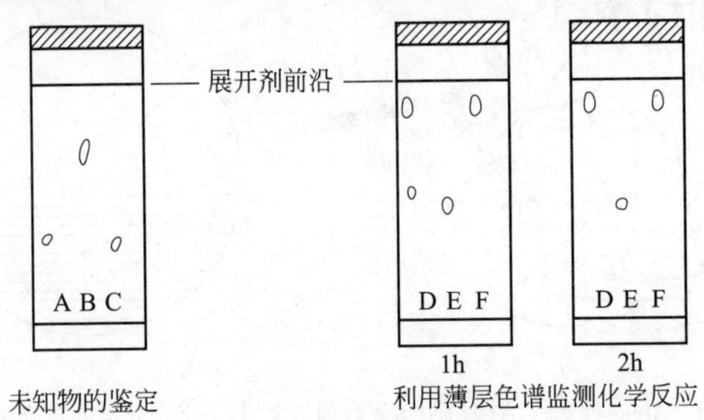

附图 14　薄层色谱的应用

A—已知物；B—未知物；C—未知物；D—反应混合物；E—反应物；F—产物

(2) 气相色谱

用气体作流动相的色谱分析方法称为气相色谱。在分离分析方面，气相色谱具有灵敏度高、选择性好、速度快、所需试样量少等优点。气相色谱仪（见附图 15）主要由以下四部分组成：气源和流量调节系统、分离系统（包括进样器和色谱柱）、检测系统以及其他辅助系统（包括数据处理系统、温控系统和样品收集器等）。

色谱柱是气相色谱的核心部分。柱子一般是用不锈钢或玻璃管制成的 U 形或螺旋形，里面装有固定相。气相色谱是利用试样各组分在色谱柱中流动相和固定相之间具有不同的分配系数（即在固定相上具有不同的吸附值或溶解度）来进行分离的。汽化后的试样被载气带入色谱柱，由于载气的不断冲洗而向下移动，吸附（或溶解）能力小的组分移动速度快，吸附（或溶解）能力大的组分移动速度慢。这样经过一定的柱长后，由于反复多次的分配，使原来性质差异很微小的组分，也能达到很好的分离效果。最后，吸附能力弱的组分，先从色谱柱中流出，吸附能力强的组分后流出，从而使各组分得到分离。因此，色谱分离是依靠试样中各组分物理化学性质不同而进行的分离。对于不同的分析对象，只要选择合适的流动相和固定相，就可以达到分离的目的，这就是色谱分析比其

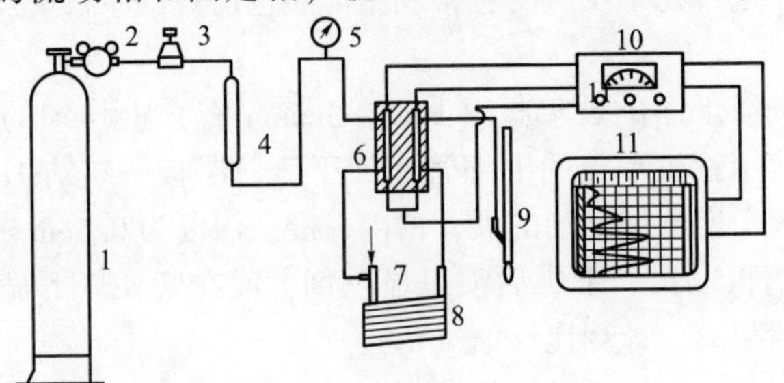

附图 15　气相色谱仪构造示意图

1—高压钢瓶；2—减压阀；3—流量精密调节阀；4—净化器；5—压力表；6—检测器；7—进样器与汽化室；8—色谱柱；9—流量计；10—测量电桥；11—记录仪

他分析法具有更高的分离效能和选择性的原因。但当分析不同类型试样时，需要换用不同的柱子才能适合新试样的分析。

从色谱柱流出的各个组分，通过检测系统把浓度（或质量）讯号转换成电讯号，经放大后再送到记录显示装置，显示出最终的分析结果。检测系统也是色谱仪的重要组成部分。色谱检测器的种类很多，最常用的有热导检测器（TCD）和氢火焰离子化检测器（FID）。

气相色谱分析的常用方法有：峰面积（峰高）百分比法、归一化法、内标法、外标法和标准加入法（叠加法）。峰面积（峰高）百分比法最简单，也最不准确，只能做粗略定量。

参考文献

[1] 沈发治，高庆．化工产品合成．北京：化学工业出版社，2010.
[2] 王富花，刘风云．精细化工生产运行与操控．北京：化学工业出版社，2015.
[3] 薛叙明．精细有机合成技术．第2版．北京：化学工业出版社，2009.
[4] 吴仁韬．基本机合成工艺．北京：中国石化出版社，1993.
[5] 刘德铮等．精细化工生产技术．第2版．北京：化学工业出版社，2011.
[6] 赵何为，朱承炎．精细化工实验．上海：华东化工学院出版社，1992.
[7] 张铸勇．精细有机合成单元反应．上海：华东理工大学出版社，2003. 08.
[8] 郝素娥，张亮生．有机合成单元反应．哈尔滨：哈尔滨工业大学出版社，2001. 01
[9] 蒋登高，章亚东，周彩荣．精细有机合成反应及工艺．北京：化学工业出版社，2001. 08.
[10] 王利民，田禾．有机合成新方法．北京：化学工业出版社，2004. 02.
[11] 岳保珍，李润涛．有机合成基础．北京：北京医科大学出版社，2000. 09.
[12] 嵇耀武．路线设计——有机合成的关键．长春：吉林大学出版社，1989. 12.
[13] 董培强，靳立人，陈安齐．有机合成．北京：高等教育出版社，2004. 06.
[14] 巨勇，赵国辉，席婵娟．有机合成设计．北京：清华大学出版社，2002. 11.
[15] 李良助等．有机合成原理和技术．北京：高等教育出版社，1992. 05.
[16] [美]M. P. 舍伟有机合成路线推导．余孟杰译．北京：人民教育出版社，1980. 03.
[17] 黄枢等编著．有机合成试剂制备手册．成都：四川大学出版社，1988. 08.
[18] [德]韦瑟麦尔．有机化学．周避等译．北京：化学工业出版社，1998. 11.
[19] 钱旭江编著．工业精细有机合成原理．北京：化学工业出版社．2000. 03.
[20] 强亮生，王慎敏．精细化工综合实验（修订版）．哈尔滨：哈尔滨工业大学出版社，2006.
[21] 张小华．有机精细化工工艺．北京：化学工业出版社，2008.
[22] 田铁牛．有机合成单元过程．北京：化学工业出版社，2005.
[23] 杨锦宗．工业有机合成基础．北京：中国石化出版社，1998.
[24] 复旦大学高分子科学系，高分子科学研究所合编．高分子实验技术（修订版）．上海：复旦大学出版社，1996.
[25] 周春隆．精细化工实验法．北京：中国石化出版社，1998.
[26] 张友兰．有机精细化学品合成及应用实验．北京：化学工业出版社，2005.
[27] 王箴．化工辞典．第4版．北京：化学工业出版社，2005.
[28] 徐克勋．精细有机化工原料及中间体手册．北京：化学工业出版社，1998.
[29] 章思规．精细有机化工制备手册．北京：科学技术文献出版社，2000.
[30] 张招贵．精细有机合成与设计．北京：化学工业出版社，2003.
[31] 曾繁涤，杨亚江．精细化工产品及工艺学．北京：化学工业出版社，2005.
[32] 陈金芳．精细化学品配方设计原理．北京：化学工业出版社，2008. 10.
[33] 赵奕斌．精细化工产品手册．北京：化学工业出版社，2003. 07.
[34] 李和平，葛虹．精细化工工艺学．北京：科学出版社，1997. 08.
[35] 初玉霞．化学实验技术基础．北京：化学工业出版社，2002.